Volodymyr Maslov
Glib Dorozinsky
Iurii Ushenin

Trendy urządzeń SPR

AF815184

Volodymyr Maslov
Glib Dorozinsky
Iurii Ushenin

Trendy urządzeń SPR

Tendencje w rozwoju urządzeń analitycznych i perspektywiczne kierunki ich zastosowania

Wydawnictwo Bezkresy Wiedzy

Imprint
Any brand names and product names mentioned in this book are subject to trademark, brand or patent protection and are trademarks or registered trademarks of their respective holders. The use of brand names, product names, common names, trade names, product descriptions etc. even without a particular marking in this work is in no way to be construed to mean that such names may be regarded as unrestricted in respect of trademark and brand protection legislation and could thus be used by anyone.

Cover image: www.ingimage.com

Publisher:
Wydawnictwo Bezkresy Wiedzy
is a trademark of
International Book Market Service Ltd., member of OmniScriptum Publishing Group
17 Meldrum Street, Beau Bassin 71504, Mauritius

Printed at: see last page
ISBN: 978-620-2-44651-8

Copyright © Volodymyr Maslov, Glib Dorozinsky, Iurii Ushenin
Copyright © 2020 International Book Market Service Ltd., member of OmniScriptum Publishing Group

TENDENCJE W ROZWOJU URZĄDZEŃ ANALITYCZNYCH OPARTYCH NA POWIERZCHNIOWYM REZONANSIE PLAZMOWYM I PERSPEKTYWICZNE KIERUNKI ICH STOSOWANIA

H.V. Dorozinska - G.V. Dorozinsky - Iu.V. Ushenin - V.P. Maslov

Redagowane przez

Volodumyr P. Maslov

PREFACE

Nowoczesne trendy w rozwoju urządzeń analitycznych wymagają zmniejszenia wielkości zarówno całego sprzętu, jak i czujników w ogóle, poprzez zintegrowanie funkcji laboratorium na jednym chipie, który nazywa się technologią Lab-on-a-Chip (technologia LOC) [1]. Zaletami tej technologii jest zmniejszenie objętości próbek i odczynników, zwiększenie automatyzacji procesu pomiarowego i skrócenie czasu pomiaru. Większość nowoczesnych technologii analitycznych, takich jak metody elektrochemiczne, mechaniczne i optyczne, reprezentowana jest przez urządzenia z technologią LOC. Wiadomo, że metody optyczne charakteryzują się dużą szybkością działania i umożliwiają osiągnięcie wysokiej dokładności i czułości w pomiarach. Jedną z obiecujących metod optycznych analizy różnych związków i mikroobiektów oraz procesów na poziomie molekularnym jest metoda refraktometryczna oparta na zjawisku rezonansu powierzchniowego plazmy (SPR). W porównaniu z tradycyjnymi metodami pomiarowymi, metoda SPR daje możliwość badania procesów oddziaływania cząsteczkowego w warstwach o grubości mikrometra w skali czasu rzeczywistego; niska wartość objętości próbki wymaganej do pomiarów (poniżej 10 μL); metoda nie wymaga żadnych markerów ani etykiet fluorescencyjnych do badania analitu.

Książka ta poświęcona jest aktualnej kwestii uwzględnienia trendów w rozwoju urządzeń o wysokiej czułości opartych na SPR. Uwzględnia się klasyfikację i istniejące czujniki urządzeń analitycznych i ustala się, że czujniki optyczne są bardziej czułe na badane substancje. Dużą uwagę zwraca się na poprawę dokładności i czułości urządzeń opartych na SPR, jak również zastosowań tych urządzeń.

Monografia przeznaczona jest dla kadry naukowej, inżynierskiej zajmującej się rozwojem i obsługą urządzeń sensorycznych i studentów, których praca opiera się na pomiarze właściwości optycznych substancji płynnych i gazowych.

Odniesienie

1. Nuno Miguel Matos Pires, Tao Dong , Ulrik Hanke, Nils Hoivik (2014). Najnowsze osiągnięcia w dziedzinie technologii detekcji optycznej w urządzeniach typu Lab-on-a-Chip do zastosowań biosensingowych, *Czujniki* **4**, 14, 15458-15479.

Volodumyr P. Maslov

Autorzy

HANNA V. DOROZINSKA - *Zakład Fizycznych i Technologicznych Podstaw Materiałów Sensorycznych, Instytut Fizyki Półprzewodników Łaszkarskiej Narodowa Akademia Nauk Ukrainy, Kijów, Ukraina, pracownik naukowy, e-mail: annakushnir30@ukr.net.*

GLIB V. DOROZINSKY - *Zakład Fizycznych i Technologicznych Podstaw Materiałów Sensorycznych, Instytut Fizyki Półprzewodników Łaszkarskiej Narodowa Akademia Nauk Ukrainy, Kijów, Ukraina, starszy pracownik naukowy, e-mail: gvdorozinsky@ukr.net.*

USHENIN V. IURII - *Zakład Fizycznych i Technologicznych Podstaw Materiałów Sensorycznych, Instytut Fizyki Półprzewodników Laszkariowa Narodowa Akademia Nauk Ukrainy, Kijów, Ukraina, starszy pracownik naukowy, e-mail: ushyury68@gmail.com.*

VOLODYMYR P. MASLOV - *Zakład Fizycznych i Technologicznych Podstaw Materiałów Sensorycznych, Instytut Fizyki Półprzewodników Łaszkarskiej Narodowa Akademia Nauk Ukrainy, Kijów, Ukraina, profesor, kierownik katedry, e-mail: vpmaslov@ukr.net.*

SPIS TREŚCI

ROZDZIAŁ 1. CECHY PROJEKTOWANIA I TECHNOLOGII URZĄDZEŃ OPARTYCH NA ZJAWISKU REZONANSU PLAZMOWEGO POWIERZCHNIOWEGO

Rezonans plazmy powierzchniowej (SPR) jest zjawiskiem, które polega na absorpcji światła spolaryzowanego przez elektrony powierzchniowej warstwy metalu (np. srebra lub złota) w określonych warunkach rezonansowych określonych zależnościami dyspersji plazmonów powierzchniowych [1-3]. Ten stan rezonansu jest niezwykle wrażliwy na współczynnik załamania światła i grubość medium dielektrycznego (medium może być cieczą, gazem lub substancją stałą) w kontakcie z powierzchnią metalową. W ciągu ostatnich 20 lat SPR był szeroko badany i rozwijany jako użyteczna technika pomiaru współczynnika załamania światła i zmian grubości, która umożliwiła konstrukcję czujników optycznych mierzących stężenie substancji chemicznych, wilgotność, ciśnienie, temperaturę i oddziaływania biomolekularne [4-12].

SPR może być wzbudzony optycznie, jeśli k_{inc} wektora fali padającego światła o częstotliwości kątowej ω ma składową powierzchniowo-równoległą k_x równą wektorowi fali powierzchniowej fali plazmy (SP) k_{sp}. Jednakże, fale SP nie mogą być wzbudzone przez światło padające bezpośrednio z powietrza na interfejs, ponieważ oszczędzanie energii i energii nie może być spełnione jednocześnie w zakresie częstotliwości ich krzywych dyspersji. Problem ten rozwiązuje się za pomocą medium dyspersyjnego (np. pryzmat, kraty itp.), które może umożliwić k_{inc} > ksp. Wtedy $k_x = k_{sp}$ można zaspokoić zmieniając kąt padania światła. Kąt padania, pod którym występuje SPR, jest zawsze wyższy niż kąt całkowitego wewnętrznego odbicia pryzmatu i medium sypkiego, które łączy się z metalem. Dlatego też jest on bardziej odpowiedni do zastosowań detekcyjnych. Jeżeli warunek wzbudzenia fal SP (1.1)

$$Re[ksp] = {}_{kinc\text{-}n0\text{-}sin\theta} \qquad (1.1)$$

Gdzie $_{kinc}$ = $2\pi/\lambda$, oraz $n0$ i θ są współczynnikiem załamania światła pryzmatu, a kąt padania, odpowiednio, jest analizowany, można zauważyć, że istnieją dwa parametry, mianowicie θ i λ, które mogą być kontrolowane lub modulowane w celu wzbudzenia fal SP. Wzbudzenie SPR jest rozumiane przez obserwowanie odbitego spektrum światła otrzymanego albo przez "przesłuchanie kątowe" lub "przesłuchanie długości fali". W przypadku przesłuchania kątowego λ, światło padające jest utrzymywane na stałym poziomie, a θ jest zróżnicowane. Przy określonej wartości θ, światło padające jest absorbowane przez wzbudzenie SPR, co powoduje ostry spadek widma odbitego światła. Widmo to charakteryzuje się trzema parametrami: kątem rezonansu θmin, połową szerokości przy połowie maksymalnej Δθ oraz minimalną wartością odbicia *Rmin*. W podejściu do przesłuchania na podstawie długości fali, długość fali λ padającego światła jest zróżnicowana, a kąt padania jest utrzymywany na stałym poziomie. Przy λ = λmin osiąga się stan rezonansowy i rozumie się to przez zanurzenie w widmie SPR. W tym podejściu, parametrami wykorzystywanymi do charakterystyki widma są: kąt rezonansu λmin, połowa szerokości Δλ oraz minimalna *wartość* odbicia *Rmin.* Czujniki SPR zazwyczaj wykorzystują następujące metody wykrywania: 1) pomiar przesunięcia kąta rezonansowego; 2) pomiar przesunięcia długości fali rezonansowej; oraz 3) pomiar zmiany natężenia światła.

Zjawisko SPR jest obserwowane jako ostry spadek natężenia światła odbitego od interfejsu przy określonym (rezonansowym) kącie padania. Wiąże się to z faktem, że pod kątami odpowiadającymi całkowitemu odbiciu wewnętrznemu, elektrony przewodzące cienkiej warstwy są wzbudzane promieniowaniem laserowym. SPR występuje w cienkiej warstwie metalu o ujemnej przenikalności dielektrycznej (wysokie przewodnictwo elektryczne), która znajduje się na przezroczystym podłożu dielektrycznym. Przy projektowaniu urządzeń analitycznych ważne jest, aby wartość kąta rezonansu zależała od stężenia analizowanej substancji stykającej się z pierwiastkiem wrażliwym. Jako warstwa wrażliwa, najczęściej stosowane są metale o wysokiej przewodności elektrycznej i pasywności chemicznej.

Najszerzej stosowaną metodą wzbudzania plazmonów powierzchniowych jest metoda realizowana przez pryzmat sprzęgający. W tym przypadku, aby zapewnić całkowite odbicie wewnętrzne, należy spełnić następujący warunek: współczynnik załamania światła badanej substancji musi być niższy od współczynnika załamania światła pryzmatu sprzęgającego, tj. nd < np. Istnieją dwa układy optyczne do realizacji tej metody wzbudzania, a mianowicie: Geometria Kretschmanna i Otto one. W geometrii Kretschmanna, pod warunkiem całkowitego wewnętrznego odbicia, pryzmat o wysokim indeksie załamania $_{np.}$ sprzężony jest z metalowo-dielektrycznym falowodem, który składa się z filmu posiadającego dielektryczną dopuszczalność εm i grubość *d, jak również* półniezdefiniowany dielektryk z indeksem załamania *nd*, którego rolę odgrywa badana substancja. System ten jest częściej stosowany, ponieważ jest łatwiejszy do wyprodukowania w praktyce. Zasada działania urządzeń SPR polega na wyznaczaniu zmian współczynnika załamania światła (RI) poprzez obserwację przesunięcia krzywej odbicia analitu $R(\theta)$ minimum. Preferencyjna większość urządzeń SPR projektowana jest z wykorzystaniem geometrii Kretschmanna (rys. 1.1a), która składa się z lasera (1), pryzmatu dla całkowitego wewnętrznego odbicia (TIR) (2), elementu czułego (3) i fotodetektora (4) [13]. Najbardziej rozpowszechnionym źródłem ekscytujących plazmonów powierzchniowych są lasery. Charakterystyka odbicia $R(\theta)$ jest zależnością natężenia światła laserowego od kąta jego padania na powierzchnię elementu wrażliwego (SE) w zakresie kątów wyższych niż kąt TIR na granicy SE - analit (rys. 1.1b). Wartość RI analitu związana jest z wartością minimum nieodłącznie związanego z krzywą odbicia Δθo poprzez następujące parametry elementów schematu optycznego urządzenia: długość fali światła lasera, wskaźniki załamania światła SE, pryzmat TIR i analit.

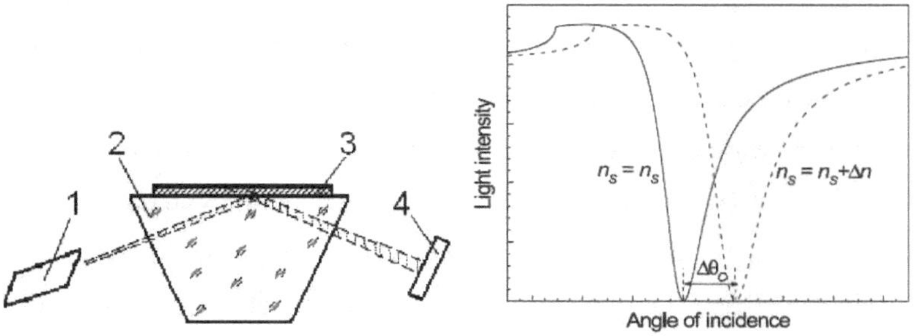

a) b)

Rys. 1.1. Schemat optyczny urządzenia SPR oparty na geometrii Kretschmanna (a) i zależnościach kątowych dla natężenia światła odbitego od granicy SE-analitu przed (-) i po (- - - -) zmianach w analicie RI o wartość Δn (b) [13].

Jeśli warstwa metalu SE jest wystarczająco cienka (< 200 nm), wówczas znaczna część rozkładu fal elektromagnetycznych w metalu może dotrzeć do przeciwległej powierzchni tej warstwy. Następnie SPR staje się wrażliwy na właściwości medium stykającego się z metalem. Położenie minimum w krzywej odbicia zależy od polaryzacji elektrycznej (przenikalność dielektryczna) tego medium. W przypadku zmiany właściwości warstwy metalicznej lub współczynnika załamania światła ośrodka znajdującego się powyżej tej warstwy, następuje przesunięcie minimum odbicia. Dlatego też pierwotne pomiary charakterystyki odbicia w warunkach SPR były uznawane jedynie za bardzo czułą metodę badania właściwości optycznych i stanów powierzchni metalowych [14].

1.1. Obwody optyczne do wzbudzania rezonansu plazmowego powierzchniowego

Fale plazmowe powierzchniowe (SP) to wzdłużny rozkład gęstości ładunku generowany na metalowym interfejsie bocznym, gdy światło rozprzestrzenia się przez metal. Zarówno próbka metalowa, jak i dielektryczna mogą mieć złożone wskaźniki refrakcji $_{nm}$ i $_{na}$, jak pokazano na rys. 1.2[15]. Plazma powierzchniowa propaguje się jako fala elektromagnetyczna równoległa do kierunku x z włóknem magnetycznym zorientowanym równolegle do kierunku y, czyli stanu poprzecznej polaryzacji magnetycznej (TM). Stan polaryzacji (TM) jest konieczny do wygenerowania rozkładu ładunku na metalowym interfejsie, który jest uważany za pierwszy warunek wzbudzenia SP.

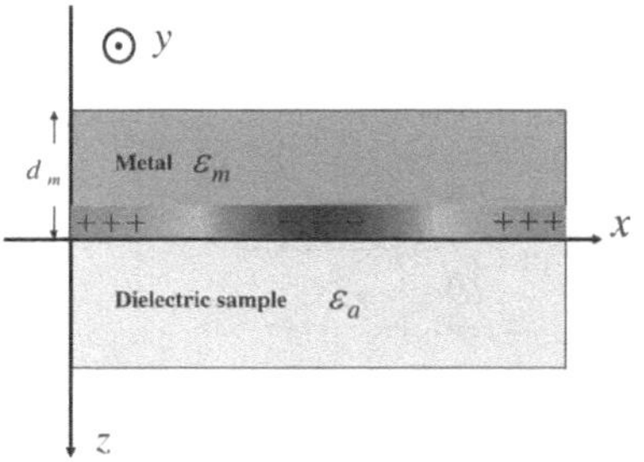

Rys. 1.2. Warstwy metaliczne i dielektryczne o odpowiednio współczynnikach załamania światła εm i εa complex, oddzielone płaszczyzną xy, podtrzymujące SPW na styku w części metalowej [15].

Zjawisko SP można łatwo zrozumieć, a jego główne cechy można określić rozwiązując równanie Maxwella do problemu wartości granicznej.

Przyjmując płaszczyznę TM i harmoniczne włókna elektromagnetyczne w metalu oraz próbkę z odpowiednimi falami (1.2).

$$E_{i(r,t)} = \left(E_{ix}, 0, E_{iz}\right) e^{-k_{zi}|z|} e^{i(k_{xi}x-\omega t)},$$
$$H_{i(r,t)} = \left(0, \mathrm{H}_{iy}, 0\right) e^{-k_{zi}|z|} e^{i(k_{xi}x-\omega t)}, \quad (1.2)$$

Gdzie, (i metal, próbka), kzi jest składową z wektora falistego w warstwie i, a kxi jest składową X wektora falistego. Zastąpienie włókien z równania (1.2) równaniami Maxwella i zastosowanie warunków ciągłości i relacji (1.3).

$$k_{zi} = \sqrt{\varepsilon_i \frac{\omega^2}{c^2} - k_{xi}^2} \quad (1.3)$$

prowadzi do równań (1.4).

$$\frac{k_{z1}}{\varepsilon_1} H_{1y} + \frac{k_{z2}}{\varepsilon_2} H_{2y} = 0,$$
$$H_{1y} - H_{2y} = 0. \quad (1.4)$$

Rozwiązaniem dla ostatnich równań ustawionych przez zrównanie wyznacznika z zerem prowadzącym do: kz1ε2+kz2ε1=0, które wraz z warunkiem dopasowania fazowego kx1 = kx2 = kx znajduje się następujące równanie (1.5).

$$k_x = \frac{\omega}{c} \sqrt{\frac{\varepsilon_1 \varepsilon_2}{\varepsilon_1 + \varepsilon_2}} \quad (1.5)$$

Wartość w lewej stronie równania (1.5) reprezentuje powierzchniowy wektor fal plazmowych kx = kSP, stąd równanie. (1.5) określa stosunek rozproszenia dla rozmnożeniowego SP. Ponieważ w zakresie częstotliwości optycznych, rzeczywista część metalowej stałej dielektrycznej εmr < 0 i zakładając, że wyimaginowane części obu ε1 = εmr + iεmi i ε2 = εa = εar + iεai są małe, można uzyskać czysto rzeczywisty wektor falowy SP, gdy εmr < -εa pozwala na propagację dalekiego zasięgu. Jest to drugi warunek istnienia

SP na styku metal/elektronika. Zastąpienie uproszczonego modelu Drude modelem dyspersji metalu ω2, gdy ωp jest częstotliwością plazmy, w Równaniu (1.5) daje wyraźne wyrażenie dla relacji dyspersji SP (1.6):

$$\omega^2 = \frac{1}{2}\omega_p^2 + \frac{1}{2}k_x^2c^2\left(1+\frac{1}{\varepsilon_a}\right) - \frac{1}{2}\sqrt{\omega_p^4 + 2\omega_p^2k_x^2c^2\left(1-\frac{1}{\varepsilon_a}\right) + k_x^4c^4\left(1+\frac{1}{\varepsilon_a}\right)^2} . \quad (1.6)$$

Z drugiej strony, wektor światła padający na metalowe włókno wypełnia linię rozproszenia fotonu w przestrzeni swobodnej (ω = ck0), która leży po lewej stronie linii rozproszenia plazmy dla dowolnej częstotliwości, patrz rys. 1.4. W związku z tym wiązka światła, która uderza w metalową powierzchnię z powietrza, nigdy nie wzbudzi plazmy na metalowym interfejsie, chyba że moment pędu fotonu zostanie wzmocniony w celu uzyskania pełnego dopasowania z momentem SP i zostanie uzyskane przecięcie między dwiema liniami. Punkt przecięcia reprezentuje zjawisko rezonansu i określa punkt pracy, w którym wyznaczana jest częstotliwość i wektor falowy zarówno ekscytującego światła, jak i plazmy. W przypadku PSPR, dwie główne techniki są wykorzystywane do wzmocnienia wektora falowego, (1) sprzęgła pryzmatycznego, w którym wektor falowy jest wzmocniony przez współczynnik załamania światła pryzmatu, (2) kraty dyfrakcyjne, w których wektor falowy jest wzmocniony przez modyfikację kąta dyfrakcji, jak pokazano na rys. 1.3.

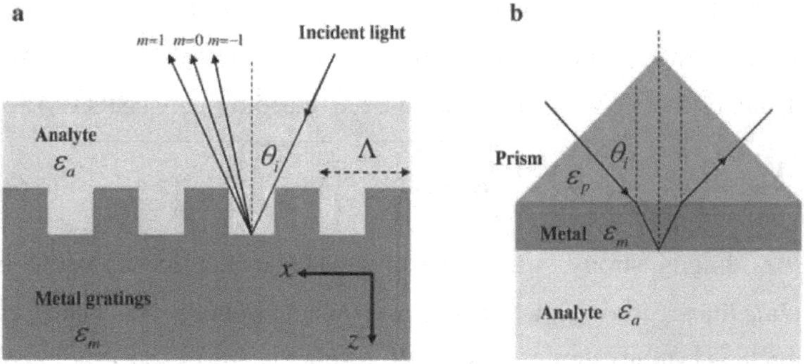

Rys. 1.3. a) Wzmocnienie wektora fali padającego światła poprzez modyfikację kąta dyfrakcji. (b) Wzmocnienie wektora falowego przez sprzęgło pryzmatyczne, rezonans uzyskany przez zwiększenie pędu padającego światła przez pryzmat o wysoki współczynnik załamania światła [15].

Najpopularniejszym podejściem do wzbudzania plazmonów powierzchniowych jest zastosowanie łącznika pryzmatycznego i metody całkowitego tłumionego odbicia (ATR). Istnieją dwie konfiguracje metody ATR - geometria Kretschmanna [16] i geometria Otto [17]. W geometrii Kretschmanna metody ATR, pryzmat o wysokim współczynniku załamania światła np. jest sprzężony z falowodem metalowo-dielektrycznym składającym się z cienkiej powłoki metalowej o dopuszczalności εm i grubości q oraz półokreślić dielektryka o współczynniku załamania światła nd (nd < np), rys. 1.3. Kiedy fala świetlna rozprzestrzeniająca się w pryzmacie zostaje spowodowana incydentem na metalowej folii, część światła odbija się z powrotem do pryzmatu, a część rozprzestrzenia się w metalu w postaci niejednorodnej fali elektromagnetycznej [18]. Ta niejednorodna fala rozpada się wykładniczo w kierunku prostopadłym do granicy pryzmat-metal i dlatego jest określana jako fala ulotna. Jeśli film metalowy jest wystarczająco cienki (mniej niż 100 nm dla światła w widzialnej i bliskiej podczerwieni części widma), fala efemeryczna przenika przez film metalowy i łączy się z plazmonem powierzchniowym na zewnętrznej granicy filmu metalowego. Stała propagacji plazmy powierzchniowej propagującej się wzdłuż cienkiej warstwy metalu βSP jest zależna od obecności dielektryka po przeciwnej stronie folii metalowej i może być wyrażona jako relacja (1.7).

$$\beta^{SP} = \beta^{SP_0} + \Delta\beta = \frac{\omega}{c}\sqrt{\frac{\varepsilon_d \varepsilon_m}{\varepsilon_d + \varepsilon_m}} + \Delta\beta\,, \qquad (1.7)$$

gdzie βSP0 jest stałą propagacji plazmy powierzchniowej propagującej się wzdłuż falowodu metalowo-dielektrycznego w przypadku braku pryzmatu i Δβ odpowiada za skończoną grubość błony metalowej i obecność pryzmatu. W celu uzyskania połączenia między falą efemeryczną a plazmonem powierzchniowym, stała propagacji fali efemerycznej βEW i powierzchniowej βSP musi być równorzędną zależnością (1.8).

$$\frac{2\pi}{\lambda} n_p \sin\theta = k_z = \beta^{EW} = \mathrm{Re}\left\{\beta^{SP}\right\} = \mathrm{Re}\left\{\frac{2\pi}{\lambda}\sqrt{\frac{\varepsilon_d \varepsilon_m}{\varepsilon_d + \varepsilon_m}} + \Delta\beta\right\}. \qquad (1.8)$$

Jeśli chodzi o wskaźnik efektywności, ten warunek sprzężenia można zapisać jako (1.9).

$$n_p \sin\theta = n_{ef}^{EW} = n_{ef}^{SP} = \mathrm{Re}\left\{\sqrt{\frac{\varepsilon_d \varepsilon_m}{\varepsilon_d + \varepsilon_m}}\right\} + \Delta n_{ef}^{SP}\,, \qquad (1.9)$$

gdzie nEW ef jest efektywnym wskaźnikiem fali ewaganckiej, nSP ef jest efektywnym wskaźnikiem plazmy powierzchniowej, a ΔnSP= Re{Δβλ/2π}. Stan sprzężenia pomiędzy falą świetlną a plazmonem powierzchniowym zilustrowano na rys. 1.4., który pokazuje widmowe zależności efektywnych wskaźników plazmy powierzchniowej na styku woda-złoto oraz efemeryczną falę świetlną wytwarzaną przez falę świetlną padającą na złotą powłokę ze szklanego pryzmatu BK7. Dla każdej długości fali, warunek dopasowania jest spełniony dla pojedynczego kąta padania, kąta sprzężenia, który wzrasta wraz ze zmniejszającą się długością fali.

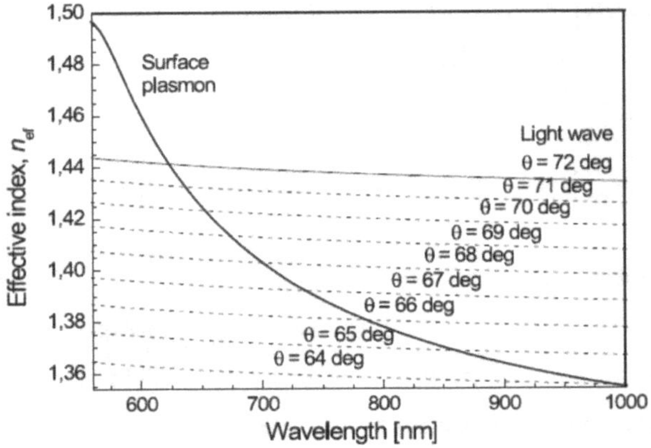

Rys. 1.4. Spektralna zależność efektywnego wskaźnika powierzchniowego plazmozy od interfejsu woda-złoto i efektywnego wskaźnika efemerycznej fali świetlnej wytwarzanej przez płaską falę świetlną padającą na złotą powłokę z pryzmatu optycznego (szkło BK 7) pod dziewięcioma różnymi kątami padania [19].

W geometrii Otto, pryzmat o wysokim współczynniku załamania światła o współczynniku załamania np. jest sprzężony z falownikiem dielektryczno-metalowym składającym się z cienkiej warstwy dielektrycznej o współczynniku załamania światła nd(nd < np) i grubości q, oraz z metalu półokrągłego z dopuszczalnością εm, rys. 1.5. W geometrii Otto, światło padające na interfejs pryzmatyczno-dielektryczny filmu pod kątem padania większym niż krytyczny kąt padania dla tych dwóch mediów wytwarza efemerydalną falę propagującą się wzdłuż interfejsu między pryzmatem a folią dielektryczną. Jeśli grubość warstwy dielektrycznej jest odpowiednio dobrana (zazwyczaj kilka mikronów), fala efemeryczna i plazma powierzchniowa na granicy dielektryczno-metalowej mogą się połączyć. Aby sprzężenie miało miejsce, stała propagacji fali efemerycznej i plazmy powierzchniowej musi być równa. Tłumiona metoda całkowitego odbicia może być również stosowana do wzbudzania sprzężonych plazmonów powierzchniowych na cienkich warstwach metalu.

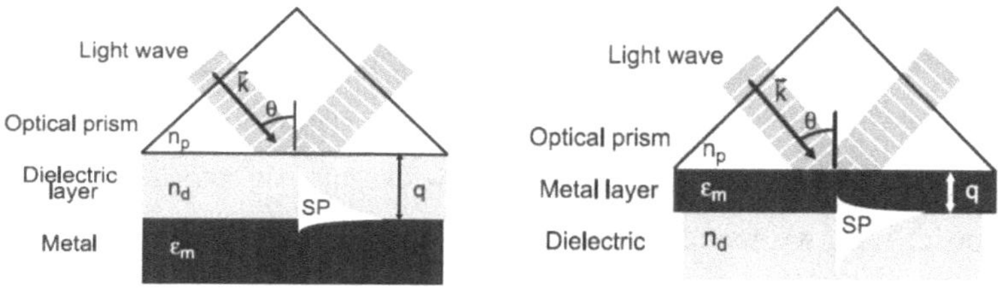

(a) (b)

Rys. 1.5. Pobudzenie plazmonów powierzchniowych w metodzie Otto (a) i Kretschmanna (b) geometria (dla porównania) metody całkowitego tłumionego odbicia (ATR) [19].

Sprzężenie światła w symetryczną lub antysymetryczną powierzchnię plazmy podpartą cienką warstwą może być w zasadzie osiągnięte w geometrii podobnej do geometrii Otto (rys. 1.5.), w której pół-nieskończony metal zostaje zastąpiony cienką warstwą metalu [20]. Interakcja pomiędzy falą świetlną a plazmonem powierzchniowym w metodzie ATR może być badana z wykorzystaniem wielowarstwowej teorii odbicia Fresnela. W tym miejscu przedstawimy analizę współczynnika odbicia dla geometrii Kretschmanna metodą ATR.

Dla każdej grubości powłoki metalowej, istnieją dwa sprzężone plazmony powierzchniowe, które są określane jako plazmony symetryczne i antysymetryczne powierzchniowe, oparte na symetrii rozkładu natężenia magnetycznego. Plazmony powierzchniowe podtrzymujące fale płaskie to cienka warstwa metalu umieszczona pomiędzy dwoma półokrewnymi mediami dielektrycznymi (rys. 1.6.). Jeśli warstwa metalu jest znacznie grubsza niż głębokość penetracji plazmy powierzchniowej na każdym interfejsie metal-dielektrycznym, falowód ten obsługuje dwa tryby TM,

które odpowiadają dwóm plazmonom powierzchniowym na przeciwległych granicach warstwy metalu. Gdy grubość metalu spada, następuje sprzężenie między dwoma plazmonami powierzchni, co prowadzi do powstania mieszanych trybów
pole elektromagnetyczne. Symetryczna powierzchnia plazmy wykazuje efektywny indeks i tłumienie, które zwiększają się wraz ze wzrostem grubości warstwy metalu. Skuteczny indeks i tłumienie antysymetrycznej powierzchni plazmy zmniejsza się wraz ze wzrostem grubości warstwy metalu.

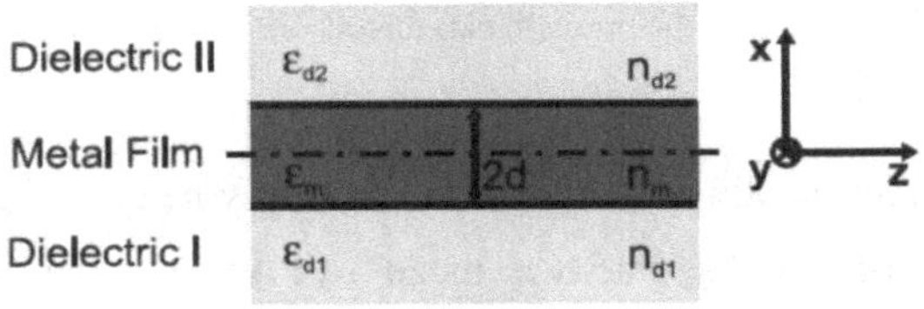

Rys. 1.6. Cienka warstwa metalu umieszczona pomiędzy dwoma dielektrykami [19].

Tryby falowodu dielektryczno-metalowo-dielektrycznego można znaleźć rozwiązując wartość własną. Numeryczne rozwiązania tego równania wartości własnej dla symetrycznej struktury falowodu (nd1 = nd2) pokazano na rys. 1.7.

Dla każdej grubości folii metalowej, istnieją dwa sprzężone plazmony powierzchniowe, które są określane jako plazmony symetryczne i antysymetryczne powierzchniowe. Jeżeli falowód jest asymetryczny, efektywny wskaźnik symetrycznej powierzchni plazmy zmniejsza się wraz ze zmniejszającą się grubością warstwy metalu, a przy pewnej grubości warstwy metalu, symetryczna powierzchnia plazmy przestaje istnieć jako tryb prowadzenia, rys. 1.8.

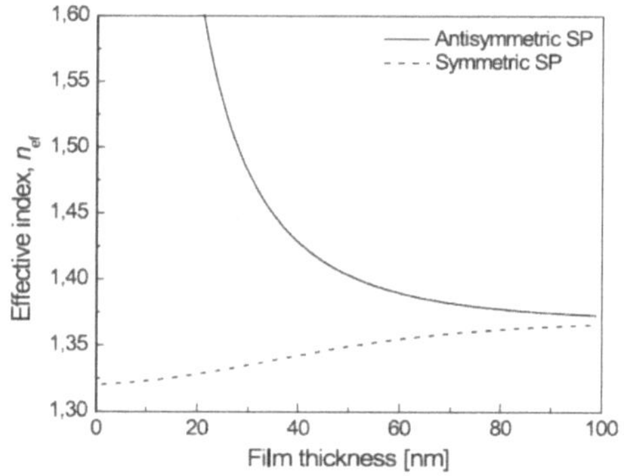

Rys. 1.7. Efektywny indeks plazmonów powierzchniowych propagujących się wzdłuż cienkiej powłoki złota (εm = - 25 + 1,44i) umieszczonej pomiędzy dwiema identycznymi dielektrykami (nd1 = nd2 = 1,32) w funkcji grubości warstwy złota; długość fali 800 nm [19].

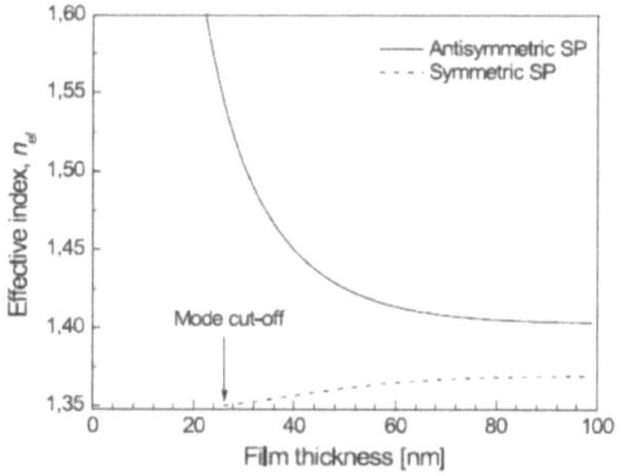

(a)

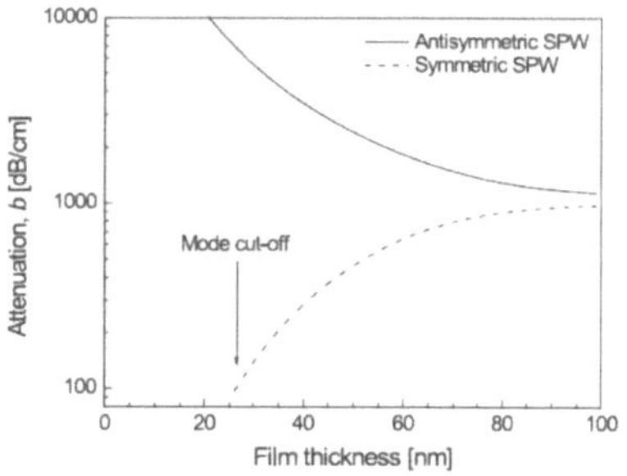

(b)

Rys. 1.8. Efektywny wskaźnik (a) i tłumienie modalne (b) plazmonów powierzchniowych propagujących się wzdłuż cienkiej warstwy złota (εm = - 25 + 1,44i) umieszczonej pomiędzy dwoma dielektrykami (nd1 = 1,32 i nd2 = 1,35) w zależności od grubości warstwy złota; długość fali 800 nm [19].

Osocze powierzchni symetrycznej wykazuje mniejsze tłumienie niż jego odpowiednik antysymetryczny i dlatego czasami określa się je mianem plazmy powierzchniowego dalekiego zasięgu [21], natomiast tryb antysymetryczny określa się mianem plazmy powierzchni krótkiego zasięgu [22, 23]. Rysunek 1.9. przedstawia profile wektorowe pola symetrycznego i antysymetrycznego SP na cienkiej złotej powłoce otoczonej dwiema dielektrykami.

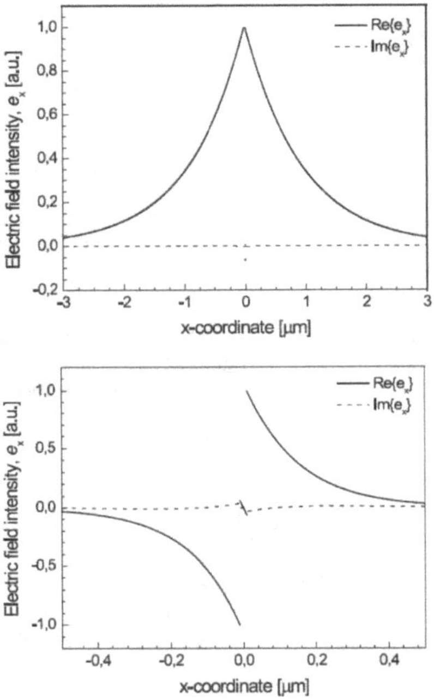

(a) (b)

Rys. 1.9. Profil pola plazmy symetrycznej (a) i antysymetrycznej (b) na cienkiej warstwie złota (εm = - 25 + 1,44i) umieszczonej pomiędzy dwiema identycznymi dielektrykami (nd1 = nd2 = 1,32), grubość warstwy złota 20 nm, długość fali 800 nm [19].

Profile natężenia magnetycznego hy plazmonów symetrycznych i antysymetrycznych są symetryczne lub antysymetryczne w stosunku do środka metalu. Pole powierzchni symetrycznej plazmy przenika głębiej do ośrodka dielektrycznego niż pole powierzchni antysymetrycznej plazmy.
W metodzie tej fala świetlna padająca z ośrodka dielektrycznego o współczynniku załamania światła nd na kratę metalową o stałej dielektrycznej εm, okres kratyΛ i głębokość kraty q, rys. 1.10.

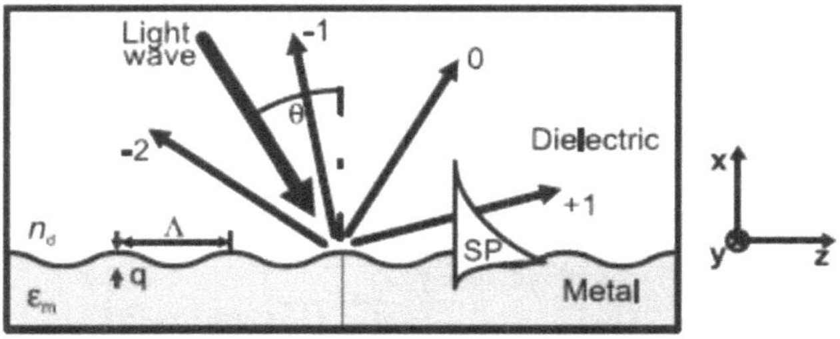

Rys. 1.10. Pobudzenie plazmonów powierzchniowych przez dyfrakcję światła na siatce dyfrakcyjnej [19].

Kiedy fala świetlna z wektorem falowym k powstaje na powierzchni kraty, dyfrakcja powoduje powstanie serii fal dyfrakcji. Współczynnik przenikania światła dyfraktowanego $_{km}$ wynosi (1,10).

$$k_m = k + mG\,, \tag{1.10}$$

Gdzie m jest liczbą całkowitą i oznacza kolejność dyfrakcji, a G jest wektorem kraty [24]. Wektor kraty leży w płaszczyźnie kraty (płaszczyzna y-z na rys. 1.10.) i jest prostopadły do rowków kraty. Jego wielkość jest odwrotnie proporcjonalna do skoku kraty i dlatego dla rozpatrywanej tu geometrii kraty może być wyrażona jako (1.11).

$$G = \frac{2\pi}{\Lambda} z_0 \tag{1.11}$$

Dlatego składowa wektora falowego dyfraktowanego światła prostopadle do płaszczyzny kraty *kxm* jest równa składowej fali padającej, podczas gdy składowa wektora falowego w płaszczyźnie kraty *kzm* jest dyfrakcja zmieniona (1.12).

$$k_{zm} = k_z + m\frac{2\pi}{\Lambda}. \tag{1.12}$$

Fale dyfraktowane mogą łączyć się z plazmonem powierzchniowym, gdy stała propagacji dyfraktowanej fali propagującej się wzdłuż powierzchni kraty kzm i powierzchniowej plazmy βSP są równe (1,13) i (1,14).

$$\frac{2\pi}{\lambda} n_{\mathrm{d}} \sin\theta + m\frac{2\pi}{\Lambda} = k_{zm} = \pm \operatorname{Re}\left\{\beta^{\mathrm{SP}}\right\}, \tag{1.13}$$

$$\beta^{\mathrm{SP}} = \beta^{\mathrm{SP}_0} + \Delta\beta = \frac{\omega}{c}\sqrt{\frac{\varepsilon_{\mathrm{d}}\varepsilon_{\mathrm{m}}}{\varepsilon_{\mathrm{d}} + \varepsilon_{\mathrm{m}}}} + \Delta\beta, \tag{1.14}$$

Wartość βSP0 oznacza stałą propagacji plazmy powierzchniowej propagującej się wzdłuż gładkiego styku metalu pół-nieokreślonego i dielektryka pół-nieokreślonego, a Δβ uwzględnia obecność siatki. Jeśli chodzi o wskaźnik skuteczności, stan sprzężenia można przepisać jako (1.15) i (1.16).

$$n_{\mathrm{d}} \sin\theta + m\frac{\lambda}{\Lambda} = \pm\left(\operatorname{Re}\left\{\sqrt{\frac{\varepsilon_{\mathrm{d}}\varepsilon_{\mathrm{m}}}{\varepsilon_{\mathrm{d}} + \varepsilon_{\mathrm{m}}}}\right\} + \Delta n_{\mathrm{ef}}^{\mathrm{SP}}\right), \tag{1.15}$$

$$\Delta n_{\mathrm{ef}}^{\mathrm{SP}} = \operatorname{Re}\{\Delta\beta\lambda/2\pi\}. \tag{1.16}$$

Interakcja pomiędzy falą świetlną a plazmonem powierzchniowym może być badana za pomocą równań Maxwella w formie zróżnicowanej lub integralnej. W metodzie różnicowej profil kratownicy jest zbliżony do stosu warstw, w których obliczane jest rozwiązanie równań Maxwella w postaci serii Rayleigh'a, a całkowite rozwiązanie problemu dyfrakcji znajduje się poprzez zastosowanie warunków brzegowych na każdym z interfejsów [25, 26]. Metoda całkowania zakłada pewien przepływ prądu na powierzchni kraty i redukuje problem do obliczenia całki Helmholtza-Kirchhoffa [27].

Plazmony powierzchniowe mogą być również pobudzane przez tryby falowodu dielektrycznego. Przykład struktury falowodowej integrującej falowód dielektryczny i falowód metalowo-dielektryczny pokazano na rys.

1.11. Tryb falowodu dielektrycznego rozprzestrzenia się wzdłuż falowodu, a gdy wchodzi on do regionu z cienką warstwą metalu, przenika przez warstwę metalu i łączy się z plazmonem powierzchniowym na zewnętrznej granicy metalu.

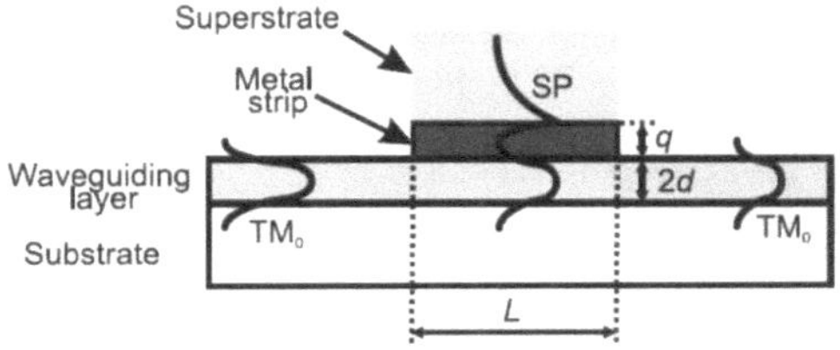

Rys. 1.11. Pobudzenie plazmonów powierzchniowych w trybie falowodu dielektrycznego [19].

Sprzężenie między trybem falowodu a plazmonem powierzchniowym może wystąpić, gdy stała propagacji trybu βM jest równa rzeczywistej części stałej propagacji plazmonu powierzchniowego βSP (1.17).

$$\beta_{\mathrm{M}} = \mathrm{Re}\left\{\beta_{\mathrm{SP}}\right\} . \tag{1.17}$$

Sprzężenie pomiędzy trybem falowodu a plazmonem powierzchniowym można badać analizując tryby hybrydowe, będące rozwiązaniami fali wektorowej dla sprzężonych falowodów [28]. Rozprzestrzenianie się światła przez całą strukturę falowodową może być symulowane za pomocą metody rozszerzania i propagacji trybu [29]. W tej metodzie symulowany falowód dzieli się dalej na sekcje jednolite wzdłużnie i w każdej sekcji oblicza się zestaw postaci własnych. Wzajemne zależności między amplitudami modalnymi po obu stronach interfejsu między przekrojami wzdłużnymi uzyskuje się z ciągłości składowych pola poprzecznego poprzez dopasowanie trybu [29]. Wpływ grubości folii metalowej przedstawiono na rysunku 1.12 dla modelu struktury składającej się z podłoża (współczynnik załamania światła 1,514), warstwy falistej (współczynnik załamania światła 1,517, grubość 3 µm), cienkiej warstwy złota i superstratu (współczynnik załamania światła 1,40).

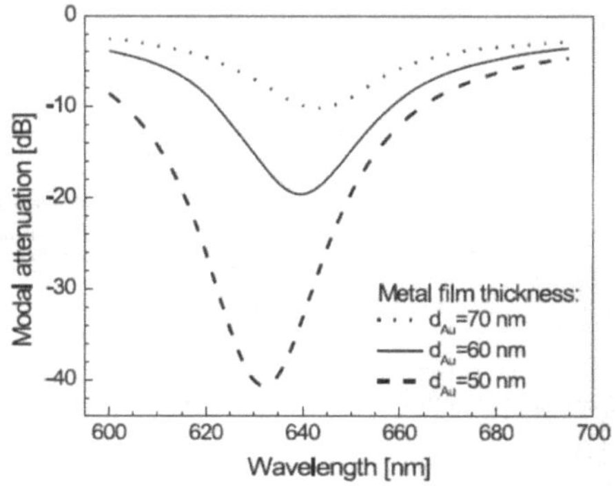

Rys. 1.12. Zależność widmowa transmisji falowodu płytowego z cienką taśmą metalową dla różnych grubości folii metalowej, długość taśmy metalowej L = 1 mm [19].

Ponieważ plazmony powierzchniowe są zazwyczaj znacznie bardziej rozproszone niż zwykłe fale dielektryczne, warunek sprzężenia jest spełniony tylko dla wąskiego zakresu długości fal. Wzbudzenie plazmy powierzchniowej można zatem obserwować jako wąskie zanurzenie w spektrum przepuszczanego światła. Wytrzymałość sprzęgła zależy od grubości metalu.

Perturbacja w analizowanym współczynniku załamania powoduje zmianę punktu przecięcia, a w konsekwencji przesunięcie długości fali rezonansowej dla utrwalonego kąta padania lub przesunięcie kąta padania dla utrwalonej długości fali (rys. 1.13).

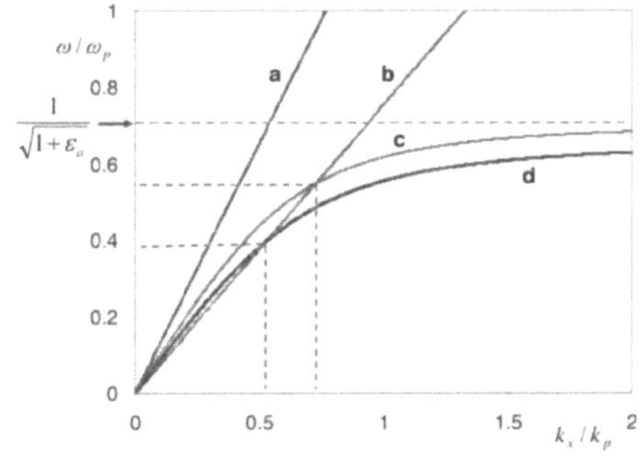

Rys. 1.13. a) Linia dyspersyjna do swobodnego padania fotonów na metal z próżni. (b) Linia dyspersyjna dla fotonu wyłaniającego się z pryzmatu o współczynniku załamania światła 1,732 i kącie padania równa się 50 stopni. c) Stosunek dyspersji plazmy powierzchniowej na styku metalu i powietrza (jako próbki). d) zależność dyspersyjna plazmy powierzchniowej wytworzonej na styku metalu i analitu o współczynniku załamania światła 1,15 [15].

W przypadku określonego kąta padania, zmiany współczynnika załamania światła wymagają odpowiedniej zmiany długości fali padającego światła w celu utrzymania rezonansu lub alternatywnie modyfikacji kąta padania dla ustalonej długości fali. Częstotliwość jest znormalizowana do częstotliwości plazmy ωp, a składowa x wektora światła jest znormalizowana do numeru fali plazmowej, który nie jest określony w tekście. Oś częstotliwości na rys. 1.13 jest znormalizowana do częstotliwości plazmy, a jednocześnie wektor fali plazmowej jest znormalizowany do objętościowego wektora fali plazmowej, który jest określany jako kp = ωp c. Rysunek wyraźnie pokazuje mechanizm detekcji filtracji Kretschmanna. Wzrost wskaźnika refrakcji analitu modyfikuje krzywą dyspersji plazmy, a rezonans uzyskuje się przy większej długości fali, gdy ustalony jest kąt padania. Z drugiej strony, jeśli chce się utrzymać ustaloną długość fali, należy zmienić nachylenie padającego światła poprzez zwiększenie kąta padania.

Gdy plazmon jest wzbudzony, fala rozchodzi się wzdłuż powierzchni w kierunku x, który zostaje wchłonięty po określonej długości propagacji. Rezonans jest następnie realizowany jako dip w widmie reflectivity (rys. 1.14, 1.15).

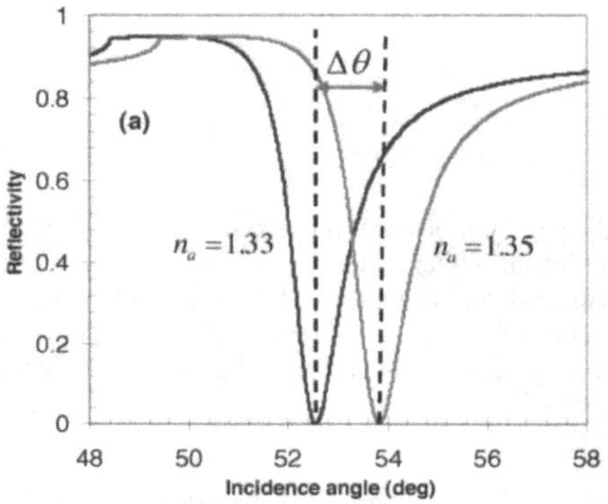

Rys. 1.14. Ilustracja przesunięcia kąta w rezonansie spowodowanego zmianą współczynnika załamania światła, krzywe niebieska i czerwona odpowiadają odpowiednio n_a = 1,33 i n_a = 1,35 [15].

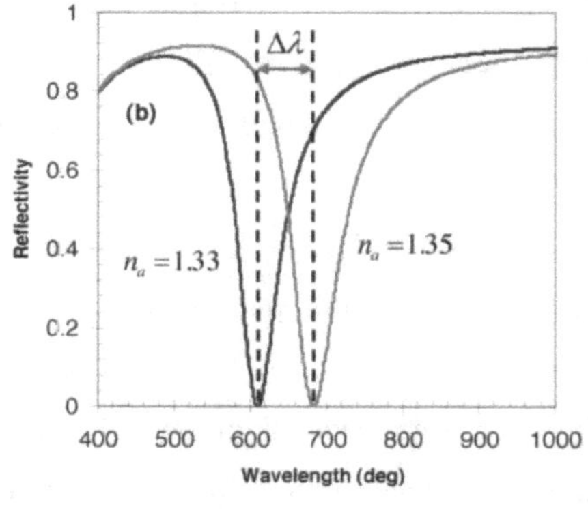

Rys. 1.15. Ilustracja przesunięcia długości fali w rezonansie spowodowanego zmianą współczynnika załamania światła, krzywe niebieska i czerwona odpowiadają odpowiednio n_a = 1,33 i n_a = 1,35 [15].

Po pierwsze, gdy długość fali jest stała i w tym przypadku czułość kątowa jest definiowana jako stosunek zmiany kąta rezonansu do zmiany współczynnika załamania światła (rys. 1.14). Po drugie, jeśli kąt padania jest stały, czułość widmowa jest stosunkiem pomiędzy przesunięciem długości fali rezonansowej a zmianą współczynnika załamania światła, jak pokazano na rys. 1.15.

Stała propagacji plazmonów powierzchniowych jest bardzo wrażliwa na zmiany w rozkładzie współczynnika załamania światła, co można wykazać za pomocą teorii perturbacji. Plazmony powierzchniowe mogą być wzbudzane przez fale świetlne za pomocą (i) sprzężenia pryzmatycznego i tłumionego całkowitego odbicia, (ii) dyfrakcji na metalowej siatce dyfrakcyjnej oraz (iii) sprzężenia pomiędzy równoległymi światłowodami. Plazmony powierzchniowe można obserwować (i) gdy długość fali jest stała i mierzyć przesunięcie kąta rezonansu, (ii) gdy kąt padania jest stały i mierzyć przesunięcie długości fali rezonansowej.

1.2. Technologia elementów wrażliwych

Przy tworzeniu urządzeń analitycznych ważna jest analiza wpływu materiału SE i technologii jego wytwarzania na kształt charakterystyki odbicia $R(\theta)$ oraz dokładność w określaniu jego minimalnej pozycji i czułości czujnika spowodowana również względnym przesunięciem minimalnej $R(\theta)$.

Ważnym czynnikiem jest wpływ płaskorzeźby powierzchniowej właściwej dla warstwy metalu na absorpcję światła, ponieważ tylko powierzchnia charakteryzuje się dostępnością silnego pola elektrycznego. Dlatego chropowatość powierzchniowa warstwy metalu określa istotny wpływ na propagację plazmonów powierzchniowych, co w wyniku rozproszenia energii prowadzi do wczesnego rozpadu plazmonów i zmniejszenia ich prędkości fazowej [30-33]. W tym przypadku zmienia się kształt krzywej dyspersji i przesuwa się częstotliwość rezonansową plazmonów powierzchniowych. Jeśli długość fali padającego światła jest stała, przy wzroście chropowatości powierzchni SE minimalne położenie charakterystyki odbicia jest przesuwane na bok wyższych kątów, amplituda odbicia w minimum rezonansowym (Rmin) wzrasta, charakterystyka odbicia jest rozszerzona, a w konsekwencji rośnie błąd określenia pozycji minimalnej. Głównymi czynnikami wpływającymi na strukturę i właściwości warstw metalicznych powstałych w wyniku odparowania termicznego w próżni są prędkość osadzania i temperatura podłoża [34, 35]. W przypadku złotej warstwy metalicznej SE, prędkość osadzania od 4 do 5 nm/s zapewnia warstwę o maksymalnej gęstości oraz powtarzalnych parametrach optycznych i gładkiej, jednorodnej powierzchni. Jednocześnie niskie prędkości osadzania prowadzą do drobnoziarnistej, szorstkiej i kruchej struktury osadzanych warstw, natomiast wysokie prędkości osadzania prowadzą do gruboziarnistej struktury powierzchni [36]. Aby zmniejszyć wpływ reliefów podłoża na chropowatość powierzchni osadzonych warstw metalu, powierzchnia podłoża jest przygotowywana przy użyciu tradycyjnej technologii optycznej, która jest zwykle stosowana przy wykonywaniu elementów optycznych [37]. Alternatywnym sposobem działania na strukturę i właściwości warstw metalu SE jest wyżarzanie termiczne [38].

Dla warstw krystalizujących się w warunkach znacznego wychłodzenia w temperaturze pokojowej wyżarzanie termiczne jest efektywnym czynnikiem stabilizującym [39]. Obróbka termiczna zmniejsza stężenie wad sieci krystalicznej, struktura tych warstw przenosi się do bardziej stabilnego stanu termodynamicznego, któremu towarzyszą bardziej stabilne właściwości optyczne [40]. W polikrystalicznych warstwach złota i srebra, najistotniejsze zmiany w strukturze ze wzrostem wielkości ziaren mają miejsce przez pierwsze 5 - 10 minut wyżarzania w stosunkowo niskich temperaturach (nie przekraczających 300 ° C) [41]. Aby zapewnić minimalną chropowatość, zaleca się wyżarzanie w temperaturze 120°C [42].

Głównym i najbardziej rozpowszechnionym technologicznym sposobem zwiększenia wartości odpowiedzi czujnika w urządzeniach analitycznych opartych na SPR jest zwiększenie powierzchni odpowiedzialnej za interakcję z badaną substancją. Im wyższa jest czułość powierzchni, tym lepsze są właściwości użytkowe poszczególnych nanostruktur plazmowych. W celu zwiększenia reakcji czujnika zaproponowano wykonanie siatki dyfrakcyjnej na powierzchni PCL [43, 44]. W pracy [43] autorzy eksperymentalnie wykazali możliwość zwiększenia czułości czujnika SPR działającego w konfiguracji Kretschmanna poprzez tworzenie okresowej powierzchni reliefowej na chipie Au. Opisano w nich rozwój techniki litografii interferencyjnej (IL) wykorzystującej opór oparty na szklanych foliach chalkogenidowych do wytwarzania wiórów złota w postaci okresowych nanostruktur powierzchniowych dla refraktometrów SPR. Technika IL została zoptymalizowana do wznoszenia warstw Au i tworzenia jednowymiarowych (kratownicowych) struktur o częstotliwości przestrzennej bliskiej 3300 mm-1. Częstotliwość przestrzenną i głębokość rowków kratownicy dobrano z uwzględnieniem warunku odbicia Bragga plazmonów na długości fali operacyjnej refraktometru SPR i danego środowiska (co jest warunkiem zwiększenia czułości biosensora w porównaniu z płaską powierzchnią układu Au).

Próbki otrzymywano przez kolejne termiczne naparowywanie próżniowe (i) warstwy kleju Cr o grubości 1-3 nm (grubość efektywna), (ii) warstwy metalu (Au) o grubości 40-50 nm oraz (iii) warstwy fotorezystywnej (As40S40Se20) o grubości około 100 nm na polerowanych podłożach szklanych (szkło F-1, współczynnik załamania światła: n = 1,615, wymiary:

20 × 20 × 1 mm) przy ciśnieniu szczątkowym 2 × 10-3 Pa. Szybkość osadzania i grubość folii monitorowano in situ za pomocą miernika grubości kwarcowej KIT-1. Po osadzeniu, grubości folii zostały zmierzone przy użyciu

Mikrointerferometr MII-4. Rejestrację struktur okresowych na błonach fotorezystywnych prowadzono z wykorzystaniem wzoru interferencyjnego utworzonego laserem helowo-kadmowym (długość fali λ = 441,6 nm). Wartość ekspozycji dla zapisu kratek wynosiła 0,2-0,5 J/cm2. Po ekspozycji próbki zostały poddane obróbce chemicznej w nie-wodnych alkalicznych roztworach organicznych w celu utworzenia maski rezystancyjnej w warstwie fotorezystywnej, przez którą wytrawiano folię metalową. Technologia IL została zastosowana w trybie lekkiego prześwietlenia fotorezystywnego w celu uzyskania cyklicznej formy profilu rowka maski okresowo chalkogenidowej.

Zmieniając czas selektywnego wytrawiania fotorezystencji, można zmienić szerokość elementów masek litograficznych. Odpowiednio, szerokość otwartych przerw pomiędzy elementami maski może być regulowana, przez co następuje dalsze wytrawianie warstwy metalu. Po usunięciu pozostałości fotorezystywnych w roztworze alkalicznym, przemyciu i wysuszeniu uzyskano okresową strukturę metalu. Struktura okresowa tworzona była tylko na jednej połowie chipa, druga połowa pozostawała nierozprężona, tj. pokryta płaską, niestrukturalną folią złotą. Wzory powierzchni struktur wytrawionych badano za pomocą mikroskopu sił atomowych sondy skaningowej Dimension 3000 (Digital Instruments Inc., Tonawanda, NY, USA) w trybie uderzania sił atomowych (AFM).

Tworzenie siatki dyfrakcyjnej na powierzchni folii złotej zmienia kształt zależności kątowej dla odbicia od powierzchni roboczej czujnika w pobliżu rezonansu. Rys. 1.16. przedstawia krzywe rezonansu plazmy powierzchniowej dla czujnika standardowego z płaską powierzchnią filmu złotego (czarna linia) oraz czujnika z siatką dyfrakcyjną (biała linia) o długości okresu 330 nm i głębokości płaskorzeźby 20±4 nm (całkowita grubość warstwy Au wynosi 50 nm).

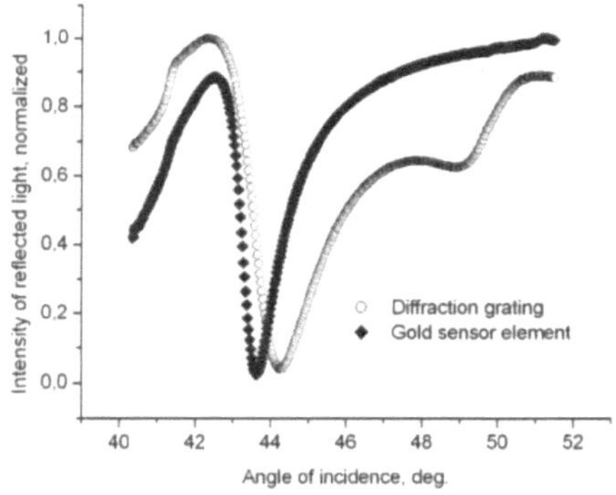

Rys. 1.16. Krzywe SPR wykreślone dla elementu pomiarowego z siatką dyfrakcyjną (biała linia) i bez niej (czarna linia) w otaczającym powietrzu [43].

Eksperymentalnie wykazano, że zastosowanie wzorów dyfrakcji w czujniku SPR zwiększa jego odpowiedź o 17%. Istotne wzmocnienie należy obserwować w wąskim zakresie zmienności współczynnika załamania światła ($\Delta n \leq 0{,}01$) dla danych parametrów kratownicy. Duży odstęp Δn (jak w naszym przypadku $\Delta n \sim 0{,}03$) daje średnią wartość wzmocnienia, która powinna być znacznie mniejsza niż teoretycznie możliwe maksimum. Ponadto wykonano modelowanie teoretyczne idealnych struktur bez chropowatości powierzchni i innych możliwych wad. Takie niejednorodności mogą powodować rozproszenie plazmonów, poszerzenie krzywej rezonansowej i zmniejszenie czułości czujnika. W artykule [44] autorzy przedstawiają bardziej szczegółowo eksperymentalne badania warunków wzbudzania plazmy w filmach Au z powierzchnią nano-kratującą i opisują zmiany w ich odpowiedzi optycznej w zależności od głębokości reliefu kraty i kierunku wzbudzania.

W pracy wykorzystano roztwory glicerolu (n = 1,474 w temperaturze 20 °C) w wodzie (n = 1,333 w temperaturze 20 °C) w celu określenia czułości struktur czujników, tj.
wpływ współczynnika załamania światła otoczenia na przesunięcie minimum SPR. Roztwór wprowadzono do dwukanałowej kuwety przepływowej, która znajdowała się nad próbką w sposób zapewniający kontakt badanej cieczy z chipem Au. Tak więc, jeden kanał refraktometru SPR z dwoma kanałami odpowiadał za referencyjną folię Au o płaskiej powierzchni, podczas gdy drugi kanał rejestrował folię nanostrukturalną (z reliefem powierzchni w postaci kraty). Rysunek 1.17a przedstawia zależności minimalnego położenia krzywych SPR od współczynnika załamania światła badanego roztworu dla czujnika standardowego Au (krzywa 1) i kratek Au o głębokości odciążenia 13,5 ± 2 nm (krzywa 2) pokrytych warstwą chromu o grubości 4 nm. Rysunek 1.17b przedstawia zależności θmin od n dla tego samego dwukanałowego układu scalonego, jak na rys. 1.17a, ale próbka została zamocowana w refraktometrze SPR w taki sposób, że płaszczyzna padania była obrócona o 5,7° w stosunku do wektora fali kratownicy (ϕ = 5,7°).

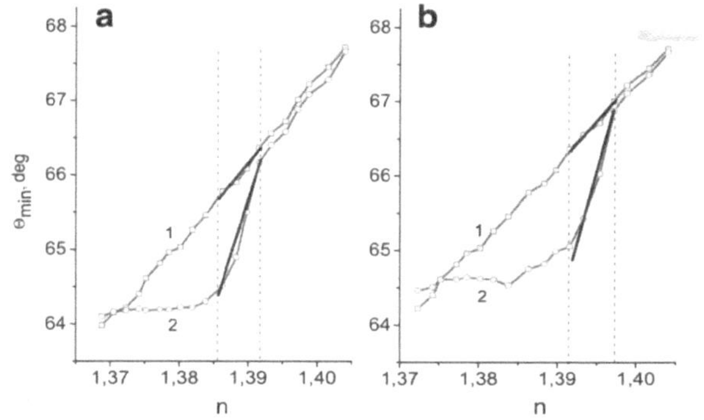

Rys. 1.17. Zależności położenia SPR, θmin, od współczynnika załamania środowiska, n, dla czujnika standardowego Au (krzywa 1) i kratek Au z okresem 296,6 ± 0,5 nm i głębokością reliefu 13,5 ± 2 nm (krzywa 2) pokrytych warstwą chromu o długości 4 nm: płaszczyzna padania wiązki lasera pomiarowego jest równoległa do wektora fali kratownicy (kąt azymutalny ϕ = 0) (a) (a) i ϕ = 5,7° (b) [44].

Wyniki te pokazują, że przy niewielkich zmianach kąta azymutu, pomiary SPR mogą być wykonywane z wykorzystaniem zwiększonej czułości w szerokim zakresie zmiany współczynnika załamania światła na pojedynczym nanostrukturalnym układzie scalonym. Metoda ta może być również pozwana za następnie powlekane, ustrukturyzowane chipy Au. Autorzy wykazali zatem, że czułość czujnika wzrosła z 110 deg./RIU dla czujnika standardowego do 264 deg./RIU dla czujnika nanostrukturalnego z małą głębokością reliefu i do 484 deg./RIU dla czujnika z większą głębokością reliefu. Należy zauważyć, że zgodnie z modelowaniem teoretycznym [45], maksymalny wzrost czułości spowodowany powstawaniem kraty sięga 6-6,5. W związku z tym zbadaliśmy potencjał rzeczywistych powierzchni w porównaniu z powierzchniami idealnymi, które zostały wykorzystane do modelowania. Wzmocnienie czułości układów czujników SPR dzięki zastosowaniu kratek jest jednak obserwowane w ograniczonym zakresie zmian współczynnika załamania światła. Jest to również zgodne z wynikami teoretycznymi, w przypadku których przewiduje się zwiększenie czułości w zakresie Δn poniżej 0,01 [45].

1.3. Materiały zawierające elementy wrażliwe

W praktyce, złoto i srebro są preferencyjnie wykorzystywane jako materiał SE. Miedź i aluminium nie są praktycznie stosowane: miedź - dzięki wysokiej zdolności utleniania, a aluminium - dzięki bardzo wysokiej wartości wyimaginowanej części dielektrycznej dopuszczalności εi, co zasadniczo rozszerza charakterystykę odbicia. Analizowany w pracach [46-48] jest problem optymalnego doboru metalu i ekscytującej długości fali świetlnej z punktu widzenia osiągnięcia maksymalnej czułości i obojętności chemicznej powierzchni operacyjnej SE. Wiadomo, że zastosowanie warstw srebra pozwala uzyskać dość wąskie minimum w charakterystyce R(θ) w porównaniu z innymi metalami. Jednak złota powierzchnia operacyjna SE jest bardziej stabilna i chemicznie obojętna. Dlatego właśnie właśnie warstwa złota jest najpowszechniej stosowana jako nośnik plazmonów powierzchniowych. Najbardziej rozpowszechnionym sposobem zwiększenia czułości powierzchniowej jest zastosowanie porowatej warstwy dielektrycznej pokrywającej warstwę nośną plazmy (PCL) [49].

Autorzy [50] zaproponowali czujnik typu waveguide oparty na złotej błonie pokrytej porowatym tlenkiem glinu (por-Al2O3), którą przygotowano metodą anodowania. Miał on wysoką czułość na cząsteczki adsorbowane w masie por-Al2O3. W dalszej kolejności wykorzystano nanoporowate warstwy TiO2, folie polimerowe z cylindrycznymi makrodomenami itp. W 2008 r. w [51] ustalono zarówno teoretycznie, jak i doświadczalnie, że wprowadzenie adsorbatu do por-Al2O3 przygotowanego na glinie poprzez anodowanie zwiększa czułość czujnika SPR o jedno polecenie. Wykazano, że wzmocnienie to było związane ze zwiększeniem powierzchni elementu wrażliwego. Autorzy [51] zauważyli jednak, że zastosowanie anodyzacji do tworzenia por-Al2O3 prowadzi do pogorszenia adhezji PCL, co uniemożliwia ich zastosowanie w sensoryce poprzez złuszczanie PCL podczas pomiarów.

Wśród różnych sposobów formowania matryc tlenku glinu wykorzystano metody laserowe, w tym również metodę impulsowego osadzania laserowego (PLD). Metoda została z powodzeniem wykorzystana przez autorów [52, 53] do otrzymywania nanokrystalicznego krzemu i germanu w nanokompozytowych strukturach SiO2, GeO2, Al2O3. W [54] wykazano, że folie por-Al2O3 przygotowane przy użyciu PLD mogą być wykorzystywane do tworzenia czułych elementów czujników optycznych do pomiaru wilgotności: gdy powietrze w celi pomiarowej zostanie zastąpione powietrzem suszonym, położenie kątowe minimum SPR przesuwa się o 0,4 stopnia (~4-10-3 RIU), natomiast po odpowiednich operacjach na powierzchni czystej folii złotej nie zaobserwowano przesunięć.

Autorzy zauważyli w tej pracy, że uzyskana struktura jest niejednorodna i zmienia jej adsorbowanie, właściwości optyczne i profil geometryczny, co jest związane z cechami metody PLD. Fakt ten praktycznie uniemożliwia osiągnięcie niezbędnej powtarzalności i stabilności wyników pomiaru współczynnika załamania światła przy użyciu tej struktury, tzn. może być ona wykorzystywana tylko w analizie jakościowej. Jak pokazano w [55], folie por-Al2O3 przygotowane przy użyciu PLD mogą być stosowane do tworzenia wrażliwych elementów w czujnikach optycznych wilgotności i oparów rozpuszczalników. W [56] wykazano, że folie por-SiOx przygotowane z wykorzystaniem depozycji termicznej w próżni mogą być wykorzystywane do budowy bardzo czułych czujników optycznych dla substancji płynnych i gazowych. W tej pracy wzrost reakcji czujnika osiągnął co najmniej sześciokrotny poziom dzięki zastosowaniu dodatkowej warstwy (AL). W [57] badali oni parametry SPR porowatych folii ze złota przygotowanych przy użyciu PLD, ale nie badali ich właściwości sensorycznych.

W [58] czułość czujnika została zwiększona dzięki zastosowaniu warstwy adhezyjnej z tlenku cynku (ZnO) pomiędzy PCL i pryzmatem TIR. Warstwa ta została przygotowana z cynku metalicznego poprzez napromieniowanie polem elektromagnetycznym o wysokiej częstotliwości (13,56 MHz, 200 W) i ogrzewanie do 200°C. Warstwy złota i chromu otrzymano za pomocą odparowania wiązką elektronów. Porównano czułość oferowanego czujnika z czułością czujnika standardowego z warstwą chromu adhezyjnego w procesie zastępowania wody dejonizowanej na powierzchni PCL roztworami etanolu o różnych stężeniach. Autorzy podali 1,45-krotny wzrost czułości (z 9,78-10-6 do 6,76-10-6 RIU).

Autorzy [59] zastosowali nanocząsteczki srebra umocowane na powierzchni złota PCL metodą samodzielnego montażu monowarstwy (SAM) 1-dodekanthiolu. Autorzy podali 1,6-krotny wzrost czułości (~6-10-6 RIU), podczas analizy mediów płynnych oraz 9,4 (~1-10-6 RIU), podczas badania gazów. W [60, 61] autorzy wykorzystali metodę światłowodowo-fibrową do wzbudzania SPR. W celu zwiększenia czułości autorzy zastosowali światłowód o zmiennej geometrii (w zakresie PCL światłowód został zawężony, co zwiększyło gęstość energii elektromagnetycznej) oraz dodatkową warstwę dielektryczną. W [60] PCL była warstwą glinu (8 nm), a warstwą dielektryczną był dwutlenek tytanu TiO2 (60 nm) dla zakresu długości fal ekscytujących plazmonów powierzchniowych 750 - 850 nm. Czułość tego czujnika dla substancji płynnych wynosiła 4000 nm/RIU (~2,5-10-7 RIU dla etapu skanowania przy długości fali 0,001 nm). W [61] PCL była warstwą glinu (8 nm), a warstwą dielektryczną był azotek indu InN (30 nm). W tym przypadku czułość dla substancji płynnych osiągnęła 10800 nm / RIU.(~ 1-10-8 RIU dla tego samego etapu skanowania według długości fal).

W [62] autorzy zastosowali nanoporowaty tlenek glinu przygotowany przy użyciu anodowania o okresowej strukturze porów (nanokupów) i kroku 60 nm. W tym przypadku warstwa porowatego anodyzowanego aluminium została pokryta złotymi nanocząsteczkami, co sprzyjało adhezji biocząsteczek do powierzchni czujnika. Czułość tego czujnika na oddziaływanie "antygen - przeciwciało" wynosiła 1 fg/mL, co odpowiada zmianie współczynnika załamania światła w ośrodku nad czujnikiem ~ 1 - $^{10-9}$ RIU.

Plazmony powierzchniowe to specjalne tryby pola elektromagnetycznego w falownikach metalowo-dielektrycznych. Charakteryzują się one rozkładem pola i złożoną stałą propagacji, którą można wyznaczyć na podstawie odpowiedniego równania wartości własnej. Stała propagacji plazmonów powierzchniowych jest bardzo wrażliwa na zmiany rozkładu współczynnika załamania światła, co można wykazać za pomocą teorii perturbacji. Plazmony powierzchniowe mogą być wzbudzane przez fale świetlne za pomocą (i) sprzężenia pryzmatycznego i tłumionego całkowitego odbicia, (ii) dyfrakcji na metalowej siatce dyfrakcyjnej oraz (iii) sprzężenia pomiędzy równoległymi światłowodami. Głównym technicznym sposobem obniżenia chropowatości powierzchni jest wyżarzanie termiczne, a najlepszy wynik można osiągnąć w temperaturze wyżarzania 120°C. Jako dodatkową warstwę dielektryczną często stosuje się tlenki metali Al2O3, TiO2, SiOx i ZnO, a także azotki, na przykład InN. Poprawi to precyzję pomiaru i zwiększy wykorzystanie rezonansu plazmy powierzchniowej w przemyśle i ekologii do diagnozowania i monitorowania struktur i elementów towarów, procesów produkcyjnych oraz do monitorowania bezpieczeństwa produkcji. Obecność tej dodatkowej warstwy dielektrycznej umożliwia obniżenie granicy wykrywalności przy pomiarze zmian współczynnika załamania światła badanej substancji do poziomu $1^{,10-9}$, co odpowiada wiązaniu komplementarnego antygen-przeciwciała pary ze stężeniem antygenu 1 fg/ml. Ta wartość graniczna wykrywalności jest o jedno zamówienie niższa niż w dostępnych komercyjnych urządzeniach analitycznych opartych na zjawisku SPR (np. $3^{,10-8}$, co jest typowe dla komercyjnego Biacore T200).

ROZDZIAŁ 2. CECHY METROLOGICZNE URZĄDZEŃ OPARTYCH NA ZJAWISKU REZONANSU PLAZMY POWIERZCHNIOWEJ

W refraktometrycznych czujnikach SPR z bezpośrednią konwersją współczynnik załamania światła bezpośrednio zmienia charakterystykę fali świetlnej, a mianowicie: kąt i długość fali wzbudzenia SPR, intensywność, fazę i polaryzację promieniowania (rys. 2.1). A główne osiągi tych urządzeń to czułość, dokładność i zakres dynamiczny. Tylko dokładność jest najważniejszym parametrem. Reakcja czujnika Y na daną amplitudę zmierzonej wartości X może być reprezentowana za pomocą funkcji transmisji Y = F (X), która może być zdefiniowana przez teoretyczny model tego czujnika lub przez wyniki jego kalibracji. Jednakże wielkość zmierzonej wartości Xmeas różni się od rzeczywistej wartości X0 amplitudą błędu pomiaru. Błąd ten jest konsekwencją wielu przyczyn towarzyszących procesowi pomiarów.

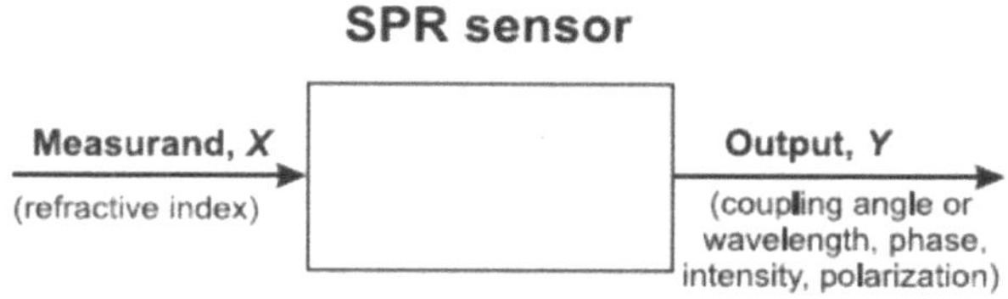

Rys. 2.1. Schemat pomiarów dla bezpośredniej konwersji sygnału wejściowego [1].

Analiza budowy i reżimów pracy urządzeń ze skanowaniem kątowym wykazała, że głównymi czynnikami strukturalno-technologicznymi wpływającymi na charakter i amplitudę podstawowych błędów pomiarowych są: konstrukcja czujnika i technologia jego wytwarzania, reżim temperaturowy pracy urządzenia, długość fali wzbudzenia, wartość przepływu analitu przez kuwetę pomiarową, parametry schematu kinematycznego urządzenia oraz proces matematycznego przetwarzania wyników pomiarów. Dodatkowe błędy pomiarowe są spowodowane przez procesy stochastyczne, a mianowicie: wahania międzyfazowe związane z przypadkowymi procesami adsorpcji-desorpcji na granicy SE - analit, skutki mikroskopijnych pęcherzyków powietrza na powierzchni SE, zakłócenia linii zasilającej, zakłócenia elektromagnetyczne, skutki tarcia - poślizg w układzie kinematycznym i tak dalej.

2.1. Wrażliwość

Czułość urządzeń zaprojektowanych zgodnie z geometrią Kretschmanna o stałej długości fali świetlnej definiowana jest jako stosunek przesunięcia kąta rezonansu $\Delta\theta$min do zmiany współczynnika załamania światła badanej substancji ΔNa (2.1), która powoduje to przesunięcie kątowe [2].

$$S_\theta = \frac{\Delta\theta_{\min}}{\Delta N_a} \tag{2.1}$$

Gdzie, $S\theta$ jest czułością urządzenia, podczas pomiaru przesunięcia kąta rezonansu;

$\Delta\theta$min - wartość przesunięcia kąta rezonansu, stopnie;

ΔNa - zmiana współczynnika załamania światła badanej substancji.

Zmiana kąta rezonansu $\Delta\theta$min jest istotna dla stężenia ΔC badanej substancji wewnątrz analizowanej objętości. Dlatego też w rozwiązaniach czujnik SPR reaguje tylko na zmiany współczynnika załamania światła i absorpcji medium. W roztworach koloidalnych można zaobserwować adspozycję składników roztworu.

na powierzchni czujnika, co powoduje zwiększenie jego stężenia w zakresie czułości w porównaniu z czułością w masie. Dlatego czujnik reaguje zarówno na zmiany wskaźników refrakcji (absorpcji), jak i na grubość warstwy adsorbowanej na powierzchni wrażliwego elementu. Całkowita zmiana współczynnika załamania Δnb [1] badanej substancji (2.2), gdy jej cząsteczki są adsorbowane na powierzchni wrażliwego pierwiastka, zależy od zwiększenia objętościowego współczynnika załamania światła $(dn/dc)_{vol}$ i może być wyrażona poprzez stężenie roztworu (2.2).

$$\Delta n_b = \left(\frac{dn}{dc}\right)_{vol} \Delta c_b , \tag{2.2}$$

,

Gdzie, Δcb jest stężeniem związanego analitu w gramach na mililitr.

Wartość wskaźnika załamania objętościowego zależy od struktury cząsteczek analitu i waha się w zakresie od 0,1 do 0,3 ml/g [3]. Jeżeli adsorpcja badanej substancji zachodzi w warstwie tjin o grubości *h* na powierzchni elementu wrażliwego, wówczas całkowita zmiana współczynnika załamania może być wyrażona za pomocą współczynnika załamania światła i stężenia powierzchniowego (2.3).

$$\Delta n_b = \left(\frac{dn}{dc}\right)_{vol} \frac{\Delta \Gamma}{h} , \tag{2.3}$$

,

Gdzie, ΔΓ jest stężenie powierzchni w mg/mm2 [4].

Stopień adsorpcji zależy od wrażliwego materiału elementu i właściwości jego powierzchni (chropowatość, porowatość i tak dalej). Wzrost porowatości powierzchni pozwala na wzmocnienie odpowiedzi czujnika [5]. Czułość metody SPR zależy również od szerokości i kształtu charakterystyki rezonansowej, która określa dokładność rejestracji jej minimalnego położenia. W związku z tym, możliwym sposobem na znaczne zwiększenie (na zlecenie!) czułości czujnika SPR jest zastosowanie technik zawężenia charakterystyki rezonansowej. Można to osiągnąć poprzez umieszczenie dyfrakcji lub struktur teksturowanych w zakresie rozpadu plazmy na powierzchni elementu wrażliwego [6], jak również poprzez zastosowanie warstw bimetalicznych srebro-złoto [7] i zwiększenie długości fali promieniowania laserowego ekscytującego SPR.

Wartość współczynnika załamania właściwa dla badanej substancji wpływa na czułość urządzeń SPR, ponieważ jej wielkość zależy od stosunku wartości $_{na}$ i $_{np}$ (2,4) [2].

$$S_\theta \equiv \frac{d\theta}{dn_a} = \frac{\varepsilon_{mr} \cdot \sqrt{-\varepsilon_{mr}}}{\left(\varepsilon_{mr} + n_a^2\right) \cdot \sqrt{\varepsilon_{mr}\left(n_a^2 - n_p^2\right) - n_a^2 \cdot n_p^2}}, \qquad (2.4)$$

Gdzie, $S\theta$ - jest czułością urządzenia w trybie pomiaru przesunięcia kąta rezonansu;

$\Delta\theta$min - wartość przesunięcia kąta rezonansu, stopnie;

n_a - współczynnik załamania światła badanej substancji;

n_p - współczynnik załamania światła pryzmatu;

εmr - rzeczywisty składnik przenikalności dielektrycznej metalu w elemencie wrażliwym.

Wzrost wartości $_{na}$ skutek wzrostu wartości $_{na\ powoduje}$ zmniejszenie czułości, co wprowadza dodatkową nieliniowość w stosunku do charakterystyki mierzonego stężenia badanych substancji [8]. Poza tym wartość przenikalności dielektrycznej właściwej dla badanego ośrodka określa głębokość przenikania powierzchniowego pola plazminowego do ośrodka δd i warstwy metalu δm (2,5).

$$\delta_d = \frac{\lambda}{2\pi} \cdot \sqrt{\frac{\varepsilon_a + \varepsilon_{mr}}{-\varepsilon_a^2}} \cdot \delta_m = \frac{\lambda}{2\pi} \cdot \sqrt{\frac{\varepsilon_a + \varepsilon_{mr}}{-\varepsilon_{mr}^2}} \qquad (2.5)$$

Gdzie, δd - jest głębokością przenikania pola plazmowego do badanego ośrodka, m;

λ - długość fali promieniowania laserowego, m;

εa - przenikalność dielektryczna badanego medium;

εmr - rzeczywisty składnik przenikalności dielektrycznej metalu.

Zjawisku SPR towarzyszy pole efemeryczne, które rozpada się wykładniczo zarówno na obszar metalowy, jak i analityczny. Wzmocnienie pola przylegające do interfejsu wyjaśnia fizycznie czułość urządzenia na zakłócenia w indeksie załamania światła próbki, jak pokazano na rysunku Rys. 2.2.

Ewaganckie pole generowane na interfejsie zapobiega rozprzestrzenieniu się mocy EM z dala od powierzchni. Głębokość przenikania δd w dielektryku jest rzędu połowy długości fali światła. Gdzie jako długość rozkładu wewnątrz metalu, δm, jest określana przez głębokość skóry. Ponieważ wektor fal plazmy nie jest w pełni realny, jak zakładaliśmy wcześniej, fala plazmy rozpada się również w kierunku x przy propagacji wzdłuż interfejsu.

Tak więc wartość $_{na}$ określa zakres czułości dla tej metody i ogranicza ogólne wymiary dodatkowych warstw funkcjonalnych i/lub receptorów do analizy biomolekularnej na powierzchni wrażliwej folii metalowej. W przypadku gdy wymiary te przekraczają wartość δd, metoda staje się niewrażliwa na zmiany wskaźnika załamania światła badanej substancji.

Dlatego też, podczas analizy mediów ciekłych o wysokim indeksie załamania światła (> 1.4), w celu zmniejszenia jego wpływu na czułość zaleca się stosowanie rozcieńczania w ustalonej proporcji [9].

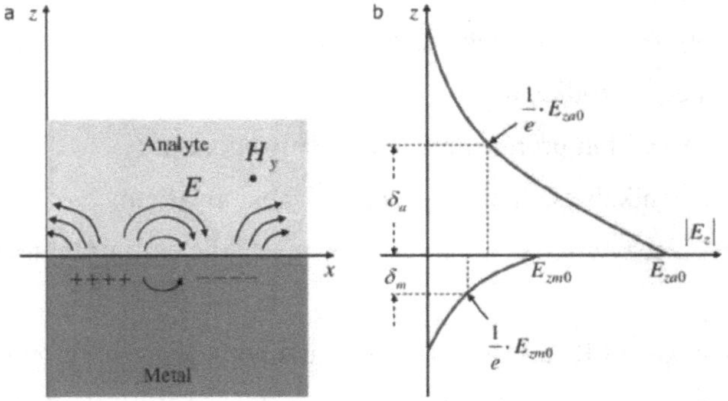

Rys. 2.2. Fala plazmowa powierzchniowa na styku metalu i dielektryka posiada połączone fale elektromagnetyczne i ładunek powierzchniowy (a).

Są to poprzeczne pole magnetyczne (pole magnetyczne w kierunku y), ponieważ wytwarzanie ładunku powierzchniowego wymaga składowej pola elektrycznego prostopadłej do powierzchni. Wzmocnienie elementu pola prostopadłego do interfejsu dzięki ładunkowi powierzchniowemu (b). Wartości δm, δd, to długości zaniku pola prostopadłe do powierzchni w obszarze metalowym i dielektrycznym, odpowiednio [2].

Lepkość substancji oraz badana zwilżalność powierzchni elementu czujnika w stanie ciekłym mają wpływ na czułość i dokładność. Wpływ ten jest wyraźnie zaznaczony w przypadku stosowania wrażliwych elementów z dodatkową zewnętrzną warstwą porowatą, która jest zwykle stosowana w celu zwiększenia czułości. Lepka ciecz nie może przenikać do porów, a ta ostatnia pozostaje wypełniona buforem, którego współczynnik załamania światła różni się od współczynnika badanej cieczy. Powoduje to mniejszą reakcję czujnika w porównaniu z przypadkiem pełnego kontaktu cieczy i powierzchni wrażliwego elementu metalowego. W celu obniżenia lepkości, podobnie jak w celu zmniejszenia współczynnika załamania światła cieczy, zaleca się stosowanie rozcieńczania. Wpływ niskiej zwilżalności powierzchni wrażliwego elementu przez ciecz jest podobny do wpływu lepkości. Stosując wodę i jej roztwory w celu zwiększenia zdolności do zwilżania powierzchni, stosują dodatkowe powłoki polimerowe powstające w wyniku polimeryzacji w plazmie gazów obojętnych o wysokiej częstotliwości [10].

2.2. Granica wykrywalności

Zdolność rozdzielcza jest określona przez granicę wykrywalności, *tj.* minimalną zmianę wskaźnika załamania analitu ΔNaMIN (lub odpowiedniego stężenia), którą można określić przy użyciu tego urządzenia SPR. Wiadomo również, że granica wykrywalności jest definiowana przez wartość czułości urządzenia oraz poziom szumu i w parametrze informacyjnym (2.6), czyli zmianę jego minimalnego kąta Δθmin.

$$\Delta N_{aMIN} = \frac{\chi_\theta}{S_\theta} \qquad (2.6)$$

Gdzie, ΔNaMIN jest granicą wykrywalności urządzenia;

i - poziom szumu w linii bazowej mierzonego sygnału, stopnie.

Światło przechodzące przez elementy układu optycznego urządzenia zwiększa składową hałasu w wyniku zmiany parametrów optycznych i geometrycznych tych elementów. Są one źródłem wzbudzania plazmonów powierzchniowych w cienkiej folii metalowej i fotodetektorów do pomiaru natężenia odbitego światła.

Jako źródło światła wykorzystują one zwykle półprzewodnikową diodę laserową, a parametrami definiującymi poziom hałasu są oscylacje natężenia promieniowania i długości fali, które zależą od wartości prądu przechodzącego przez kryształ emitujący tę diodę oraz od geometrycznych wymiarów jej rezonatora optycznego [11]. Podobnie jak w przypadku każdego półprzewodnika, wartość prądu dla stałego napięcia zasilania jest definiowana przez temperaturę kryształu, której wzrost zwiększa gęstość drobnych nośników ładunku i powoduje wzrost prądu całkowitego. Wzrost temperatury ma wpływ na parametry geometryczne rezonatora ze względu na jego rozszerzalność objętościową, co powoduje zmiany w długości fali roboczej i, wraz z następującym wzrostem, powoduje awarię oscylacji - laser traci swoją spójność.

W większości przypadków fotodioda krzemowa półprzewodnikowa służy jako fotodetektor. Hałas tego fotodetektora jest związany z przypadkowymi fluktuacjami w jego przewodzeniu i posiada trzy składowe zdefiniowane przez fizyczne mechanizmy tych fluktuacji: hałas termiczny, hałas strzału i hałas generowany -kombinacja [12]. Poziom hałasu termicznego jest proporcjonalny do temperatury półprzewodnika. Hałas strzału jest związany z wartością prądu w półprzewodniku. Hałas generowania-rekombinacja jest proporcjonalna do tempa powstawania drobnych nośników ładunku w półprzewodniku, które wzrasta wraz ze wzrostem temperatury.

Strumienie konwekcyjne badanej substancji w komórce mezurującej urządzenia SPR oraz oscylacje mikroskopijnych pęcherzyków na powierzchni folii metalowej w elemencie wrażliwym można uznać za dodatkowe źródła hałasu.

Ponieważ zmiany temperatury są główną przyczyną hałasu, w większości urządzeń SPR projektanci przewidzieli konstruktywne i programowe środki zmniejszające jego wpływ. Do tych środków można odnieść złożoną i lokalną stabilizację termiczną i kompensację termiczną. Ten ostatni może być realizowany przy użyciu numerycznych metod przetwarzania wyników pomiarów dotyczących zmian współczynnika załamania światła badanej substancji.

2.3. Dokładność pomiarów

Dokładność pomiarów określa się na podstawie wartości błędów w uzyskanych wynikach. W zależności od źródła ich pochodzenia można wyróżnić trzy grupy przyczyn i odpowiednio trzy złożone składowe błędu pomiarowego: metodyczną, instrumentalną i odczytową [13].

Błąd metodyczny jest spowodowany wadami metody pomiarowej i sposobów wykorzystania środków pomiarowych. W przypadku pomiarów pośrednich błędy metodyczne są spowodowane regularnościami, które wiążą zmierzone wartości i stałe parametry z końcowym wynikiem pomiarów, otrzymanym w sposób pośredni.

Błąd instrumentalny jest spowodowany odchyleniami w parametrach optycznych i geometrycznych elementów konstrukcyjnych urządzenia. Do elementów składowych błędu instrumentalnego należy odnieść błąd w pozycjach mechanizmu odpowiedzialnego za skanowanie kątowe lub długości fali (obrót pryzmatu lub monochromatora). Błąd ten może narastać w procesie eksploatacji obiektu SPR w wyniku zużycia części w mechanizmie obrotowym i rozszerzalności cieplnej elementów w jego konstrukcji.

Błąd odczytu składa się z dwóch elementów: i) błędu analogowo-cyfrowej transformacji dokonanej nad zmierzonymi wartościami natężenia światła odbitego od czujnika oraz ii) błędu w wyznaczeniu położenia kątowego nieodłącznie związanego z minimalną charakterystyką odbicia.

Ten ostatni błąd można zmniejszyć poprzez matematyczne przetwarzanie wyników pomiarów [14].

Istnieje więc kilka głównych czynników konstrukcyjno-technologicznych, które mają wpływ na charakter i wartość głównych błędów w wynikach pomiarów, a mianowicie: konstrukcja czujnika i technologia jego produkcji, tryb temperaturowy jego działania, długość fali wzbudzenia, szybkość pompowania badanej substancji przez komórkę pomiarową, parametry schematu kinematycznego oraz sposób matematycznego przetwarzania wyników pomiarów [15].

Współczynnik temperaturowy współczynnika załamania określa stopień wpływu zmian temperatury badanej substancji na odpowiednie zmiany współczynnika załamania. Zależność wskaźnika załamania światła od temperatury powoduje dryf temperaturowy linii podstawowej, podczas pomiaru kinetyki procesów chemicznych i biologicznych na powierzchni elementu czułego na czujnik SPR, co wprowadza istotne błędy w wynikach pomiarów i komplikuje ich interpretację. Oszacowanie wpływu temperatury przeprowadzono w [16], gdzie wykazano, że udział czynnika temperatury w całkowitym błędzie bezwzględnym w pomiarach współczynnika załamania może sięgać ponad 50%.

2.4. Wpływ czynnika temperaturowego i długości fali

Urządzenia diagnostyczne wykorzystujące zjawisko SPR posiadają wysoką czułość na niskie stężenia badanych substancji, co pozwala na wykorzystanie ich jako precyzyjnych narzędzi analitycznych w badaniach laboratoryjnych prowadzonych w przemyśle spożywczym, chemicznym i farmaceutycznym, rolnictwie, medycynie i ekologii. Jednocześnie w niewystarczającym stopniu badany jest aktualny wpływ temperatury na dokładność i stabilność działania czujnika SPR. Jak wiadomo, zmiana temperatury powoduje zmiany w parametrach optycznych badanego medium, co pozwala na wprowadzenie pewnych błędów do wyników pomiarów. Analiza źródeł literatury [17-21] wykazała, że zwiększenie dokładności pomiaru oraz niezawodności i sprawności urządzeń może być zapewnione poprzez stabilizację temperatury komory pomiarowej. Oznacza to, że w ten sposób stabilizujemy temperaturę badanego czynnika ciekłego lub gazowego umieszczonego nad czułym elementem urządzenia analitycznego działającego w oparciu o zjawisko SPR. Podczas wykonywania tych pomiarów, jednym z problemów jest zapewnienie dopuszczalnego błędu dla zmierzonej wartości. Na wartość błędu wyników pomiarów istotny wpływ mają oscylacje temperatury zarówno badanego obiektu (cieczy lub gazu), jak i wszystkich urządzeń pomiarowych. Wiąże się to ze zmianami temperatury otoczenia, ogrzewaniem urządzeń pomiarowych, a w niektórych przypadkach z procesami chemicznymi w badanych substancjach, kiedy energia cieplna może być rozwijana lub pochłaniana. Podczas pomiarów błąd ten może ulec zmianie w wyniku różnicy temperatur na początku pomiarów i po ich zakończeniu. Z powyższego wynika, że konieczne jest określenie przyczyn błędów temperaturowych w pomiarach optycznych opartych na SPR oraz eksperymentalne zbadanie wpływu stabilizacji termicznej, która zapewnia redukcję tych błędów podczas wykonywania pomiarów w różnych mediach.

2.4.1 Wpływ temperatury na elementy optyczne

Wpływ temperatury na czułość czujników SPR skutkuje pewnym błędem danych pomiarowych, spowodowanym zmianami temperatury w indeksie załamania światła badanej substancji oraz w układzie optycznym urządzenia pomiarowego podczas procesu pomiarowego. Wartość tego błędu zależy od gradientu temperatury w przebiegu pomiarów oraz współczynników temperatury współczynników załamania światła. W związku z tym istotne jest zbadanie wpływu temperatury na główne elementy systemu, a mianowicie: wodę, szkło, źródło ekscytującego światła i warstwę metalu, w której pobudza się plazmę. Ponieważ ekstremalna czułość zjawiska SPR polega na zbiorowej oscylacji wolnych elektronów na powierzchniach metalowych, każdy czynnik fizyczny, który może powodować zmiany w współczynniku załamania kości i grubości materiałów tworzących konfigurację SPR, będzie generował znaczące zmiany w relacjach dyspersji plazmy, a tym samym w widmie SPR. Spośród tych czynników, temperatura wykazuje pogarszający się wpływ na widmo SPR, co skutkuje zmniejszeniem czułości czujników SPR. Efekty temperaturowe pokazują się jako zmiany grubości i współczynnika załamania warstw w geometrii SPR. Przedstawiono kilka schematów, które mogą zrekompensować wpływ temperatury na czujnik SPR. W czujnikach SPR stosowane są następujące elementy szklane: pryzmaty, przegrody i podłoża. Zmiana temperatury tych elementów optycznych w wyniku zmian temperatury otoczenia powoduje zmiany ich właściwości optycznych, w szczególności współczynnika załamania światła. Współczynnik temperaturowy współczynnika załamania szkła wynosi 1- 10-5 K-1 od źródła [22].

2.4.2 Wpływ temperatury na źródło ekscytującego światła

Wpływ temperatury na źródło ekscytującego światła zależy od rodzaju źródła i warunków jego pracy. W czujnikach SPR jako źródła światła stosowane są głównie lasery półprzewodnikowe z wtryskiem o niskiej mocy (3-10 mW). Generowanie promieniowania w tych laserach jest możliwe w warunkach, w których prąd poprzez

Pn-junction przekracza próg 1. Gdy temperatura jest podwyższona, zwiększa się również prąd progowy, co powoduje zmniejszenie intensywności promieniowania. Jeśli prąd przepływający przez złącze pn stanie się niższy niż wartość progowa, generacja promieniowania znika. Również temperatura wpływa na stabilność długości fali. Zmiany długości fali lasera powodują niepożądane przesunięcie minimalnej krzywej SPR. W przypadku laserów iniekcyjnych gradient przesunięcia długości fali wynosi (0,12...0,15) nm/K ze źródła literatury [23].

2.4.3 Zależność właściwości folii metalowej od temperatury

Wiadomo, że właściwości folii metalowej znacząco wpływają na mechanizm SPR. Aktualna ankieta literatury i nasze badania wykazały, że wpływ na układ dwupłaszczyznowy można wymienić w następujący sposób [24-27]:

1) Wzrost wyimaginowanej części ($\varepsilon 1''$) przepustowości dielektrycznej. ($\varepsilon 1 = \varepsilon 1' + j\,\varepsilon 1''$) folii metalowej wprowadza większe tłumienie i powoduje znaczne poszerzenie przesunięcia krzywej SPR $\Delta\theta$ do wyższych wartości kątowych. Wpływ na θminę jest bardzo mały.

2) Kiedy $|\varepsilon 1'|$ wzrasta, oczywistym efektem jest przesunięcie θminu do wyższych wartości i wzrost $\Delta\theta$.

3) SPR można zaobserwować przy grubości metalu < λ/8. Gdy grubość wzrasta, minimalne współczynniki odbicia krzywej SPR stają się płytsze i nie są już obserwowane, gdy grubość przekracza λ/8. Gdy grubość jest zmniejszona, następuje niewielka zmiana w θminie, jednakże $\Delta\theta$ jest znacząco naruszona ze względu na większe tłumienie promieniowania przez emisję światła do pryzmatu. Wektor fali plazmowej powierzchniowej można powiązać z parametrami widma SPR (2.7).

$$\mathrm{Re}\left[k_{spw}\right] = k_{inc} n_0 \sin(\theta_{sp})$$
$$\mathrm{Im}\left[k_{spw}\right] = k_{inc} n_0 (\Delta\theta) \cos(\theta_{sp}) \quad (2.7)$$

Jeśli fale plazmowe powierzchniowe docierają do pryzmatu, przekształcają się w falę płaską, prowadzącą do promieniowania sprzężonego wstecznie. Niszczycielska ingerencja wstecznie sprzężonego światła i światła padającego na granicy pryzmat metalu przekształci energię padającego światła w ciepło. Wpływ współczynnika załamania światła (*n1* = $_{nr1}$ + *jni1*) folii metalowej na nasz model musi być szczegółowo przeanalizowany, ponieważ wiadomo, że zmiany termiczne znacząco wpływają na ten parametr. Do przeprowadzenia tej analizy wykorzystujemy model Drude (2.8).

$$\varepsilon = (n_r + jn_i)^2 = 1 - \frac{\omega_p^2}{\omega(\omega + j\omega_c)} \quad (2.8)$$

Gdzie ε, $_{nr}$ i $_{ni}$ są przenikalnością dielektryczną oraz rzeczywistymi i wyimaginowanymi częściami współczynnika załamania światła metalu, odpowiednio ω jest częstotliwością kątową fali elektromagnetycznej, a ωp i ωc = ωcp + ωce reprezentują odpowiednio częstotliwość plazmy i częstotliwość zderzenia elektronów w metalu. Częstotliwość plazmy można znaleźć za pomocą następującego wyrażenia (2.9).

$$\omega_p = \sqrt{\frac{4\pi N e^2}{m^*}} \quad (2.9)$$

Gdzie, *N* i *m** są odpowiednio gęstością i masą skuteczną elektronów. Oba te parametry zależą od temperatury, jednak stosunkowo niewielka zależność temperaturowa *m** może zostać pominięta. Stąd, ωp przy danej temperaturze *T* można obliczyć za pomocą wyrażenia (2.10).

$$\omega_p(T) = \omega_p(T_0)[1 + 3\gamma(T - T_0)]^{-1/2} \tag{2.10}$$

Gdzie, ωp(*T0*) jest częstotliwością plazmy przy temperaturze odniesienia *T0*. Tutaj eksploatowana jest zależność temperaturowa *N*, zdefiniowana jako *N*(*T*) = *N*(*T0*)[*1*+*3γ*(*T* - *T0*)]$^{-1}$. Składniki rozpraszania foniczno-elektronowego i elektronowo-elektronowego na ωc (2.11, 2.12) opisane są w [29-31].

$$\omega_{cp} = \omega_0 \left[\frac{2}{5} + \frac{4T^5}{\theta_D^5} \int_0^{\theta_D/T} \frac{z^4}{e^z - 1} dz \right] \tag{2.11}$$

$$\omega_{ce} = \frac{\pi^3 \Gamma \Delta}{12\hbar E_F} \left[(k_B T)^2 + (\hbar\omega/2\pi)^2 \right] \tag{2.12}$$

Wartość *ω0* in (2.13) jest stała i należy zwrócić uwagę, aby obliczyć jej wartość. Aby określić wartość ω0, rozwiązujemy równania:

$$\begin{aligned} n_r^2 - n_i^2 &= 1 - \frac{\omega_p^2}{\omega^2 + \omega_c^2} \\ 2n_r n_i &= \frac{\omega_c \omega_p^2}{\omega(\omega^2 + \omega_c^2)} \end{aligned} \tag{2.13}$$

Jednocześnie dla ωp i dla ωc raportowana eksperymentalnie uzyskana wartość współczynnika załamania światła dla złotej folii metalicznej. W tabeli 2.1 wartości podane w nawiasach odnoszą się do srebra, a parametry, dla których nie ma nawiasów, są takie same dla srebra i złota.

Tabela 2.1. Lista wartości parametrów do obliczania efektów temperaturowych [24].

Symbol	Znaczenie	Wartość	Jednostka
Γ	Fermi-powierzchniowa średnia prawdopodobieństwa rozproszenia	0.55	
γ	Współczynnik rozszerzalności liniowej rozszerzalności cieplnej	14.2 (19)	10-6 K-1
Δ	Ułamkowe rozpraszanie Umklappa	0.77 (0.73)	
θD	Temperatura końcowa	185 (220)	K
EF	Fermi Energy	5.51 (5.48)	eV
ħ	Planck jest stały.	1.0546	10-34 Js
kB	Stała Boltzmanna	1.38062	10-23 JK-1
μ	Numer Poissona.	0.42 (0.32)	

W temperaturze pokojowej (T = 300 K) i przy padającym świetle o długości fali λ = 650 nm, złota folia o grubości 50 nm ma $_{nr}$ = 0,1795 i $_{ni}$ = 3,6245, a srebrna folia ma nr = 0,14 i $_{ni}$ = 4,02 ze źródeł literackich [32-34]. Efekt temperaturowy można podsumować jako $dnrl/dT$ ≈ 3.408 × 10-4 K-1 i $_{dnil/dT}$ ≈ -1.381 × 10-4 K-1 dla folii złotej oraz $dnrl/dT$ ≈ 3.559 × 10-4 K-1 i $_{dnil/dT}$ ≈ -1.770 × 10-4 K-1 dla folii srebrnej. Zależność temperaturowa grubości folii może być modelowana przy użyciu d = d0 [1 + γ' (T - T0)] z skorygowanym współczynnikiem rozszerzalności cieplnej γ', który jest podany w (2.14).

$$\gamma' = \gamma\,(1 + \mu)/(1 - \mu) \qquad (2.14)$$

Gdzie μ oznacza numer Poissona materiału filmowego ze źródła [35]. Ten skorygowany współczynnik jest stosowany zamiast współczynnika rozszerzalności liniowej z powodu rozszerzalności folii tylko w normalnym kierunku. W przypadku złotej (srebrnej) cienkiej warstwy złota, zmiana w 1000 K spowoduje zmianę ~ 0,0348d0 (~ 0,0348d0) w swojej grubości.

W tej geometrii, fala SP jest wzbudzana na granicy filmu metalowego i środowiska (medium sypkie). Następnie wektor fali SP można zapisać jako (2.15).

$$k_{spw} = k_{inc}\left[\frac{\varepsilon_1\varepsilon_3}{\varepsilon_1+\varepsilon_3}\right]^{1/2} = k_{inc}\left[\frac{\varepsilon_{1r}\varepsilon_3}{\varepsilon_{1r}+\varepsilon_3}\right]^{1/2} + jk_{inc}\frac{\varepsilon_{1i}}{2\varepsilon_{1r}^2}\left[\frac{\varepsilon_{1r}\varepsilon_3}{\varepsilon_{1r}+\varepsilon_3}\right]^{3/2} \tag{2.15}$$

Gdzie przyjęto ε1 = *ε1r* + *jε1i* z małym przybliżeniem tłumienia ε1i << |ε1r|. Dla uproszczenia zakładamy, że medium masowe ma rzeczywisty współczynnik załamania światła o wartości ε3 = *n32*. Wykorzystując (2.12) w (2.15) i przyjmując pochodną w odniesieniu do temperatury, otrzymujemy następujące równanie, które wyraźnie pokazuje zależność kąta rezonansu θmin od temperatury:

$$\frac{d\theta_{\min}}{dT} = \frac{\left[\varepsilon_{1r}\left(n_0^2-\varepsilon_3\right)+n_0^2\varepsilon_3\right]^{-1/2}}{2\left(\varepsilon_{1r}+\varepsilon_3\right)\sqrt{\varepsilon_{1r}\varepsilon_3}}\left[\varepsilon_3^2\frac{\partial\varepsilon_{1r}}{\partial T}+\varepsilon_{1r}^2\frac{\partial\varepsilon_3}{\partial T}\right] \tag{2.16}$$

Zależność temperaturową pełnej szerokości widma SPR można znaleźć w ten sam sposób, jednak jest ona zbyt długa, aby ją tu podać. Stwierdzono, że *dΔθ/dT* jest funkcją formy:

f(*n0*, ε1r, ε3, θmin)∂ε3/∂T + *g*(*n0*, ε1r, ε1i, ε3, θmin)*∂ε1r/∂T* + *h*(*n0*, ε1r, ε3, θmin)*∂ε1i/∂T.*

Jak wyraźnie widać w tych równaniach, widmo SPR jest funkcją wskaźników załamania światła folii metalowej i środowiska wraz z grubością folii, które są zależne od temperatury. Dlatego wszelkie zmiany krzywej SPR można przypisać zmianom zarówno w filmie, jak i w środowiąku; nią możąmy dyąkryminowąć i roąwiąąywąć iąh ąkutków. Jąk wskazano w poprzednim rozdziale, współczynnik załamania światła w środowisku może być zmieniony nie tylko przez zmiany termiczne, ale także przez zanieczyszczenie, zmiany stężenia i zmiany ciśnienia. Stanowi to poważną wadę w systemach czujników SPR z dwoma interfejsami. W trosce o prostotę symulacji numerycznych, zaniedbamy skutki zanieczyszczeń i zmian stężenia i przyjmiemy, że wszelkie zmiany wskaźników załamania światła i grubości są spowodowane zmianami termicznymi. Wyniki te wyraźnie wskazują, że zmiany współczynnika załamania światła w środowisku silnie wpływają na wrażliwość zjawiska SPR.

2.4.4 Niedestrukcyjna metoda definiowania źródeł ciepła

Jak wiadomo, miniaturyzacja urządzeń analitycznych czyni je bardziej przyjaznymi dla użytkownika i rozszerza zakres ich zastosowania. Jednocześnie jednak miniaturyzacja pogarsza harmonogramy temperaturowe pracy urządzeń ze względu na lokalizację, która pociąga za sobą przegrzanie i tym samym powoduje, że błędy termiczne pomiarów stają się bardziej odczuwalne. Jest to szczególnie istotne w przypadku urządzeń analitycznych działających na zasadzie rezonansu plazmy powierzchniowej, ponieważ w tym przypadku mierzalna wartość zależy w dużym stopniu od zmian temperatury.

Testowanie procesów termicznych, które zachodzą w urządzeniach analitycznych, nie ma większego znaczenia. Rozprzestrzenianie się ciepła w elementach konstrukcyjnych urządzeń analitycznych, spowodowane gradientami temperatury, prowadzi do zmian wymiarów liniowych części w przekładni lub elementów wrażliwych w kanałach pomiarowych. Popełnia to znaczące błędy w wynikach pomiarów, co jest szczególnie istotne w przypadku urządzeń optycznych o wysokiej precyzji.

Ponadto ciepło uwalniane przez jednostki urządzenia analitycznego wpływa na mierzony obiekt, zmieniając jego właściwości fizyczne, takie jak wymiary liniowe, przewodność elektryczna, przenikalność dielektryczna, współczynnik załamania światła, który również zniekształca wyniki pomiarów. Dlatego pomiary rozkładu i jego zmian dla pola cieplnego uwalnianego przez jednostki urządzeń analitycznych są aktualną metodą zwiększania niezawodności i precyzji technik pomiarowych.

Większość urządzeń komercyjnych na świecie zawiera bardzo złożone i drogie systemy sterowania termostatycznego. Nie zawsze jest to wygodne, aby zapewnić niezbędny stopień stabilności termicznej, który zależy od szybkości endo- lub egzotermicznych reakcji chemicznych w komórce pomiarowej, jak również od temperatury otoczenia. Miniaturyzacja urządzeń czyni je bardziej przyjaznymi dla użytkownika i poszerza zakres ich zastosowania. Jednak miniaturyzacja pogarsza harmonogramy temperaturowe pracy urządzeń ze względu na lokalizację, która pociąga za sobą przegrzanie i tym samym zwiększa odczuwalność błędów temperaturowych wyników pomiarów.

Oznacza to, że potrzeba zrozumienia techniki zarządzania ciepłem i potrzeba kompleksowych danych nigdy nie była pilna. Narzędzia stosowane w przeszłości, takie jak sondy kontaktowe, termopary i palce, nie były w stanie szybko dostarczyć danych termicznych ani zapewnić opłacalności. Dzięki dostępności systemów obrazowania termicznego, inżynier może dziś przeprowadzić wymaganą analizę w odpowiednim czasie, bez opóźniania harmonogramów rozwoju produktu lub zakłócania procesów produkcyjnych.

Autorzy [36] zaproponowali metodę badań nieniszczących w celu analizy procesów cieplnych zachodzących w urządzeniach analitycznych działających na podstawie rezonansu plazmy powierzchniowej. Jedną z najpowszechniej stosowanych metod badań nieniszczących są metody termiczne, których działanie opiera się na współdziałaniu pola cieplnego właściwego dla badanego obiektu z elementami wrażliwymi termometrycznie, co umożliwia konwersję parametrów pola na sygnały elektryczne (lub inne) i ich transfer do urządzenia rejestrującego. Pole cieplne badanego obiektu powstaje w trakcie jego eksploatacji i może zakłócać warunki pracy, co prowadzi do pogorszenia parametrów obiektu i jego niezawodności. Na obiekt do pomiarów autorzy wybrali spektrometr SPR "Plasmon-6" opracowany w Instytucie Fizyki Półprzewodników im. W. Łaszkarowa przy Narodowej Akademii Nauk Ukrainy [37] (rys.2.3).

Do przechwytywania obrazów użyto kamery termowizyjnej Compix 320. Ta kamera jest skalibrowaną, radiometryczną, działającą w czasie rzeczywistym kamerą termowizyjną. Wymaga małej mocy i nie wymaga chłodzenia kriogenicznego. Kamera wykorzystuje amorficzny detektor mikrobolometryczny i wyświetla obrazy o rozdzielczości 320x240 pikseli. W połączeniu z komputerem osobistym (nie dołączonym do zestawu) i oprogramowaniem sterującym kamerą WinTES2 (dołączonym do zestawu), kamera zapewnia szybkie, łatwe przechwytywanie, analizę i przechowywanie obrazów. Model 320 jest dostępny w standardowej lub mniejszej obudowie OEM. Akcesoryjne soczewki mikroskopowe pozwalają modelowi 320 osiągnąć rozdzielczość 6 mikronów. Analiza otrzymanych obrazów termicznych pozwoliła nam znaleźć następujące źródła ciepła wewnątrz pracującego urządzenia: laser półprzewodnikowy w zespole optycznym oraz układ mikroprocesora sterującego. Jego temperatura wzrosła z 26°C do 35°C w ciągu 40 min. pracy. Głównym źródłem ciepła w jednostce elektronicznej jest układ scalony procesora sterującego. Jak wynika z pomiarów, silnik krokowy nie jest źródłem ciepła.

(a)

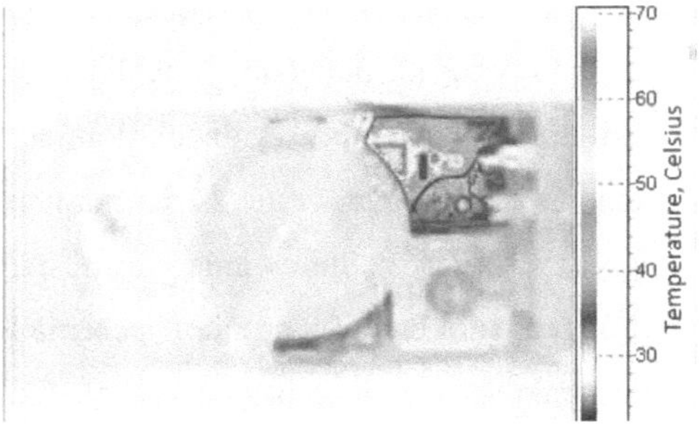

(b)

Rys. 2.3. Widoczne (a) i termiczne (b) obrazy z tyłu panelu przedniego "Plasmon-6", na którym zamocowana jest płyta elektronicznej jednostki sterującej, silnika krokowego i układu redukcyjnego. Obraz został uchwycony po 40-min. pracy urządzenia [36].

Wyniki termografii termowizyjnej pozwoliły nam przeanalizować zasadę działania urządzenia Plasmon-6 i znaleźć w nim główne źródła ciepła. Pozwala to na podanie następujących wskazówek w celu zwiększenia precyzji pomiarów za pomocą Plasmon-6 w celu obniżenia wpływu temperatury: dokładne pomiary powinny być wykonywane w pierwszych minutach pracy urządzenia. Następnie urządzenie należy wyłączyć, a powtarzające się pomiary należy wykonywać dopiero po ustabilizowaniu się temperatury; konieczne jest wyposażenie urządzenia w naturalny system chłodzenia lub klimatyzacji dla układu procesora i lasera półprzewodnikowego oraz perforacja obudowy w celu ułatwienia odprowadzania ciepła.

2.4.5 Metody zmniejszania wpływu termalnego na dokładność pomiarów

W celu zmniejszenia wpływu temperatury na wyniki pomiarów SPR możliwe jest zastosowanie złożonej stabilizacji termicznej. W pracy [38] autorzy zaproponowali sprawowanie kontroli termostatycznej nie tylko nad badanym obiektem, ale nad wszystkimi urządzeniami pomiarowymi, w tym pojemnikami z testowanymi substancjami. Technika ta pozwala zredukować do minimum błąd temperaturowy w wynikach pomiarów oraz dodatkowo zmniejszyć obciążenie temperaturowe urządzeń pomiarowych, wydłużając tym samym ich żywotność. Sterowanie termostatyczne umożliwiło pięciokrotne zwiększenie dokładności pomiaru stężenia badanych substancji oraz określenie charakteru przebiegających reakcji (endotermicznych lub egzotermicznych) ze względu na spadek błędu temperaturowego. W ramach badań autorzy opracowali i wyprodukowali termostat umożliwiający utrzymanie zadanej temperatury z dość dużą stabilnością. Oferowane po przeprowadzonych badaniach termostatyzacja dotyczyła nie tylko badanego obiektu, ale również wszystkich urządzeń pomiarowych w tym skrzynek z badanymi substancjami. Takie podejście pozwoliło zminimalizować błąd temperaturowy w wynikach pomiarów oraz dodatkowo obciążenie temperaturowe urządzeń pomiarowych, co wydłuża okres ich funkcjonowania.

Obswrawione urządzenie SPR umieszczono w komorze roboczej termostatu, w której utrzymywano stałą temperaturę, której wartości można było ustawić w zakresie od +10 do +40°C z krokiem 0,1°C. Objętość tej komory wynosiła blisko 13 litrów, co pozwoliło nam umieścić tam nie tylko urządzenie, ale także mikro-pompę i pojemniki z badanymi substancjami. Komorę wypełniono powietrzem, którego temperatura ustabilizowała się na poziomie +19°C. Była o 1°C wyższa od temperatury pokojowej. Jako element wrażliwy autorzy zastosowali płyty szklane z osadzoną warstwą złota o grubości 50 nm. Eksperymenty mające na celu określenie wpływu temperatury na wyniki pomiarów przeprowadzono w trybie pomiarowym, w którym pod analityczną zmianą RI przesunięcia kątowego lub widmowego krzywej SPR minimum. Kinetyka pomiarów została przedstawiona na rys. 2.4.

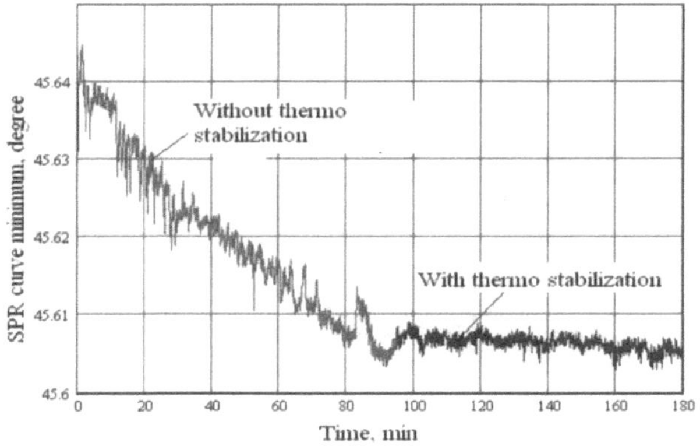

Rys. 2.4. Temperatura dryfuje bez i z termostabilizacją krzywej SPR - minimum, gdy ogniwo jest wypełnione powietrzem [38].

Wyniki stabilizacji termicznej urządzeń pomiarowych w oparciu o zjawisko SPR zmniejszają błąd temperaturowy spowodowany przesunięciem krzywej SPR o 5 razy, co jest bardzo ważne przy badaniu kinetyki procesów chemicznych i biologicznych.

Poza tym, utrzymanie ustalonej temperatury badanego obiektu jest konieczne np. przy analizie mutacji DNA metodą łańcuchowej reakcji polimerazy. Niedobór dostępnych rozwiązań technicznych związany jest z określoną odległością pomiędzy zakresem ogrzewania (chłodzenia) a zakresem czułości w urządzeniu SPR, w którym zachodzi reakcja chemiczna lub biologiczna. Ponieważ zakres czułości SPR jest bliski połowie długości fali promieniowania laserowego (0,2...0,5 μm), a odległość pomiędzy źródłem ciepła a powierzchnią czułego elementu przekracza 100 μm, istnieje rozbieżność pomiędzy temperaturą zadaną a rzeczywistą. Ponadto, czasowe opóźnienie czoła strumienia ciepła w warunkach wysokiej czułości urządzenia SPR prowadzi do znacznych błędów temperaturowych w wynikach pomiarów. W celu zmniejszenia wpływu współczynnika temperaturowego na wyniki pomiaru RI, stosuje się metody stabilizacji termicznej i kompensacji termicznej. Stabilizacja termiczna oznacza utrzymanie zadanej temperatury urządzenia oraz zbiorników z analitami, które są dostarczane przez grzałki rezystancyjne i/lub elementy Peltiera. Skutkuje to jednak zwiększeniem wymiarów i mocy zużywanej przez urządzenia SPR, a także wydłużeniem czasu transferu ciepła z urządzenia grzewczego. Kompensacja termiczna obniża tylko dryf temperatury i jest efektywna tylko w stacjonarnych reżimach temperaturowych [39]. Problem ten można rozwiązać łącząc funkcje PCL i grzałki w jeden czuły element.

Urządzenia SPR są szeroko stosowane jak materiały szlachetne PCL, a mianowicie: srebro i złoto [40]. Tlenki metali stosowane są tutaj jako dodatkowe warstwy pokrywające warstwy złota lub srebra w SE w celu wzmocnienia właściwości adsorpcyjnych i wzmocnienia falowodu odpowiedzi na zmiany w analicie RI [41, 42]. Dlatego też zastosowanie zaawansowanych materiałów dla SE i zwiększenie dokładności właściwej dla tych urządzeń wydaje się być zadaniem aktualnym.

Jednym z obiecujących materiałów dla nanoplazmy jest ITO (In2O3-SnO) [43]. Cienkie folie kompozytowe ITO stosowane są głównie jako przezroczyste elektrody do ogniw słonecznych [44, 45]. Dostępność przewodzenia w ITO umożliwia wzbudzenie w nich SPR. Jak pokazano w

[46], czuły element oparty na warstwie ITO może łączyć funkcje PCL i grzałki. Przygotowano cienkowarstwowe folie kompozytowe ITO (In_2O_3-20%; SnO-80%) z napylaniem magnetronowym na szklane podłoża o grubości 1 mm i wymiarach 18 × 14 mm. Grubość osadzonej warstwy oznaczono za pomocą mikroskopii sił atomowych. W końcowej fazie formowania, grubość ta osiągnęła wartość 50 nm. Charakterystyka odbicia dla tych folii była mierzona pod kątami większymi niż kąty całkowitego odbicia wewnętrznego (TIR). Pozwoliło to na sprawdzenie możliwości wzbudzenia SPR w tych filmach przy długości fali mniejszej niż 1 μm, czyli 650 nm. Przy pomiarze odbicia w warunkach SPR, szklane podłoże z cienką folią ITO powinno posiadać wysoką przezroczystość dla długości fali roboczej. W związku z tym widma transmisyjne poszczególnych substratów mierzono w zakresie długości fal 300....1100 nm za pomocą spektrofotometru UNICO 4802 UV/VIS. Badając cienkie folie ITO jako grzejniki, określiliśmy pobraną moc wykorzystując zmierzoną charakterystykę prądowo-napięciową z jednoczesnym pomiarem wzrostu temperatury spowodowanego ich samogrzaniem. Napięcie na próbce przyłożono z zasilacza (10 W) z dokładną regulacją napięcia wyjściowego w zakresie od 1,5 do 31 V i niepewnością ±0,1 V. Kontakt elektryczny pomiędzy zasilaczem a folią ITO został zapewniony przy użyciu płyt miedzianych o grubości 0,3 mm i wymiarach 18 × 3 mm. Płyty te były połączone z sondami zasilającymi. Do pomiaru napięcia i prądu przez próbkę użyto woltomierza cyfrowego DT-830B z błędem pomiaru 0,5%. Temperaturę oznaczono za pomocą woltomierza DT-838, przy czym termopara stykała się z powierzchnią folii kompozytowej. Błąd pomiaru temperatury nie był większy niż ±0,2 K. Te same pomiary wykonano dla szklanego podłoża bez folii ITO, ale podgrzewając badaną substancję za pomocą grzejnika oporowego z drutu stałego (rezystancja 42 Ohm w

temperaturze T = 20°C) wbudowanego w komórkę pomiarową urządzenia SPR, przy napięciu zasilania grzejnika wynoszącym 12 V. Stosuje się tu elementy wrażliwe na temperaturę M222Pt100 (Heraeus Sensor Technology, Niemcy) o wymiarach 2×2×1,2 mm, liniową charakterystykę temperaturową w zakresie od -203 do +773 K i rezystancję początkową 1 kOhm w temperaturze 293 K (DIN EN6075 zgodnie z IEC 751). Porównanie pobranej mocy oraz błędu pomiaru spowodowanego dryftem temperaturowym punktu pracy wykonano w podanej temperaturze 36,6 ± 0,2°C. Błąd pomiaru określono jako wartość dryfu punktu pracy, która została wyrażona za pomocą wartości współczynnika załamania światła dla badanego powietrza dla przedziału pomiarowego równego 1 min.

Badane folie kompozytowe charakteryzują się wysoką przezroczystością (rys. 2.5) z szczytem w widmie transmisyjnym w środku zakresu widzialnego (575 nm).

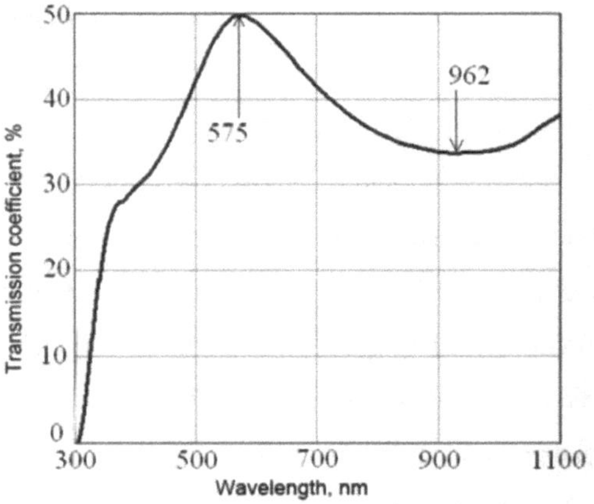

Rys. 2.5. Widmo transmisyjne folii ITO o grubości 50 nm na szklanym podłożu [46].

Na podstawie charakterystyki prądowo-napięciowej folii ITO obliczono zależność mocy uwolnionej w próbce folii od przyłożonego do niej napięcia (rys. 2.6).

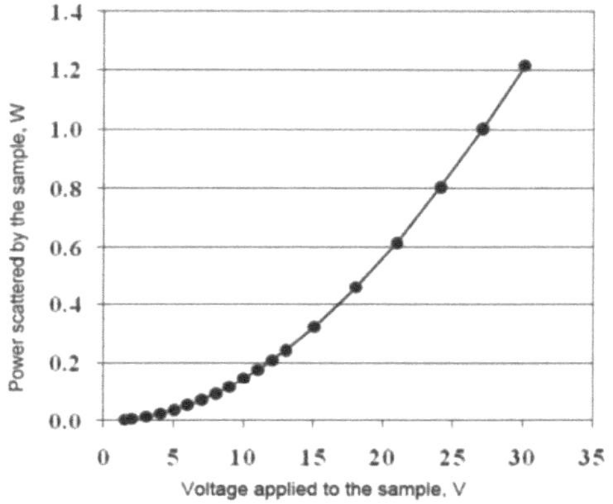

Rys. 2.6. Zależność mocy uwolnionej z folii ITO od przyłożonego do niej napięcia [46].

Kiedy napięcie osiągnęło swoją maksymalną wartość 30 V i zużyło moc - 1,2 W, film i podłoże były ogrzewane od 21,5°C do 60,5°C tylko przez 5 minut (rys. 2.7). Przy pomiarze współczynnika załamania światła dla powietrza, podłoże z warstwą ITO zostało zamontowane na powierzchni czołowej pryzmatu za pomocą cieczy zanurzeniowej (100% gliceryny). W tym przypadku, film i podłoże były podgrzewane do niższej temperatury (54,8 ° C) przez 20 min, zużytej mocy 1,5 W i napięcia - 30 V, co jest wyjaśnione przez dodatkowe rozpraszanie ciepła w materiale pryzmatycznym.

Jednocześnie, aby ogrzać jedynym szklanym podłożem (bez folii ITO i umieszczonym na powierzchni pryzmatu) z grzałką rezystancyjną do 55°C, wymaga to mocy 3,4 W i napięcia 12 V. Tak więc zastosowanie nagrzewnicy filmowej pozwoliło nam zmniejszyć zużycie energii ponad 2 razy.

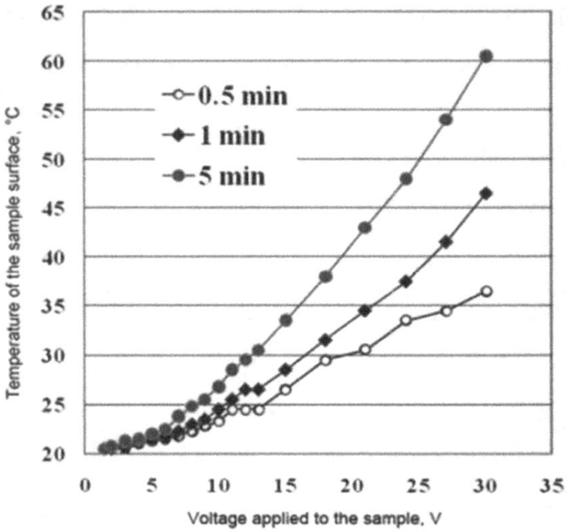

Rys. 2.7. Zależność temperatury powierzchni folii ITO od przyłożonego do niej napięcia [46].

Pomiary przedstawione przez autorów dryfu temperatury obserwowanego dla punktu pracy wykazały, że przy zastosowaniu nagrzewnicy filmowej dryft ten jest 1,8 razy mniejszy niż w przypadku nagrzewnicy rezystancyjnej, tj. 3,6-10-6 min-1 przy 6,5-106 min1. Wiąże się to z niższą obojętnością procesów transferu ciepła z cienkiej warstwy w porównaniu z nagrzewnicą masową.

Udowodniono doświadczalnie, że zastosowanie cienkowarstwowych elementów grzejnych opartych na ITO w urządzeniach SPR pozwala na obniżenie dryftu temperaturowego punktu pracy i w konsekwencji błąd pomiaru współczynnika załamania światła badanej substancji 1,8-krotnie w porównaniu z masowymi grzejnikami oporowymi. Nagrzewnice cienkowarstwowe oparte na ITO zużywają ponad 2-krotnie mniejszą moc w przypadku tego samego ogrzewania badanej substancji w porównaniu z nagrzewnicami rezystancyjnymi.

2.4.6 Wpływ długości fali promieniowania na wzbudzanie plazmy powierzchniowej

Rozproszenie współczynnika załamania światła ma wpływ na dokładność pomiarów i granicę wykrywalności [47]. Odchylenie długości fali promieniowania laserowego λ związane jest ze zmianami współczynnika załamania światła badanej substancji. Stopniowa zmiana wartości λ (przy stałej czasowej wyższej niż 1 min.) powoduje dryfowanie dyspersyjne linii podstawowej przy pomiarze kinetyki procesów powierzchniowych, natomiast szybko zmieniająca się wartość λ (przy stałej czasowej niższej niż 10 ms) zwiększa poziom hałasu linii podstawowej, co obniża zdolność rozdzielczą urządzenia SPR.

Zmiany w długości fali promieniowania ekscytującego powodują zmiany współczynnika załamania analitu i zmiany elementów schematu optycznego w obiekcie pomiarowym wraz z SE. W rezultacie zmianie uległ również kształt charakterystyki odbicia (rys. 2.8).

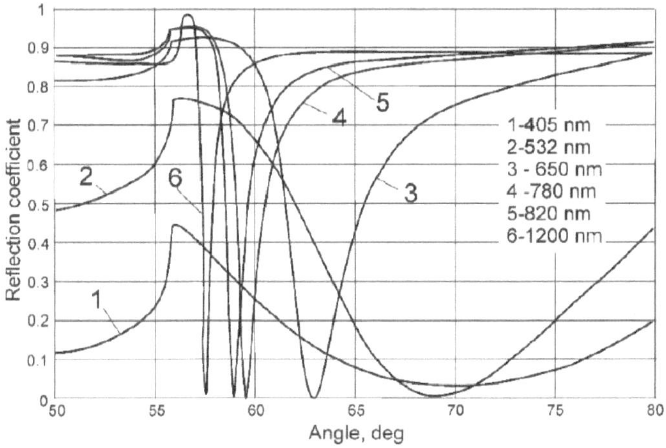

Rys. 2.8. Wyniki analizy numerycznej dla obliczonej zależności R(θ) dla różnych długości fal z zakresu optycznego [48].

Rezonansem zmiany długości fali promieniowania jest zarówno współczynnik temperaturowy, jak i słabo ustabilizowane zasilanie lasera. Aby zmniejszyć wpływ dyspersji współczynnika załamania światła, uzasadnione jest użycie lokalnej stabilizacji lasera i zwiększenie stabilności jego zasilania. Zmiana charakterystyki odbicia prowadzi do zwiększenia błędu bezwzględnego w pomiarach minimalnej pozycji kątowej, a w konsekwencji do zwiększenia błędu bezwzględnego w RI analitu. Ponadto wzrost długości fali powoduje zawężenie zakresu dynamiki pomiaru analitu RI w reżimie Slope [48], zawęża również listę badanych substancji i reakcji chemicznych (rys. 2.9).

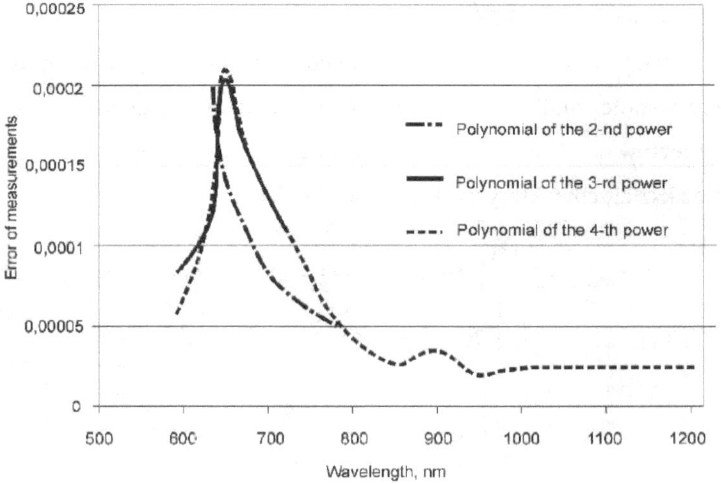

Rys. 2.9. Wyniki numerycznej analizy zależności czułości urządzenia w trybie Slope od długości fali wzbudzenia przy zmianie współczynnika załamania światła w przedziale 10-5 do 10-2 (b) [48].

Aby osiągnąć maksymalną czułość, zaleca się stosowanie źródeł wzbudzania SPR o długości fali pobranej z zakresu λ = 700...1000 nm [49]. Ale przeniesienie do zakresu widmowego podczerwieni zwiększa wpływ temperatury na analit. Optymalną długość fali dla wzbudzenia w tym zakresie wybrano jako 850 nm z punktu widzenia minimalnych błędów w wyznaczaniu RI analitu oraz minimalnego działania promieniowania elektromagnetycznego na ten analit [50, 51]. Eksperymenty wykazały rosnącą reakcję czujnika SPR (rys. 2.10).

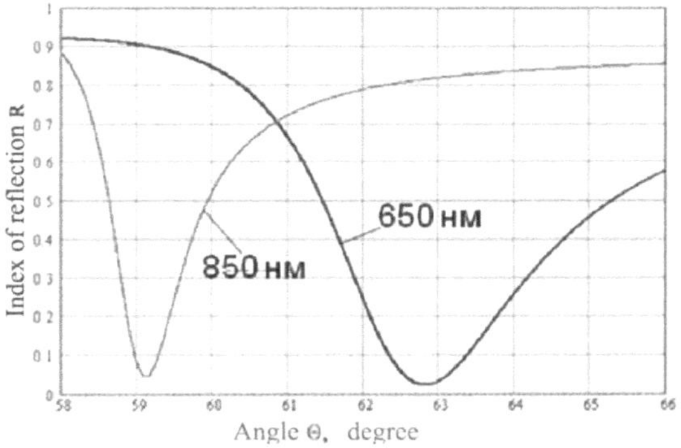

(a)

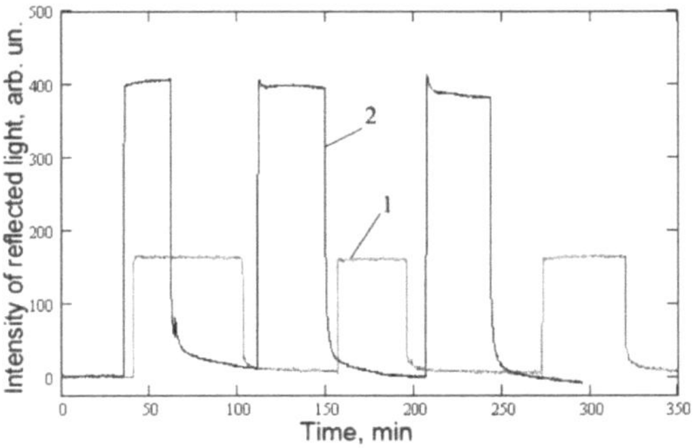

(b)

Rys. 2.10. Zależności doświadczalne R(θ) (a), kinetyka podstawiania wody destylowanej roztworem chlorku sodu (b) dla długości fal lasera 650 (1) i 850 nm (2) [51].

W trakcie doświadczeń woda destylowana w kuwecie pomiarowej została zastąpiona 9% roztworem chlorku sodu. Najpierw zmierzono charakterystykę odbicia dla analitów R(θ), następnie wykonano kinetykę w reżimie Slope. Stwierdzono doświadczalnie, że wzrost długości fali lasera w urządzeniu od 650 do 850 nm pozwolił na zmniejszenie błędu bezwzględnego w pomiarach analitu RI 5,5-krotnie: od ± 6,2 - 10-5 do ± 1,1 - 10-5 [52].

Najbardziej efektywne kierunki poprawy dokładności tych urządzeń to: zwiększenie długości fali promieniowania ekscytujących plazmonów powierzchniowych, modernizacja technologii przygotowania warstwy metalu w elemencie czułym oraz stabilizacja temperatury urządzenia i analiza podczas pomiarów. Badania przeprowadzone przez autorów wykazały, że zwiększenie długości fali wzbudzenia z 650 nm do 1200 nm powoduje zmniejszenie błędu przy określaniu współczynnika załamania analitu o 5,6 razy: z ±6,2-10-5 do ±1,1-10-5. Jak wynika z doświadczeń, chropowatość powierzchni warstwy metalu w elemencie czułym można zmniejszyć 2,5 razy (z 2 do 0,8 nm) dzięki aktualizacji technologii jego osadzania termicznego w próżni na szklanym podłożu, co zmniejsza błąd 5,8 razy (z ±7-10-6 do ±1,2-10-6). W obu przypadkach ten spadek błędów jest osiągany dzięki zawężeniu minimalnej charakterystyki odbicia, co z kolei było spowodowane zwiększeniem długości fali wzbudzenia i zmniejszeniem chropowatości warstwy metalu SE. Dekreacje błędu temperaturowego podczas pomiarów współczynnika załamania analitu zostały osiągnięte przy użyciu stabilizacji temperatury właściwej dla urządzenia i zbiorników z analitem. W przypadku analitów gazowych błąd został zmniejszony 18-krotnie (z 7-10-6 do 3,8-10-7, a w przypadku analitów ciekłych 3,2 razy (z 2,5-10-5 do 7,6-10-6).

ROZDZIAŁ 3. POSTĘP W PROJEKTOWANIU URZĄDZEŃ OPARTYCH NA ZJAWISKU REZONANSU

Dzięki doskonałym właściwościom elektrycznym, mechanicznym, termicznym i optycznym grafen cieszy się dużym zainteresowaniem od czasu jego skutecznego złuszczenia w 2004 roku. Jego dwuwymiarowa natura i doskonałe właściwości zaspokajają potrzeby plazmonów powierzchniowych i znacznie wzbogacają pole plazmoniki. Niedawne postępy i zastosowania plazmofoniki grafenowej zostaną poddane przeglądowi, w tym mechanizmy teoretyczne, obserwacje eksperymentalne i istotne zastosowania. Ze stosunkowo niską stratą, wysokim zamknięciem, elastycznością i dobrą dostrajalnością, grafen może być obiecującą plazmoniczną alternatywą dla metali szlachetnych. Transformacja optyczna, metamateriały plazmowe, zbieranie światła *itp.* realizowane są w urządzeniach opartych na grafenie, które są przydatne w zastosowaniach w elektronice, optyce, magazynowaniu energii, technologii THz i tak dalej. Ponadto dobra biokompatybilność grafenu sprawia, że jest on bardzo dobrym kandydatem do zastosowań w biotechnologii i naukach medycznych.

Również fotoniczny rezonans powierzchni kryształu plazmowego pojawił się jako wysoce czuła przenośna technologia detekcji do testowania analitów chemicznych i biologicznych. Technologia PC SPR łączy w sobie zalety technologii PC i plazmoniki w celu dokładnego kontrolowania właściwości efemerycznego pola i propagacji światła w konfiguracjach jednomodowych lub wielomodowych.

Smartfon jest prostym, poręcznym i analitycznym urządzeniem, które sprawia, że nasze życie jest wygodne i wolne od stresu w zakresie diagnostyki medycznej. W związku z najnowszymi osiągnięciami technologicznymi oraz wprowadzeniem przyjaznych dla użytkownika systemów operacyjnych i aplikacji, smartfony zastąpiły laptopy i komputery stacjonarne. Biorąc to pod uwagę, naukowcy zaprojektowali systemy detekcji, które są bardziej kompatybilne ze smartfonami. W związku z tym urządzenia te przyciągają uwagę naukowców z takich dziedzin jak telemedycyna, biotechnologia, nauki chemiczne i nauki o środowisku.

W tym rozdziale koncentrujemy się na najnowszych osiągnięciach w dziedzinie zastosowań czujników i diagnostyki opartych na grafenie, krysztale fotonicznym i smartfonach.

3.1. Czujniki rezonansu plazmy plazmowej na bazie grafenu

Dzięki doskonałym właściwościom elektrycznym, mechanicznym, termicznym i optycznym grafen cieszy się dużym zainteresowaniem od czasu jego skutecznego złuszczenia w 2004 roku. Jego dwuwymiarowa natura i doskonałe właściwości zaspokajają potrzeby plazmonów powierzchniowych i znacznie wzbogacają pole plazmoniki. Ze stosunkowo niską stratą, wysokim zamknięciem, elastycznością i dobrą dostrajalnością, grafen może być obiecującą plazmoniczną alternatywą dla metali szlachetnych. Transformacja optyczna, materiały plazmoniki, zbieranie światła itp. realizowane są w urządzeniach opartych na grafenie, które są przydatne w zastosowaniach w elektronice, optyce, magazynowaniu energii, technologii THz i tak dalej. Ponadto dobra biokompatybilność grafenu sprawia, że jest on bardzo dobrym kandydatem do zastosowań w biotechnologii i naukach medycznych [1]. W konwencjonalnym czujniku opartym na SPR stosuje się cienką warstwę metalu szlachetnego, takiego jak złoto [2] lub srebro [3]. Z tych dwóch, złoto jest preferowane z powodu niskiego stopnia utlenienia i wysokiej czułości. Czujnik oparty na rezonansie plazmowym powierzchniowym może być stosowany do wykrywania biomolekuł w próbce cieczy. Kiedy próbka zawierająca biomolekuły wchodzi w kontakt z powierzchnią metalową, biomolekuły adsorbują się na jej powierzchni i tworzą warstwę współczynnika załamania światła wyższą niż próbka (woda), co powoduje zmianę kąta rezonansu. Ogólna wydajność czujnika zależy od adsorpcji biocząsteczek. Dlatego też ważną rolę odgrywa charakter powierzchni, do której adsorbuje się biomolekuły. Wadą złota jest to, że jest to słaby adsorbent biocząsteczek, co ogranicza wrażliwość biosensora. Ostatnio grafen pojawił się jako kolejna opcja poprawy czułości różnych typów biosensorów. Stwierdzono, że dodanie warstwy grafenu nad złotem poprawia czułość biosensora [4]. Odkryty ostatnio grafen jest pojedynczą warstwą grafitu i jedną dwuwymiarową płaszczyzną atomową sp2 połączonych atomów węgla ułożonych w siatce plastra miodu [5]. Posiada bardzo fascynujące właściwości optyczne, mechaniczne i elektryczne, które przyciągnęły wielu badaczy i naukowców z całego świata [6]. Właściwości obejmują szczeliny pasm zerowych, wysoką mobilność elektronów, taką samą mobilność nośników ładunku (tj. elektronów i otworów), najniższą rezystywność rzędu $^{10-6}$ i strukturę 2D [7, 8]. Ze względu na te właściwości i stosunkowo niski koszt, grafen może być stosowany w produkcji doskonałych czujników. Ponadto, jego stosunek powierzchni do objętości jest bardzo wysoki dla ekspozycji na otoczenie i dlatego jest bardzo wydajnym adsorbentem biocząsteczek w porównaniu do złota. Grafen adsorbuje silnie biomolekuły za pomocą opartej na węglu struktury pierścienia atomowego z powodu interakcji π układania w stosy między komórkami heksagonalnymi a strukturami pierścienia węglowego szeroko występującymi w biocząsteczkach [9]. Kolejną zaletą grafenu jest to, że pewna liczba jego warstw może być pokryta na odpowiedniej powierzchni w sposób kontrolowany. Ponadto warstwy te są dość stabilne, ponieważ dwie warstwy grafenu są połączone siłami Van der Waala. Oprócz grafenu użyto również tlenku grafenu. Tlenek grafenu (GO) jest silnie natlenionym, wysoko hydrofilowym, warstwowym materiałem [10]. Obfite grupy funkcyjne zawierające tlen na jej płaszczyznach podstawowych i krawędziach umożliwiają oddziaływanie GO z różnymi biomolekułami poprzez oddziaływania kowalencyjne, nie kowalencyjne lub elektrostatyczne [11, 12]. Ponadto jego skuteczność w hartowaniu fluorescence daje przewagę nad alternatywnymi materiałami węglowymi, takimi jak nanodiamindy i nanorurki węglowe, które były badane pod kątem biosensingu [13-15]. Ze względu na dużą powierzchnię próbki, długookresową stabilność, przyjazną biokompatybilność i wyjątkową zdolność hartowania fluorescence, czujniki oparte na GO zostały z powodzeniem zastosowane do wykrywania ss-DNA [16], jonów metali [17], żywych komórek [18] i Salmonella typhi [19]. Nanostruktury nanocząsteczek GO-Ag wykorzystano jako substraty SERS [20]. Nowy czujnik elektrochemiluminescencji oparty na CdSe QDs został zaprojektowany przez [21]. Jednakże pojawiło się kilka doniesień na temat badania immunobiosensora opartego na GO [22]. Au jest uważany za doskonały materiał w teście immunologicznym [23].

W pracy [24] analizowano i symulowano numerycznie powierzchniowy czujnik pryzmatyczny oparty na rezonansie plazmowym z wykorzystaniem warstw krzemowych i grafenowych oraz tradycyjnie stosowanej warstwy złota do wykrywania biomolekuł. Warstwa grafenu jest używana do zwiększenia adsorpcji biomolekuł nad nią, podczas gdy dodanie warstwy krzemu pomiędzy złotem a grafenem znacznie zwiększa czułość. Krzem nad złotem został wykorzystany do zwiększenia czułości czujnika

SPR [25], ponieważ warstwa krzemu zwiększa natężenie pola światła wzbudzającego na granicy krzemowo-analitowej [26]. Do symulacji rozważamy pryzmat o wysokim indeksie pokryty cienką warstwą złota na jego podstawie. Podstawa jest następnie powlekana silikonem, a następnie grafenem. Czujnik, zawierający wykryte biomolekuły, jest umieszczany w kontakcie z warstwą grafenową. Jak wspomniano powyżej, grafen jest dobrym adsorbentem biocząsteczek, w związku z czym biocząsteczki adsorbują się na powierzchni grafenu, co skutkuje dodatkową warstwą o nieco wyższym współczynniku załamania światła niż środek detekcyjny. W sumie system składa się z sześciu warstw: pryzmatu, złota, krzemu, grafenu, biomolekuł i analitu zawierającego biomolekuły, jak pokazano na rys. 3.1.

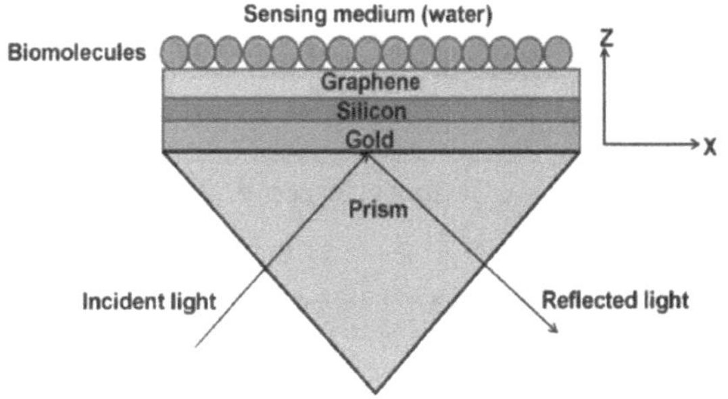

Rys. 3.1. Schematyczny schemat pryzmatycznej sondy SPR [24].

W niniejszym opracowaniu przeprowadzono symulacje dla trzech różnych długości fal źródła światła: 600 nm, 633 nm i 660 nm. Dla tych trzech długości fal źródła światła, współczynniki załamania światła (n1) pryzmatu szklanego SF10 wynoszą odpowiednio 1,7276, 1,7230 i 1,7205 [27]. Współczynniki załamania światła złota (n2) dla tych długości fal uzyskuje się z danych eksperymentalnych Palika [28]. Stosowane wskaźniki załamania światła złota wynoszą 0,22028 + i3,0412 dla długości fal 600 nm, 0,1726 + i3,4218 dla długości fal 633 nm oraz 0,16422 + i3,6353 dla długości fal 660 nm. Pojedyncza warstwa grafenu ma grubość (dg) równą 0,34 nm i stąd dla liczby warstw L jego całkowita grubość będzie wynosić d4 = L × 0,34 nm [29]. Współczynnik załamania światła przez czujnik uważany jest za 1,33. Po adsorpcji biocząsteczek na warstwie grafenowej, zmiana współczynnika załamania światła i grubość lokalnego ośrodka detekcyjnego (warstwy biocząsteczek) [30] oznaczane są odpowiednio przez Δnbm i d4. W niniejszym opracowaniu liczba warstw wynosi 6 (N = 6), a wszystkie warstwy są ułożone wzdłuż kierunku z.

W symulacjach uwzględniono Δnbm = 0,005 i d4 = 100 nm niezależnie od liczby warstw grafenu. Jeśli zmiana lokalnego współczynnika załamania światła spowodowana adsorpcją biocząsteczek na warstwie grafenu wzrośnie, wówczas zmiana kąta rezonansu (Δθres) również wzrośnie, jak pokazano na rys. 3.2.

Obecny czujnik wykazuje najwyższą czułość i dokładność detekcji dla 40 nm grubości złota, 7 nm grubości krzemu, 2 warstw grafenu i 633 nm długości fali źródła światła.

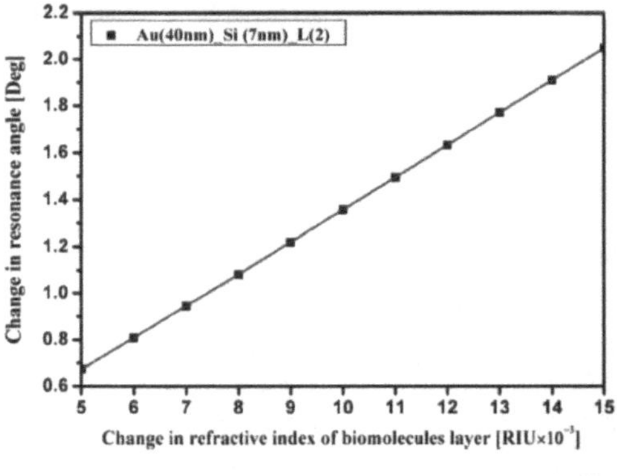

Rys. 3.2. Zmiana kąta rezonansu ze zmianą współczynnika załamania światła warstwy biocząsteczek dla 2 warstw grafenu o grubości odpowiednio 40 nm i 7 nm warstw złota i krzemu [24].

W pracy [32] autorzy zaproponowali czujnik oparty na SPR z pryzmatem chalkogenidowym i warstwami grafenowymi oraz tradycyjnie stosowaną warstwą złota do wykrywania biomolekuł. W badaniach wykorzystaliśmy szkło chalkogeniczne (2S2G; Ge20Ga5Sb10S65) jako pryzmat sprzęgający ze względu na jego wysoki współczynnik załamania światła z dużym oknem operacyjnym, które pomaga w projektowaniu czujnika na szerokiej długości fali. Zależność długości fali współczynnika załamania światła szkła 2S2G pokazano na rys. 3.3, wykazując silne rozproszenie materiału [33].

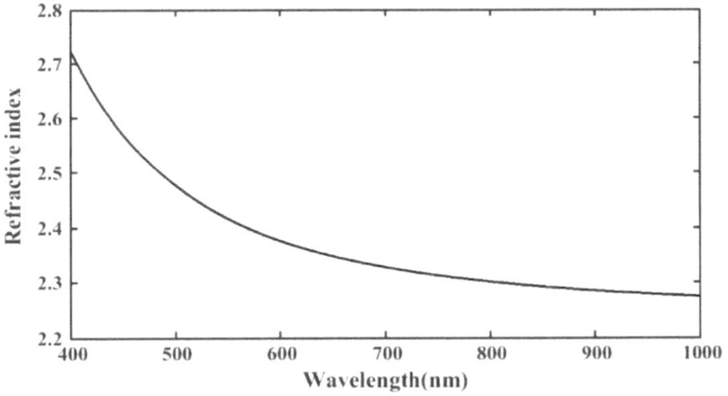

Rys. 3.3. Zmiana współczynnika załamania światła szkła 2S2G w odniesieniu do długości fali [32].

W celu zbadania zachowania się proponowanego czujnika, na rys. 3.4. pokazano proponowaną konfigurację doświadczalną. Charakterystyka SPR czujnika zależy przede wszystkim od ważności stanu rezonansowego wzbudzania plazmonów.

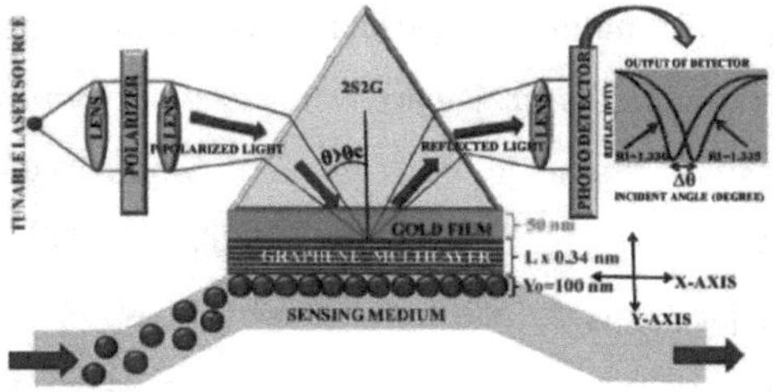

Rys. 3.4. Schemat układu doświadczalnego dla biosensora powinowactwa opartego na SPR z pryzmatem chalkogenicznym, wielowarstwową warstwą złota i grafenu [32].

Rys. 3.5 przedstawia krzywe SPR, gdy jako pryzmat sprzęgający zastosowano krzemionkę i pryzmat 2S2G. Krzywe stałe i przerywane to krzywe SPR z pryzmatem 2S2G, a krzywe przerywane kropkowane i przerywane punktowo to krzywe SPR z pryzmatem krzemionkowym do wykrywania współczynników załamania warstwy 1,330 i 1,335 odpowiednio.

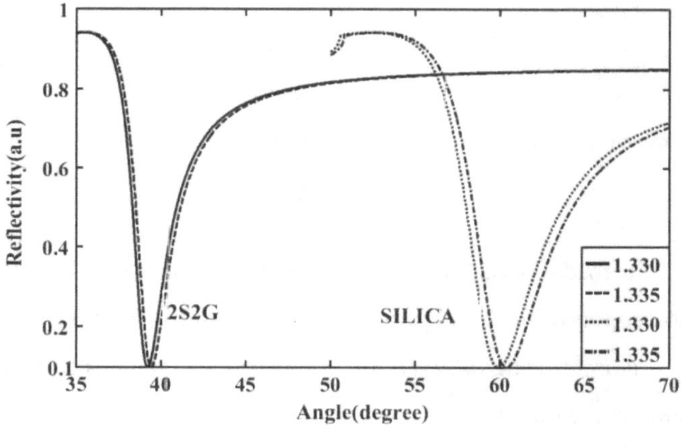

Rys. 3.5. Zmienność współczynnika odbicia w odniesieniu do kąta padania dla czujnika pryzmatycznego 2S2G i krzemionkowego dla dwóch wartości (1,330 i 1,335) współczynnika załamania światła przy długości fali 632,8 nm [32].

Przesunięcie kątowe wynosi 0,2190 dla pryzmatu 2S2G i 0,4660 dla pryzmatu krzemionkowego. Z drugiej strony, FWHM dla pryzmatu 2S2G wynosi 2,7780, co jest znacznie mniejsze niż dla pryzmatu krzemionkowego mającego FWHM jako 6,0330. Węższą krzywą SPR dla 2S2G uzyskuje się dzięki dużemu kontrastowi pomiędzy krzywymi dyspersji (stała propagacji w stosunku do kąta padania) światła padającego z 2S2G i SPW w porównaniu z krzywą krzemionki. W związku z tym, ze względu na mniejszą FWHM, dokładność detekcji czujnika 2S2G jest znacznie wyższa, co zminimalizowałoby błąd w określaniu kąta rezonansu. Obliczenia dokładności wykrywania wykazują, że dokładność wykrywania wzrasta o ok. 100 % dla szkła o wysokim indeksie chalkogenicznego w porównaniu z krzemionką. Dlatego też zastosowanie pryzmatu 2S2G zamiast krzemionki odgrywa istotną rolę w projektowaniu wysokowydajnego biosensora w trybie bliskiej podczerwieni.

Ogólna wydajność proponowanego czujnika w szerokim zakresie długości fal (bliskiej podczerwieni) jest określana ilościowo pod względem czułości i dokładności wykrywania. Rys. 3.6 ilustruje wykres wzorcowy pokazujący zmienność czułości i dokładności wykrywania przy użyciu współczynnika załamania światła warstwy detekcyjnej dla sześciu warstw grafenu przy trzech różnych długościach fal: 632,8 nm, 850 nm i 1000 nm.

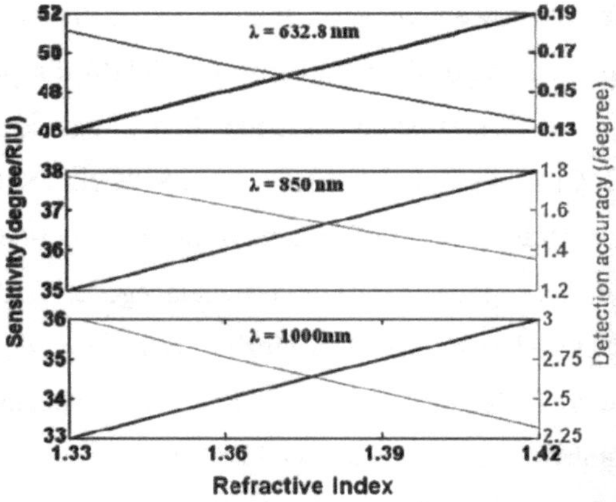

Rys. 3.6. Zmiana czułości i dokładności wykrywania w odniesieniu do wskaźników refrakcji warstwy detekcyjnej przy trzech różnych długościach fal (632,8 nm, 850 nm i 1000 nm) dla sześciu warstw grafenu [32].

Dokładność detekcji czujnika SPR (3.1) jest odwrotnością pełnej szerokości przy połowie maksimum (FWHM = $\delta\theta_{.5}$).

$$D_n = \frac{1}{FWHM} \tag{3.1}$$

Szerokość krzywej najłatwiej opisać za pomocą interpretacji geometrycznej, znanej jako pełna szerokość co najmniej o połowę lub FWHM. Wysoka dokładność wykrywania wynika z węższego FWHM, co z kolei pomaga w dokładnym pomiarze kąta rezonansu. W związku z tym, dla zapewnienia wysokiej wydajności każdego czujnika, czułość i dokładność detekcji powinny być jak najwyższe.

Zauważono, że przy długości fali 632,8 nm czułość wzrasta z 46°/RIU do 52°/RIU, natomiast dokładność detekcji spada z 0,181/stopień do 0,134/stopień przy zmianie współczynnika załamania światła o 0,900 RIU (1,330-1,420). Jednak przy wyższej długości fali, powiedzmy, czułość 1000 nm wzrasta z 33°/RIU do 36°/RIU, podczas gdy dokładność wykrywania spada z 3,021/degree do 2,320/degree przy tej samej zmianie współczynnika załamania światła. Tak więc podczas pracy w trybie bliskiej podczerwieni, choć czułość spada, ale dokładność wykrywania znacznie wzrasta (do 16 razy), wykazując tym samym wysoką dokładność pomiaru kąta rezonansu / współczynnika załamania światła. Należy również wspomnieć, że proponowany system detekcji może być wykorzystywany powyżej 1 μm długości fali, pod warunkiem dostępności cech dyspersji grafenu.

W pracy [34] autorzy przedstawili nową strategię skutecznego unieruchomienia przeciwciał i zwiększenia czułości biosensora SPR: immunosensora opartego na arkuszach tlenku grafenu ozdobionych koniugatami Au nanorods-przeciwciało. W porównaniu z kulistymi nanocząsteczkami Au nanorods (AuNRs) wykazują dwie długości fal rezonansu plazmonansowego określane jako tryb poprzeczny i podłużny [35]. Pasmo wzdłużne AuNR zostało uznane za bardzo wrażliwe na zmiany w lokalnym środowisku. Dlatego AuNR są bardziej wrażliwe na wykrywanie cząsteczek biologicznych niż nanocząsteczki o kulistej strukturze. System GO i AuNR może służyć jako nowa platforma dla różnych zastosowań ze względu na połączenie wysokiej nośności GO z wybitnymi właściwościami optycznymi AuNR.

GO przygotowano przy użyciu metody Hummersa i Offemana (1958) z proszków grafitowych [36]. Została scharakteryzowana przy użyciu siły atomowej.

mikroskopia (AFM). AuNR były syntetyzowane chemicznie za pomocą procedury wzrostu za pomocą nasion [37, 38]. Bydlęca IgG, królicza antytransferryna i ludzka IgG były przechowywane w temperaturze - 20 °C, a wszystkie inne odczynniki biologiczne w temperaturze 4 °C. Do aktywacji powierzchniowej przez autorów zastosowano 1-etylo-3-(3-dimetyloaminopropylo) karbodiimid (EDC) i N-hydroksysuccinimide

(NHS). EDC/NHS łączące chemię zastosowano do kowalencyjnego wiązania przeciwciał na AuNR. 0,5 mL 20 mmol L-1 kwas 3-mercaptopropinowy (MPA) przygotowany w alkoholu etylowym dodano do 20 mL AuNRs. Roztwór był przechowywany pod sonikowaniem przez 1 godzinę w temperaturze 50°C. Następnie roztwór AuNRs był odwirowywany z prędkością 13.000 obr/min przez 30 min, a granulka pręta została rozpuszczona w 5,0 ml ultraczystej wody. Następnie dodano 0,5 ml mieszanki EDC i NHS (7,5 mmol L-1 :1,5 mmol L-1) w temperaturze pokojowej. Po 30 min. 0,1 ml 500 μgmL-1 króliczej antytransferryny dodano do 0,025 mL powyższego roztworu, po czym delikatnie wstrząsano przez kilka sekund i trzymano przez 1 h w temp. 25 °C. Weryfikacja przygotowania biofunkcjonalnych koniugatów nano-rodów została przeprowadzona przy użyciu spektroskopii UV-vis.

W pracy wykorzystano zainstalowany w laboratorium analizator SPR z modulacją długości fali [39]. Współpracuje z Kretschmann Configuration, aby osiągnąć stan rezonansowy poprzez osłabienie całości reflection (ATR) w pryzmacie. Na szklanym szkiełku K9 (średnica: 2,4 cm; grubość: 0,7 mm; JingpinPhotoelectricity Company of Changchun, Chiny) naniesiono warstwę Cr 2 nm, a następnie szkiełko z Au film umieszczono na podstawie pryzmatu (szkło K9, 2,7 cm×1,9 cm×1,9 cm; JingpinPhotoelectricity Company of Changchun, Chiny) przy użyciu odpowiedniego oleju dopasowującego. Źródłem światła wzbudzającego jest lampa halogenowa wolframowa. Światło przechodzi przez polaryzator i dwie soczewki i staje się równolegle spolaryzowanym światłem TM. Równoległa polichromatyczna wiązka światła przechodzi przez pryzmat optyczny i wzbudza plazmę powierzchniową na styku Au film i roztworu próbki. Światło wyjściowe z innej strony pryzmatu przechodzi przez trzecią soczewkę ogniskującą, a powierzchnia ogniskowania wynosi 1,54 cm2. Jeden koniec włókna optycznego umieszcza się w punkcie ogniskowej soczewki skupiającej, a następnie wiązka światła ma dostęp do włókna optycznego na tyle, na ile jest to możliwe. Przeciwległy koniec jest podłączony do spektrofotometru. W ten sposób światło wyjściowe jest kierowane do światłowodu, a następnie wprowadzane do spektrofotometru (HR2000þ, Ocean Optics Inc., USA). Spektrometr HR2000þ łączy w sobie stół optyczny o wysokiej rozdzielczości, potężny przetwornik analogowo-cyfrowy (A/D) 2 MHz, programowalną elektronikę, 2048-elementowy detektor matrycy CCD i szybki port USB 2.0. Ta kombinacja pozwala na uzyskanie niezwykle szybkiego spektrometru i zapewnia rozdzielczość do 0,035 nm (FWHM).

Wpływ stężenia króliczej antytransferryny na przesunięcie długości fali rezonansowej pokazano również na rys. 3.7. Wraz ze wzrostem stężenia koniugatów AuNR-przeciwciało, więcej koniugatów zostało unieruchomionych na powierzchni biosensora, w wyniku czego długość fali rezonansowej przesuwa się do dłuższej długości fali. Maksymalne przesunięcia długości fali rezonansowej dla unieruchomienia koniugatów AuNR-przeciwciała przy stężeniach 125 µgmL-1 i 150 µgmL-1 są prawie takie same. W celu oceny wpływu wytworzonego podłoża na wydajność biosensora SPR, zbadano również tradycyjne podłoże na bazie Au film. Krzywa kinetycznej adsorpcji 125 µgmL-1 antytransferryny króliczej otrzymanej za pomocą biosensora SPR opartego na Au film pokazana jest również na rys. 3.7. Maksymalne przesunięcie długości fali rezonansowej wynosi 7,90 nm dla tradycyjnego włókna australijskiego, natomiast dla obecnego podłoża 20,40 nm.

W celu zademonstrowania potencjalnej czułości biosensora SPR opartego na GO udekorowanego substratem koniugatów AuNR-przeciwciało, transferrynę w różnych stężeniach wstrzykiwano oddzielnie do reaktora w temperaturze pokojowej. W czasie rzeczywistym mierzono przesunięcia długości fali rezonansowej wynikające z immunoreakcji przeciwciało-antygen.

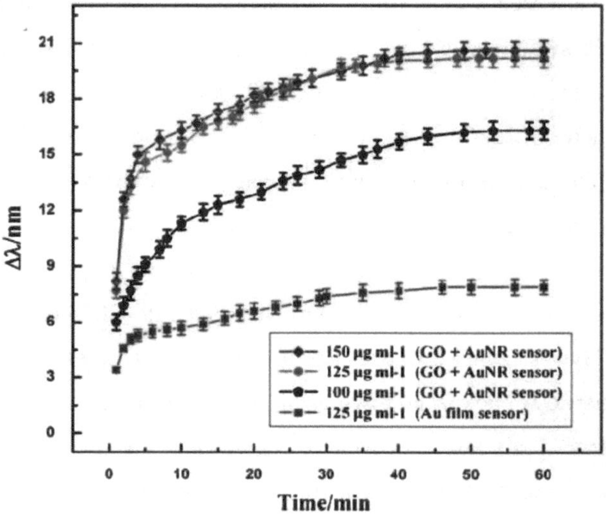

Rys. 3.7. Krzywe kinetycznej adsorpcji antytransferryny króliczej otrzymanej za pomocą biosensora SPR przy różnym stężeniu antytransferryny króliczej [34].

Na rys. 3.8. przedstawiono zależność między przesunięciami długości fali rezonansowej a stężeniem transferyny. Rys. 3.9 przedstawia widmo SPR do wykrywania transferryny 10 μgmL-1 w różnych metodach. Krzywa a na rys. 3.9 jest widmem SPR, gdy powierzchnię biosensora płukano buforem PBS do momentu, gdy długość fali rezonansowej utrzymywała się na stałym poziomie po unieruchomieniu przeciwciała i zablokowaniu BSA. Przy takim samym stężeniu króliczej antytransferryny, GO ozdobione substratem koniugatów AuNR-przeciwciało powoduje przesunięcie długości fali rezonansowej w kierunku większej długości fali (660,2 nm na rys. 3.9B). Przesunięcie długości fali rezonansowej w niektórych zakresach długości fali jest również nieistotne z punktu widzenia czułości biosensora modulacji długości fali SPR [40, 41].

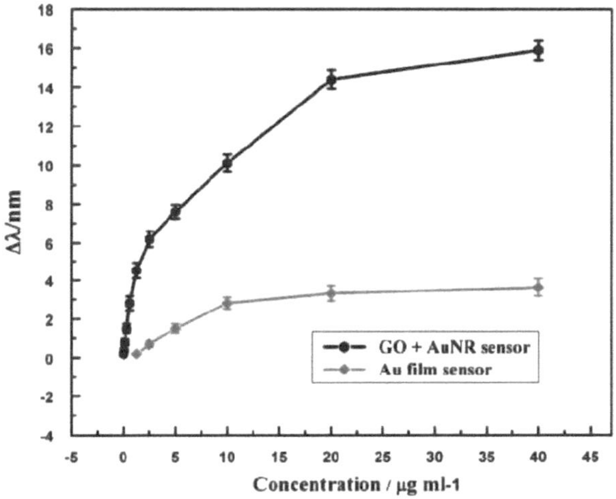

Rys.3.8.Zależność między przesunięciami długości fali rezonansowej a stężeniami transferryny [34].

Inkubacja modyfikowane przeciwciałem Au film z roztworem 10 μgmL-1 transferryny daje 2,7 nm przesunięcia w długości fali rezonansowej (rys. 3.9A). Natomiast ekspozycja GO ozdobionego przeciwciałem AuNR koniugatuje się z roztworem 10 μgmL-1 przenoszącym powoduje przesunięcie długości fali rezonansowej o 10,2 nm (rys. 3.9B). Znaczący wzrost sygnału interakcji pomiędzy antytransferryną i transferryną uzyskano dzięki zastosowaniu w tym schemacie substratu koniugatów AuNR-przeciwciało GO. W rezultacie biosensor SPR oparty na GO udekorowany koniugatami AuNR-przeciwciało wykazuje dobrą odpowiedź na transferrynę w zakresie stężeń 0,0375-40,00 μgmL-1. Minimalne przesunięcie długości fali rezonansowej wynosi 0,20 nm przy 0,0375 μgmL-1, a maksymalne 15,90 nm przy 40,00 μgmL-1.

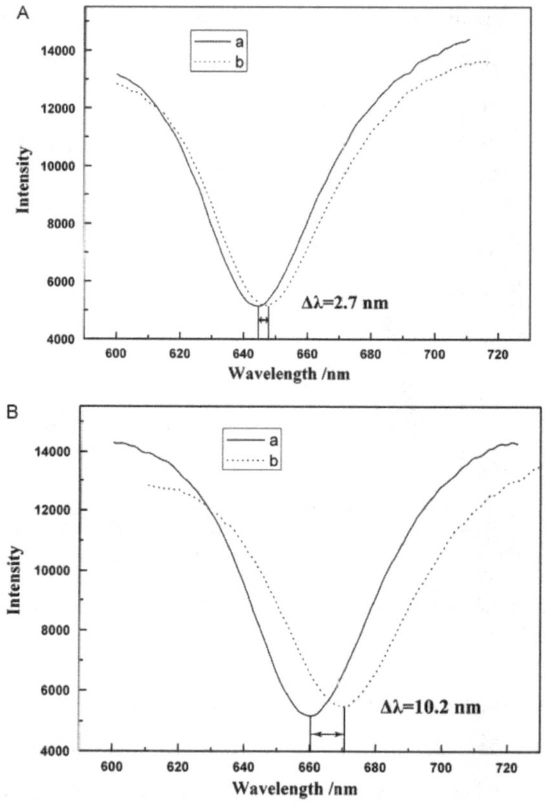

Rys. 3.9. Widmo SPR do wykrywania transferryny w stężeniu 10 μgmL-1 w różnych metodach: detekcji opartej na tradycyjnym Au film (A) i detekcji opartej na GO ozdobionym koniugatami AuNR-przeciwciało (B) [34].

Biosensor SPR oparty na podłożu Au film wykazuje reakcję na transferynę w zakresie stężeń 1,25-40,00 μgmL-1. Przesunięcie długości fali rezonansowej wynosi 0,20 nm przy 1,25 μgmL-1 i 3,60 nm przy 40,00 μgmL-1.

Najniższe stężenie transferyny, które można określić tą metodą, jest około 32-krotnie niższe od stężenia uzyskanego przy użyciu czujnika opartego na Au film. Ta konstrukcja umożliwia łatwą metodę kontrolowania montażu AuNR na arkuszach GO i może być łatwo rozszerzona na inne wykrywanie białka poprzez przygotowanie odpowiednich koniugatów AuNR-przeciwciało.

W pracy [42] przedstawiono nowatorski czujnik SPR typu transmisyjnego oparty na układzie grafenowo-nano-żebrowym dla długości fali podczerwieni. Zmiany współczynnika załamania światła nad powierzchnią czujnika można wykryć poprzez pomiar wynikających z nich przesunięć widmowych dipu transmisji rezonansowej. Symulacje numeryczne oparte są na rygorystycznej analizie fal sprzężonych (RCWA) [43, 44]. W pierwszej kolejności badane są podstawowe zasady działania czujnika, oparte na SPR taśmy grafenowej. W celu oceny ogólnej wydajności czujnika zaproponowano masową czułość współczynnika załamania światła i wartość współczynnika załamania światła (FOM) dla czujnika typu transmisyjnego. Wpływ poziomu Fermi i liczby warstw grafenu na wydajność czujnika jest szczegółowo badany, który powinien być w pełni wykorzystany do prowadzenia projektowania czujników w oparciu o układ taśm grafenowych. Zaprojektowany czujnik może być stosowany do wykrywania zarówno gazów, jak i materiałów o niskim współczynniku załamania światła w środowisku wodnym. Konstrukcja czujnika transmisyjnego opartego na układzie taśm grafenowych pokazana jest na rys. 3.10. Składa się z układu nano-żebrowego grafenowego na podłożu dielektrycznym. Jej n1 jest współczynnikiem załamania światła ośrodków powyżej grafenu, który zmienia się w zależności od różnych ośrodków detekcji. Materiałem podłoża jest kwarc (SiO2) o współczynniku załamania światła ns=1,45. Wartość εg jest względną dopuszczalnością grafenu. Wartość d jest okresem nano-żebrowania grafenu. Wartość *h* to grubość grafenu. Parametry strukturalne projektowanego czujnika były następujące:

d = 250 nm, f = 0,5, h = 0,34 nm, ns = 1,45. Początkowy poziom Fermi wybiera się jako Ef= 0,25 eV, a czas relaksacji nośnika wynosi τ = 0,3 ps.

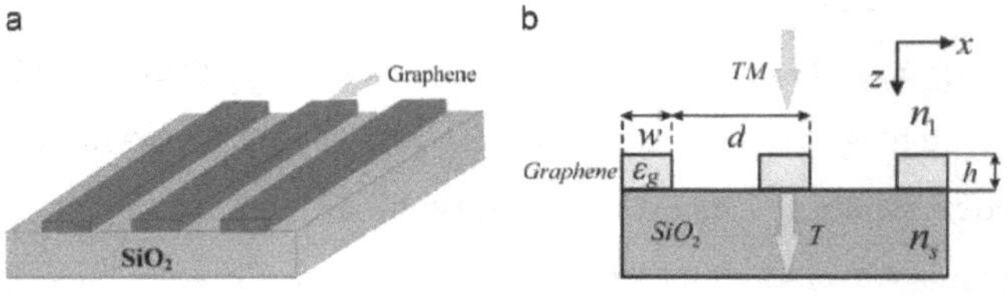

Rys. 3.10. Schemat czujnika opartego na taśmie grafenowej (a). Podstawowe parametry i nazewnictwo czujnika (b) [42].

W tej pracy, grafen powierzchni plazmy są wzbudzane przez +1 kolejności dyfrakcji, więc m = 1.Zazwyczaj, do wykrywania gazu, takich jak wodór, współczynnik załamania światła zmienia się od 1 do 1,05, a do wykrywania materiałów o niskim współczynniku załamania światła w środowisku wodnym, współczynnik załamania światła zmienia się od 1,30 do 1,35. Widma transmisyjne projektowanego czujnika z wyżej wymienionymi zmianami współczynnika załamania światła przedstawione są odpowiednio na rysunkach 3.11 i 3.12.

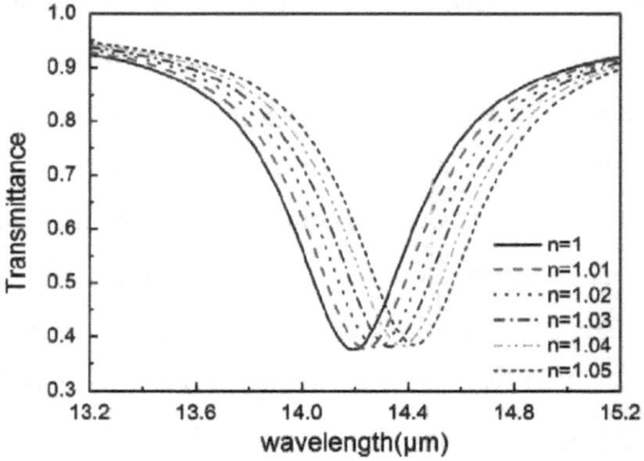

Rys. 3.11. Widma transmisyjne czujnika w środowisku gazowym, w którym współczynnik załamania światła zmienia się od 1 do 1,05 [42].

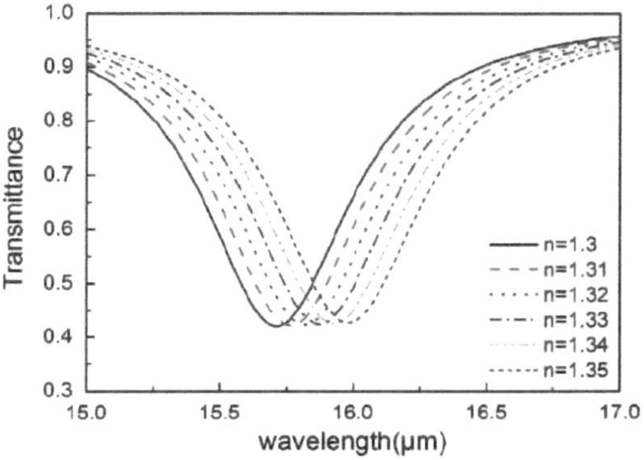

Rys.3.12. Widma transmisji czujnika z płynnym otoczeniem zmienia się współczynnik załamania światła od 1,30 do 1,35 [42].

W stanie SPR, gdy współczynnik załamania światła ośrodka detekcyjnego zmienia się o δn1, długość fali rezonansowej przesuwa się o δλSPP, a zatem masowa czułość współczynnika załamania światła czujnika opartego na układzie nano-żebrowym definiowana jest jako stosunek δλSPP do δn1accordence to equation (3.2).

$$S_\lambda = \frac{\delta\lambda_{SPP}}{\delta n_1} = \frac{\pi\hbar c}{e}\sqrt{\frac{2\varepsilon_0 d}{E_F m}}\frac{n_1}{\sqrt{(n_1^2+n_S^2)}} \tag{3.2}$$

Jednostką dla Sλ jest nanometr na jednostkę współczynnika załamania światła (RIU). W przypadku cyklu pracy układu taśm grafenowych f=w/d=1/2, wartość równania (3.2) można również wyrazić za pomocą (3.3).

$$S_\lambda = \frac{2\pi\hbar c}{e}\sqrt{\frac{\varepsilon_0 w}{E_F m}}\frac{n_1}{\sqrt{(n_1^2+n_S^2)}} \tag{3.3}$$

Ponieważ czujnik jest konfiguracją transmisyjną, w celu porównania ogólnych osiągów czujnika, wartość merytoryczna (FOM) definiowana jest jako (3.4).

$$\mathrm{FOM} = \frac{S_\lambda}{\mathrm{FWHM}} \Delta T \tag{3.4}$$

Gdzie FWHM jest pełną szerokością przy połowie maksymalnej wartości dipu SPR, a $\Delta T=1-T_{min}$ oznacza zmianę transmitancji dipu rezonansowego, Tmin jest transmitancją przy długości fali rezonansowej.

Średnia wartość FWHM wynosi około 538,3 nm, więc Sλ wynosi 4720 nm/RIU, a FOM 5,43. Z rys. 3.12 widać, że wraz ze zmianą współczynnika załamania światła z 1,3 na 1,35, długość fali rezonansowej zmienia się o około 276 nm. Średnia wartość FWHM wynosi około 618 nm, więc Sλ wynosi 5520 nm/RIU, a FOM 5,15. Wraz ze wzrostem liczby warstw grafenowych długość fali rezonansowej zmniejsza się w obu przypadkach, co pokazuje przesunięcie niebieskie (rysunki 3.13, 3.14).

W tym samym czasie, szerokość linii staje się węższa, a głębokość transmisji spada. Warto zauważyć, że wraz ze wzrostem liczby warstw grafenowych zmniejsza się różnica między długością fali rezonansowej dwóch przypadków, dlatego możliwe jest dostrojenie długości fali rezonansowej dwóch przypadków do tej samej wartości poprzez wybranie odpowiedniej liczby warstw grafenowych.

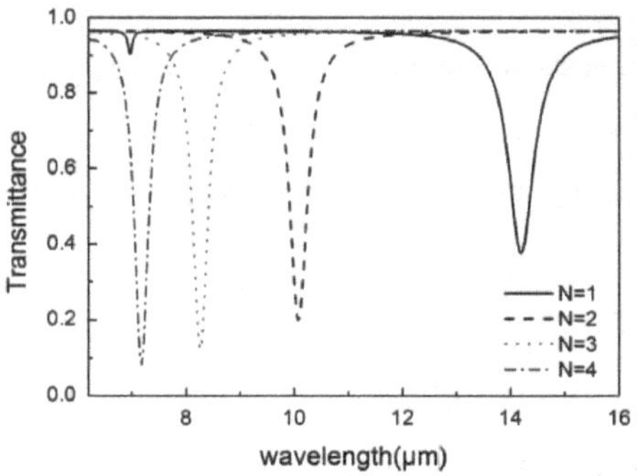

Rys. 3.13. Widma transmisji czujnika taśmy N-warstwy grafenowej, N=1,2,3,4, o współczynniku załamania światła ośrodka pomiarowego ustalonym na poziomie n1=1, poziom Fermi wynosi 0,25 eV [42].

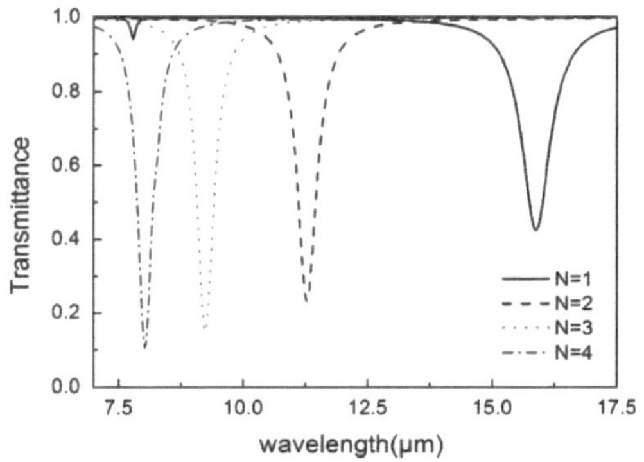

Rys.3.14. Widma transmisji czujnika taśmy N-warstwy grafenowej, N=1,2,3,4, o współczynniku załamania światła ośrodka pomiarowego ustalonym na poziomie n1=1,33, poziom Fermi wynosi 0,25 eV [42].

W celu zbadania wpływu liczby warstw grafenowych na ΔT, FWHM, Sλ i FOM, autorzy podają zależności między nimi a liczbą warstw grafenowych dla współczynnika załamania światła w okolicach odpowiednio 1 i 1,3, które przedstawiono na rysunkach 3.15 i 3.15. Jak widać na rys. 3.15, wraz ze wzrostem liczby warstw grafenu, ogólny trend wrażliwości współczynnika załamania światła spada w obu przypadkach.

Jednak inaczej jest w przypadku FOM. Ogólny trend FOM dla tych dwóch przypadków wzrasta, chociaż FOM dla ośrodka detekcyjnego o współczynniku załamania światła około 1 zmniejsza się, gdy liczba warstw grafenu wynosi 4. Należy zauważyć, że czułość współczynnika załamania światła dla ośrodka detekcyjnego o współczynniku załamania światła około 1,3 jest zawsze większa niż dla ośrodka detekcyjnego o współczynniku załamania światła około 1. Ale FOM dla tych dwóch przypadków są mniej więcej takie same.

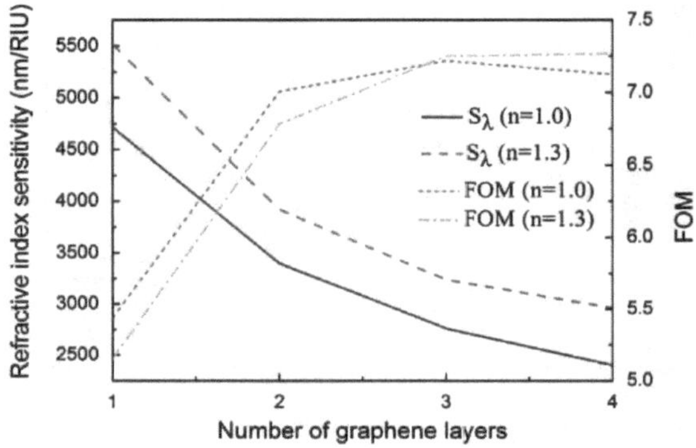

Rys. 3.15. Sλ i FOM w stosunku do liczby warstw grafenu dla współczynnika załamania światła w okolicach 1 i 1,3 przy poziomie Fermi wynoszącym 0,25 eV [42].

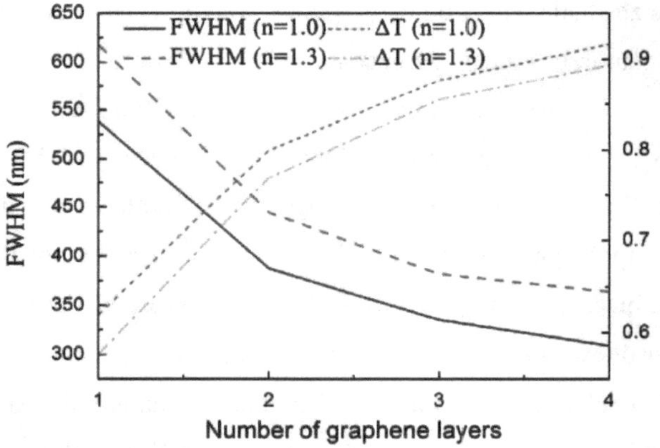

Rys.3.16. FWHM i ΔT w stosunku do liczby warstw grafenu dla współczynnika załamania światła ośrodka detekcyjnego około 1 i 1,3 przy poziomie Fermi wynoszącym 0,25 eV [42].

Autorzy opublikowali, że dla rzeczywistych zastosowań, w celu zmiany energii poziomu Fermi należy dodać do czujnika pewną strukturę pomocniczą. Takich jak taśmy grafenowe są osadzane na podłożu silikonowo-izolacyjnym, energia poziomu Fermi może być zmieniana przez bramkowanie elektrostatyczne, co zostało omówione w Ref. [45-47] w szczegółach.

W pracy [48] autorzy badają numeryczne modelowanie biosensorów SPR powlekanych grafenem. Ponieważ grafen ma wybitne właściwości, monowarstwy grafenu są umieszczane pomiędzy filmami metalowymi a medium detekcyjnym jako elementy rozpoznawania biomolekularnego (BRE). W artykule przedstawiono projektowanie dwóch typów biosensora powlekanego grafenem: grafen w pryzmatycznym biosensorze SPR, grafen w planarnym falowodowym biosensorze SPR. Autorzy zastosowali metodę matrycową dla modelu warstwy N do obliczania krzywych SPR. Zależność między polem stycznym na pierwszej granicy a polem na granicy końcowej można pokazać za pomocą [54]. Autorzy wprowadzają numeryczny model biosensora pryzmatycznego, którego konfigurację pokazano na rys. 3.17 (a). Tutaj pierwsza warstwa to szklany pryzmat SF10 o RI $_{np=}$ 1.723 [49], druga warstwa złota o grubości dAu = 50 nm oraz RI nAu = 0.1726 + i3.4218 [50].

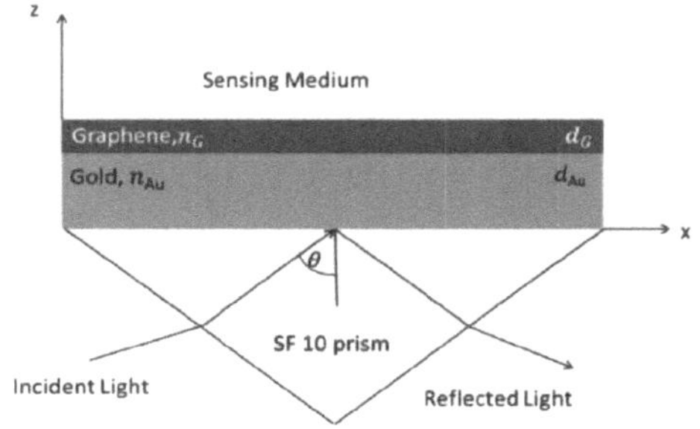

Rys. 3.17. Schemat proponowanego biosensora SPR na podstawie pryzmatu konfiguracyjnego SPR opartego na pryzmacie Kretschmana [48].

Trzecią warstwą jest grafen o grubości dG = 0,34 nm i RI nG = 3 + i1,149106 [51]. Górna warstwa to woda jako środek detekcyjny z RI nS =

1,33 [52]. Dodatkowo autor zaproponował falowodowy biosensor SPR [53], którego przekrój poprzeczny zilustrowano na rys. 3.18.

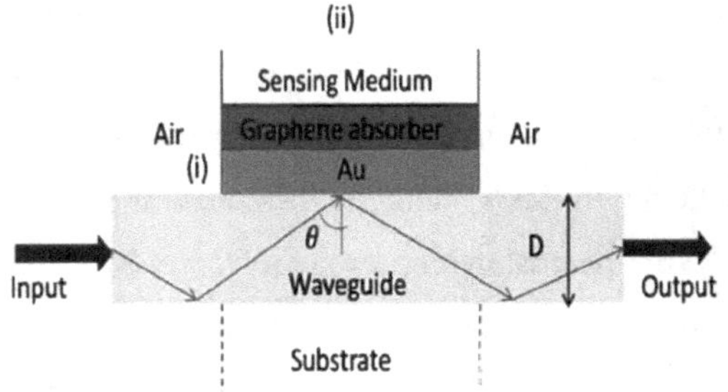

Rys.3.18. Schematyczny schemat proponowanego biosensora SPR na podstawie biosensora SPR w konfiguracji Kretschmana PW opartego na biosensorze SPR [48].

Modelowanie krzywych SPR dla różnych RI analitu pokazanych dla pryzmatów (rys. 3.19) i falowodów płaskich (rys. 3.20).

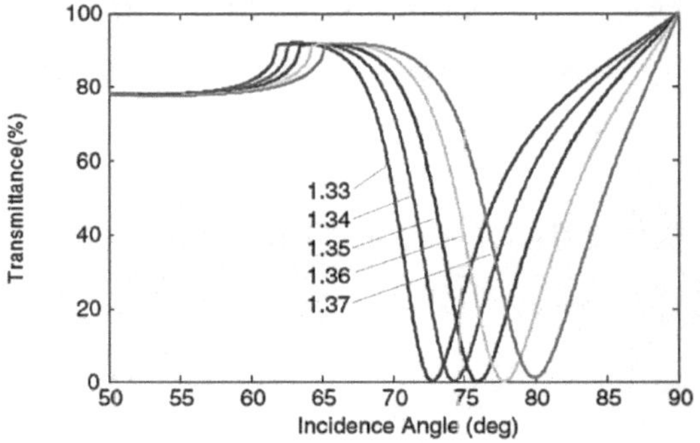

Rys. 3.19. Widma transmisyjne proponowanego biosensora SPR opartego na PW o zróżnicowanym SRI. Tutaj indeks falowodu = 1,51, grubość warstwy Au = 50 nm, grubość warstwy grafenowej = 0,34 nm [48].

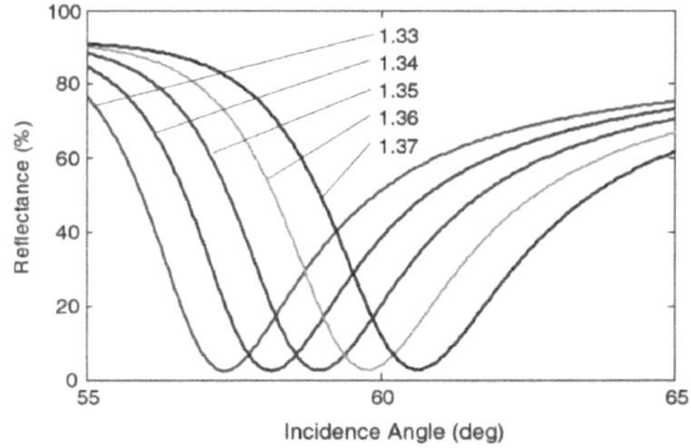

Rys. 3.20. Widma refleksyjne proponowanego pryzmatycznego biosensora SPR z różnym analitem RI. Tutaj wskaźnik pryzmatu = 1,723, grubość warstwy Au = 50 nm, grubość warstwy grafenowej = 0,34 nm [48].

Modelowanie krzywych SPR dla różnej liczby warstw grafenu L przedstawionych dla falowodu pryzmatycznego (rys. 3.21) i planarnego (rys. 3.22).

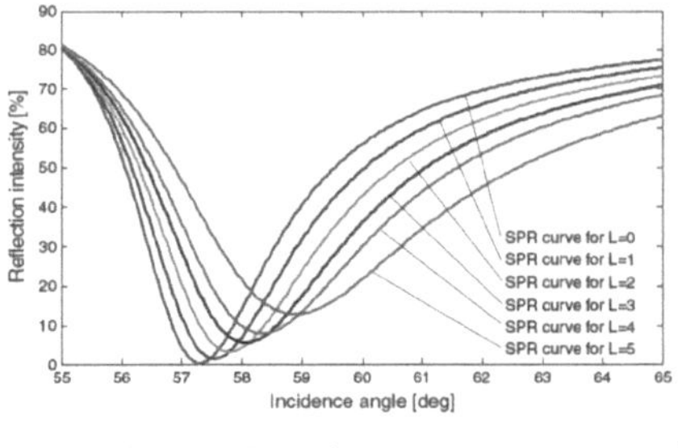

Rys. 3.21. Charakterystyczna krzywa SPR dla pryzmatycznego czujnika SPR [48].

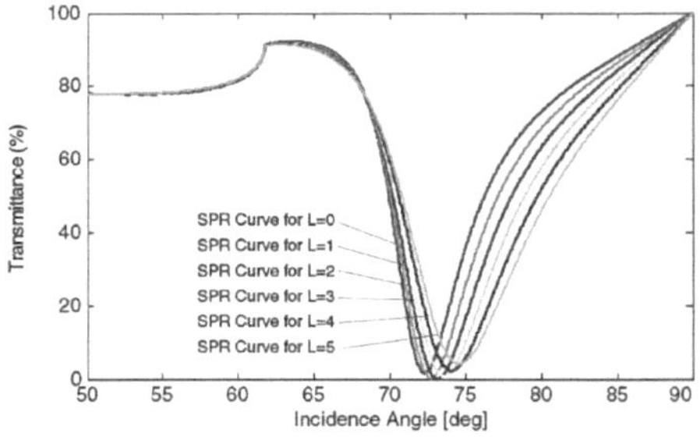

Rys. 3.22. Charakterystyka krzywej SPR dla czujnika SPR na bazie PW [48].

W przypadku biosensora pryzmatycznego, przy zastosowaniu każdej warstwy grafenu powoduje wzrost kąta SPR równego 0,40°. Uzyskuje się wynik 0,45° dla tego samego badania w przypadku czujnika opartego na falowniku płaskim. Przyjmując za punkt odniesienia krzywą SPR bez grafenu, względny wzrost kąta SPR w wyniku dodania każdej warstwy wynosi odpowiednio 0,40L i 0,45L dla czujnika pryzmatycznego i czujnika PW. W przypadku dodania pięciu warstw grafenu do czujników pryzmatycznych i PW, czujniki wykryją na przykład hybrydyzację DNA o odpowiednio 200% i 225% wyższej czułości. Poprawę czułości osiągnięto dzięki zdolności absorpcyjnej i właściwościom optycznym grafenu. W przypadku dodania warstw grafenu, zwiększa się biomolekularne rozpoznawanie aplikacji biosensingowej przez czujnik i z tego powodu czułość wzrasta wraz z dodaniem warstw grafenu.

W pracy [55] opracowano połączenie nowatorskiego, domieszkowanego walinomycyną tlenku chitozanu-grafenu (C-GO-V), cienkowarstwowego filmu i systemu rezonansu powierzchniowego plazmy (SPR) do wykrywania jonów potasu (K+). Utrzymanie odpowiedniego stężenia K+ jest ważne dla wielu czynności fizjologicznych w żywych komórkach, takich jak transmisja nerwów, aktywacja enzymów, równoważenie pH i regulacja ciśnienia krwi [56]. Większość stosowanych technik egzystencji do oznaczania jonów K+, takich jak widmo fluorescencyjne [57], elektrochemia [58], kolorymetria [59] i fotometria płomieniowa [60], jest przeważnie droga i często wymaga długiego czasu na analizę. Autorzy [55] stworzyli powierzchnię, która może czule adsorbować K+ w roztworze wodnym. Chitozan i tlenek grafenu zostały wykorzystane jako główna matryca dla proponowanej nowej, cienkowarstwowej powłoki aktywnej. Chitozan jest wybierany ze względu na funkcjonalność aminową łańcucha chitozanu, nadaje właściwości zarówno polielektrolitu, jak i chelatu, co odgrywa ważną rolę w wykrywaniu jonów metali [61]. W celu zwiększenia wrażliwości na jon K+, walinomycyna została domieszkowana do matrycy tlenku chitozan-graphene. Walinomycyna, jonofor potasu, ma na celu zapewnienie czułego oznaczenia w stosunku do K+, ponieważ jest cyklicznym dodekadepsypeptydem, tj. składającym się z dwunastu naprzemiennych aminokwasów i estrów, z jamą, która ma silne powinowactwo do jonu potasu [62].

Schemat urządzenia SPR ustawionego w sposób przedstawiony na rys. 3.23. Pomiar SPR wykonano poprzez pomiar odbitej wiązki laserowej He Ne (632,8nm, 5mW) w funkcji kąta padania światła. Układ optyczny składa się z lasera He-Ne, sceny optycznej napędzanej silnikiem krokowym o rozdzielczości 0,001° (Newport MM 3000), polaryzatora i rozdrabniacza optycznego (SR 540). Wiązka laserowa padała na pryzmat (współczynnik załamania światła 1,77861), przechodząc przez próbkę (pochodna cienka warstwa), a odbita wiązka została wykryta przez fotodiodę o dużej powierzchni. Sygnał był następnie przetwarzany przez wzmacniacz lock-in (SR 530).

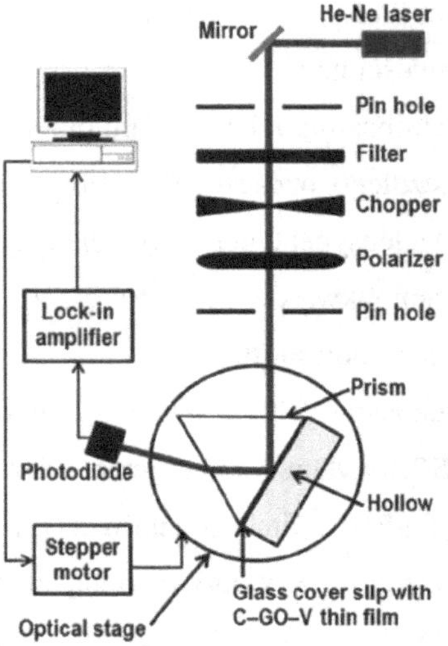

Rys. 3.23. Eksperymentalne przygotowanie do techniki skanowania kątowego SPR [55].

Krzywe odbicia SPR dla zakresu K+ od 10 do 100 ppm w kontakcie z folią złotą pokazano na rys. 3.24. Kąt rezonansu dla wszystkich stężeń K+ nie ulega zmianie dla wszystkich stężeń.

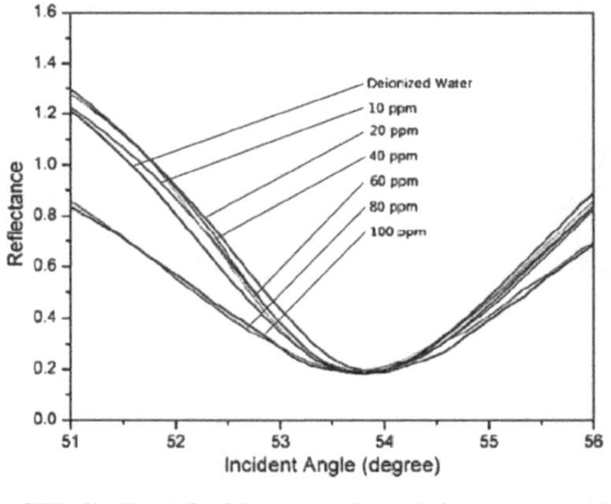

Rys. 3.24. Krzywe SPR dla K+ (10-100 ppm) w kontakcie z warstwą złota [55].

W pracy wykorzystano kolejne materiały i metody. Osłony szklane (24 mm × 24 mm × 0,1 mm) zostały wyczyszczone acetonem w celu usunięcia brudu na powierzchni szkiełka przed jakimkolwiek procesem powlekania. Szklane szkiełka zostały po raz pierwszy osadzone cienką warstwą złota za pomocą napylarki SC7640. Następnie, technikę spin coating wykorzystano do wytworzenia cienkiej warstwy folii C-GO-V na wierzchniej warstwie złota. Przed rozpoczęciem procesu wirowania przygotowano roztwór C-GO-V. Roztwór tlenku chitozanu-grafenu otrzymano poprzez rozpuszczenie 0,40 g średniocząsteczkowego chitozanu i 10 ml tlenku grafenu w 40 ml 1% kwasu octowego. Roztwór był mieszany przez 24 godziny, aż do rozpuszczenia wszystkich chemikaliów. Immobilizację walinomycyny wewnątrz tlenku chitozanu-grafenu przeprowadza się poprzez zmieszanie 5 ml 20% w/v walinomycyny z 45 ml roztworu tlenku chitozanu-grafenu i mieszanina była dokładnie mieszana przez kilka godzin. Około 1 ml roztworu (C-GO-V) umieszczono na wierzchniej warstwie złota pokrywającej większość powierzchni. W celu wyprodukowania cienkiej warstwy szkła poślizgnięcie pokrywy szklanej obracano z prędkością 3000 obr/min przez 30 s. Wzorcowy roztwór potasu o stężeniu 1000 ppm został rozcieńczony przy użyciu wzoru do rozcieńczania M1V1 = M2 V2 w celu uzyskania roztworów K+ o stężeniu 10, 20, 40, 60, 80, 100 ppm [63].

Krzywe SPR dla roztworów K+ dla różnych stężeń w kontakcie z warstwą Gold/C-GO-V pokazano na rys. 3.25.

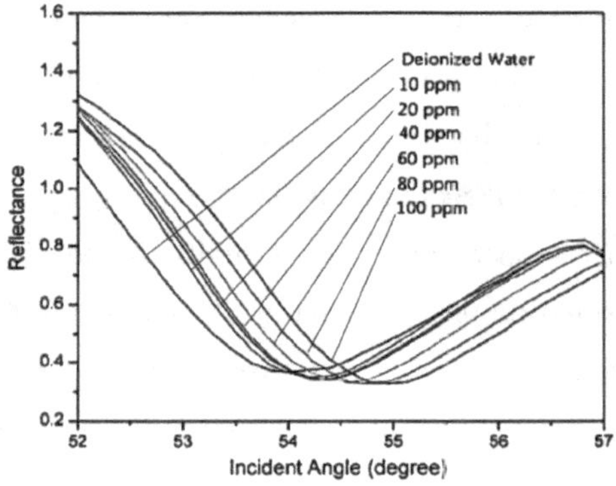

Rys. 3.25. Krzywe SPR dla roztworu jonów potasu (10-100 ppm) stykających się z folią Gold/C-GO-V [55].

Kąt rezonansu ustalony na podstawie krzywych SPR wynosi odpowiednio 54,212°, 54,397°, 54,400°, 54,583°, 54,768° i 54,954° dla 10, 20, 40, 60, 80 i 100 ppm. Można zaobserwować znaczne przesunięcie kąta rezonansu przy jednoczesnym zwiększeniu stężenia roztworu K+.

Na rys. 3.26. wyraźnie pokazano poprawę czułości C-GO-V w porównaniu z gołą warstwą złota. Dla powierzchni C-GO-V zmiana kąta rezonansu (Δθ) jest wprost proporcjonalna do stężenia roztworu K+ o czułości 0,00948° ppm-1.

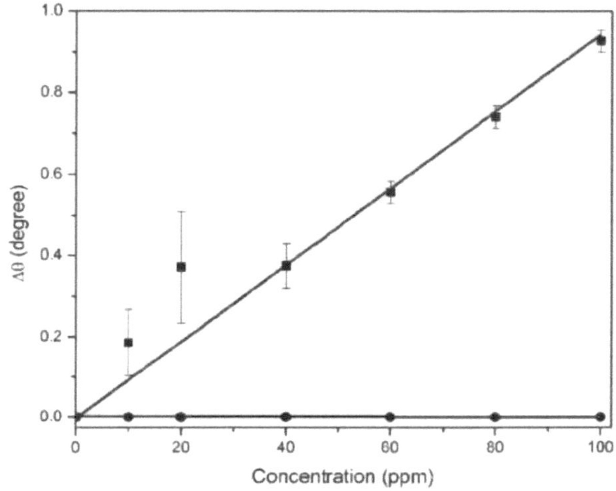

Rys. 3.26. Porównanie przesunięcia kąta rezonansu dla różnych stężeń jonu potasu w kontakcie z filmem ze złota i filmem Gold/C-GO-V [55].

Wysoką czułość cienkiej warstwy C-GO-V można przypisać specyficznemu wiązaniu walinomycyny z K+. Wyniki wykazały, że K+ może być wykrywany za pomocą czujnika SPR opartego na cienkiej warstwie tlenku chitozanu-graphenu unieruchomionej walinomycyny.

3.2. Czujniki rezonansu optycznego oparte na kryształach fotonicznych

Kryształy fotoniczne (PC) to materiały, które posiadają okresową modulację ich współczynnika załamania światła w skali długości fali świetlnej [64]. Takie materiały mogą wykazywać fotoniczne szczeliny pasmowe, które są bardzo podobne do elektronicznych szczelin pasmowych dla fal elektronowych przemieszczających się w okresowym potencjale kryształu. W obu przypadkach istnieją przedziały częstotliwości, w których propagacja fal jest zabroniona. Analogia ta może zostać rozszerzona [65] na poziomy powierzchni, które mogą występować w pasmowych szczelinach kryształów elektronicznych. W komputerach PC odpowiadają one optycznym falom powierzchniowym z krzywymi dyspersji umieszczonymi wewnątrz fotonicznej szczeliny pasma. Jednowymiarowy kryształ fotoniczny (1D PC) jest prostym, okresowo wielowarstwowym stosem. Tryby powierzchni optycznej w komputerach 1D były badane w latach 70-tych, zarówno teoretycznie [66], jak i doświadczalnie [67]. Dwadzieścia lat później, wzbudzenie optycznych fal powierzchniowych w konfiguracji Kretschmanna zostało zademonstrowane [68]. Pomimo kilku propozycji teoretycznych [69], które sugerowały, że fale powierzchniowe kryształu fotonicznego (PC SW) mogą być lepszą alternatywą dla plazmonów powierzchniowych w zastosowaniach czujników (ze względu na niskie tłumienie PC SW), nie ma dotychczas eksperymentalnych demonstracji takich zastosowań. Naszym zdaniem powodem jest wspomniany wyżej punkt, że czynnikiem ograniczającym dla techniki SPR nie jest czułość instrumentalna, ale wahania temperatury i dryfowanie. Z tego punktu widzenia, wzrost długości propagacji fal powierzchniowych jest nieskuteczny bez jednoczesnej kompensacji wahań cieczy.

W pracy [70] autorzy przedstawiają nową technikę biosensora optycznego opartą na rejestracji dwóch spolaryzowanych trybów optycznych na powierzchni kryształu fotonicznego. Jednoczesna rejestracja dwóch optycznych fal powierzchniowych o różnej głębokości ewaganizacji z tej samej powierzchni pozwala na segregację objętości i udziału powierzchni z analitu, podczas gdy brak tłumienia metalu pozwala na zwiększenie długości propagacji optycznych fal powierzchniowych i czułości biosensora. Autorzy wykazują, że oprócz niskiej propagacji strat (która nie jest unikalna wśród innych biosensorów dielektrycznych), zaprezentowana technika oparta na podwójnych optycznych falach powierzchniowych w komputerach 1D ma pewne dodatkowe zalety w stosunku do wszystkich wyżej wymienionych technik z użyciem biosensorów. Unikalne właściwości tuningowe komputerów 1D pozwalają na zaprojektowanie struktury 1D PC, która może obsługiwać dwa tryby powierzchni dalekiego zasięgu przy tej samej długości fali (jest to niemożliwe w technice SPR), z jednym trybem wychodzącym bardzo blisko kąta TIR z wody (jest to niewykonalne w innych technikach falowodowych). Tryb, w którym wychodzący kąt jest nieskończenie blisko kąta TIR od ośrodka zewnętrznego, ma bardzo dużą głębokość penetracji w tym ośrodku (np. woda) i może być stosowany jako punkt odniesienia dla dużych wahań RI. Istotnie, słaba lokalizacja tego trybu zmniejsza jego czułość na nakładki i zwiększa jego czułość na zmiany w masowym RI. Jednoczesne wykrywanie dwóch trybów, z których jeden jest bardziej wrażliwy na zmiany RI cieczy niż drugi, pozwala nam uzyskać zarówno RI cieczy, $_{ne}$ = $_{ne}$(ρ1, ρ2), jak i grubość warstwy adlayera, $_{da}$ = $_{da}$(ρ1, ρ2), jako funkcje wykrytych parametrów kątowych ρ1 i ρ2 dwóch PC SWs. W doświadczeniach wykorzystano je zgodnie ze strukturą 1D PC: podłoże/(LH)$^{3L'}$/woda, gdzie L jest warstwą SiO2 o grubości d1 = 154,0 nm, H jest warstwą Ta2O5 o grubości d2 = 89,4 nm, a L' jest warstwą SiO2 o grubości d3 = 638,5 nm. Struktura 7-warstwowa SiO2/Ta2O5 (rozpoczęta i zakończona warstwami SiO2) była nanoszona przez rozpylanie jonowe. Pryzmat i podłoże wykonane zostały ze szkła BK-7. RI podłoża, SiO2, Ta2O5 i wody przy λ = 532 nm wynosiły odpowiednio n0 = 1,52, n1 = 1,49, n2 = 2,12 i $_{ne}$ = 1,335. Kąty wzbudzenia optycznych fal powierzchniowych były eksperymentalnie mierzone z dokładnością kątową ±1" przez równoległą wiązkę laserową przy dwóch długościach fal: λ = 532 nm (druga harmoniczna lasera Nd:YAG) i λ = 442 nm (laser He-Cd). Na rysunku 3.27

pokazano schemat konfiguracji biosensora i typowy surowy sygnał doświadczalny z instalacji.

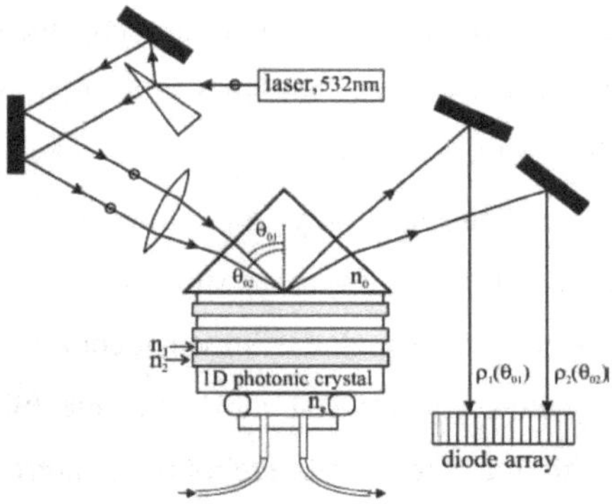

Rys. 3.27. System czujników biologicznych odpowiada źródłu [70].

Krzywe rezonansu kątowego (rys. 3.28) mierzono, skupiając obie części rozszczepionej wiązki laserowej (o średnicy D = 3 mm) w tym samym miejscu na powierzchni konstrukcji w celu uzyskania ogniskowej $f = 60$ mm i wykrywając rozkład natężenia odbitego światła przy pomocy 512-pikselowa matryca fotodiodowa Hamamatsu umieszczona w odległości 385 mm|442 mm (ρ1|ρ2) od struktury biosensora.

Zakres dynamiki pomiarów kątowych wynosi ±D/(2f) = ±0,025 rad odpowiadający zmianie RI ośrodka zewnętrznego Δn ≈ ±0,035 lub osadzeniu warstwy adlastanu Δd = ±120 nm. Pozyskiwanie danych z macierzy diodowej, przetwarzanie danych i prezentacja zostały wykonane za pomocą domowego oprogramowania, które napisaliśmy na komputerze osobistym działającym pod systemem Windows.

Autorzy zastosowali dwa różne tryby optyczne na powierzchni kryształu fotonicznego do optycznego wykrywania oddziaływań biomolekularnych. Unikalne właściwości kryształów fotonicznych wykorzystano do wzbudzania fal optycznych wzdłuż powierzchni kryształu fotonicznego, dzięki czemu pole efemeryczne jednej fali przenika znacznie głębiej do objętości cieczy.

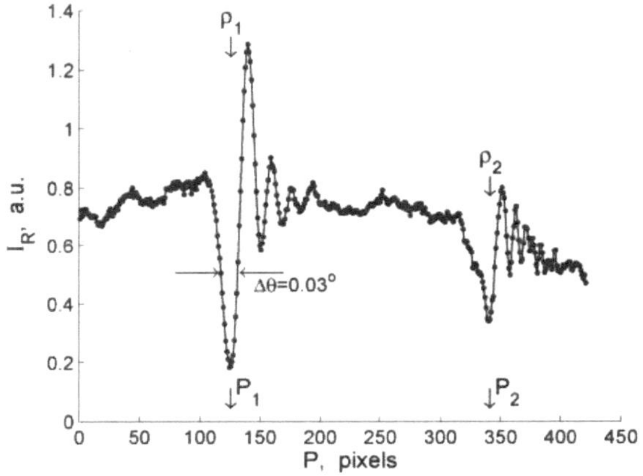

Rys. 3.28. Typowy surowy sygnał doświadczalny z układu diodowego rdzenia biosensora odpowiadający źródłu [70].

Fala ta jest wykorzystywana jako punkt odniesienia dla RI cieczy. Jednoczesna rejestracja dwóch trybów, zgłaszana tutaj jako dowód zasady, daje możliwość uzyskania zarówno RI cieczy, jak i grubości warstwy adlayera. Pozwoliło nam to oddzielić sygnały objętościowe i powierzchniowe z analitu, zwiększyć czułość wykrywania biocząsteczek oraz zarejestrować akt konformacji streptavidin podczas wiązania cząsteczek biotyny. Technika ta była testowana z wiązaniem cząsteczek biotyny do monowarstwy streptavidinowej, która została wykryta przy stosunku sygnału do szumu wynoszącym ~15 w czasie akumulacji sygnału 1-s. Granicą wykrywalności jest ~20 fg analitu na sondowanym miejscu powierzchni.

Autorzy [71] zaproponowali i zademonstrowali nowy czujnik optyczny do bezznakowego testu wiązań biomolekularnych z wykorzystaniem jednowymiarowego kryształu fotonicznego w geometrii total-internal-refleksyjnej. Prosta konfiguracja zapewnia wąski rezonans optyczny umożliwiający czułe pomiary wiązań molekularnych, a jednocześnie wykorzystuje otwarty interfejs umożliwiający pomiary dynamiki wiązań w czasie rzeczywistym. Kluczem do uzyskania wyższej czułości jest wyraźnie zastosowanie rezonansu optycznego, który jest węższy niż (bardzo szeroki) powierzchniowy rezonans plazmowy. W ostatnim czasie wykazano efemeryczne pola trybów optycznych w falowodach [72] oraz rezonansów w trybie szepcząco-galeryjnym (WGM) [73-75] dla zastosowań biosensingowych. Te rodzaje rezonatorów mogą zapewnić duże pola efemeryczne i wysokie współczynniki Q, aby umożliwić wysoką czułość. Rezonatory mikrotoroidalne wykorzystujące rezonanse WGM wykazują bardzo wysokie wartości Q (>108) i są w stanie wykryć adsorpcję pojedynczych cząsteczek [76]. Chociaż rezonatory o bardzo wysokim współczynniku Q zapewniają najwyższą czułość, zazwyczaj mają one wady, które sprzężenie światła z rezonatorami może stanowić wyzwanie, od czułości po niestabilność termiczną [77]. Jako biosensory optyczne badano również mikrojamy Fabry-Perota lub podobne jednowymiarowe struktury fotonikrystaliczne (1-D PC). W szczególności opracowano mikrojamy wykonane z wielowarstwowego porowatego krzemu [78]; ponieważ położenie rezonansu jamy jest krytycznie zależne od indeksu załamania warstw, adsorpcja cząsteczek analitu na porowate powierzchnie krzemu powoduje mierzalne przesunięcie rezonansu, umożliwiające czułe wykrywanie. Chociaż biosensor krzemowo-porowaty zapewnia wyższą czułość niż czujniki oparte na SPR, nie jest możliwe zmierzenie kinetyki wiązań w czasie rzeczywistym ze względu na powolną dyfuzję biomolekuł w pory submikronowe.

Autorzy konceptualnie dzielą ubytek Fabry-Perota (rysunek 3.29(a)) na pół; innymi słowy, rezonator składa się z wysoko odblaskowej struktury PC i pojedynczej warstwy defektu (rysunek 3.29(c)).

Światło padające przez pryzmat sprzęgający pod kątem większym niż kąt dla TIR. Dzięki TIR propagację światła można rozprzestrzeniać w kategoriach wyimaginowanej struktury PC (rysunek 3.29 (b)), tworząc mikrorezonator. W przypadku światła, które jest rezonansowane w trybie jamy, pole optyczne zostanie wzmocnione w pobliżu powierzchni warstwy defektu; światło poza fotoniczną szczeliną pasma odbija się od warstw PC i ma zmniejszoną amplitudę pola na powierzchni. Oczywiście światło o wszystkich częstotliwościach będzie odbijane od takiej struktury, dlatego też w warstwie wadliwej wprowadzamy niewielką ilość materiału pochłaniającego; tylko światło rezonansowe z trybem mikrojamy będzie pochłaniane w tej warstwie. W ten sposób widmo odbicia całkowitej struktury PC-TIR wykaże wyraźny spadek przy częstotliwości rezonansowej, której najmniejszy współczynnik odbicia można zaprojektować tak, aby był bliski zera poprzez optymalizację absorpcji w warstwie wadliwej [79].

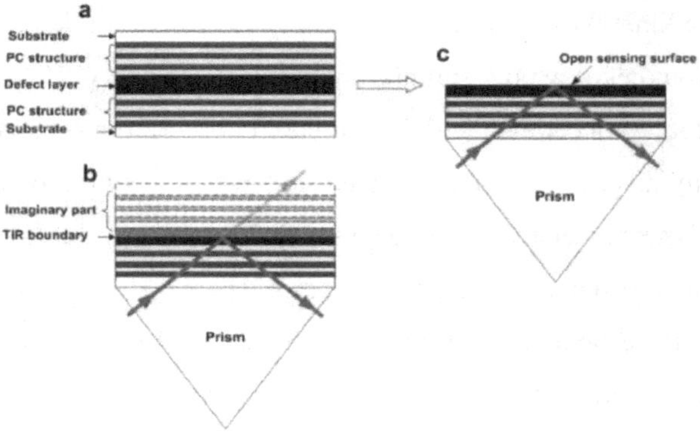

Rys. 3.29. Zasada działania czujnika PC-TIR: a), Próbka posypana dwoma kawałkami struktur PC. b), Użyj tylko jednego kawałka struktury PC w geometrii TIR. Dzięki TIR konceptualnie istnieje wyimaginowana struktura PC i tworzy mikrojamę, jakby były dwie części struktur PC. (c), Ten czujnik PC-TIR oferuje unikalny interfejs detekcji otwarty dla analizy biomolekularnej [71].

W przypadku analizy cząsteczek wiążących się z ligandami na powierzchni warstwy uszkodzonej, powodują one przesunięcie rezonansu jamy z powodu przesunięcia fazowego widzianego przez światło rozchodzące się w warstwie uszkodzonej i przechodzące TIR. Ze względu na wzmocnienie pola w pobliżu powierzchni i wysoki poziom Q mikrojamy, przesunięcie może być bardzo wrażliwe na wiązania molekularne. Kluczową cechą czujnika PC-TIR jest to, że powierzchnia dostępna do wiązania jest otwarta, co zmniejsza ograniczenia w transporcie masowym, a wnęka Q może być zoptymalizowana dzięki konstrukcji wielowarstwowej PC. Podobnie jak w przypadku czujnika SPR, anality związane z powierzchnią detekcji nie muszą pochłaniać światła, a metoda jest wolna od etykiet. Rysunek 3.30 przedstawia konfigurację eksperymentalną, która łączy pomiar widm światła białego i pomiar natężenia światła laserowego.

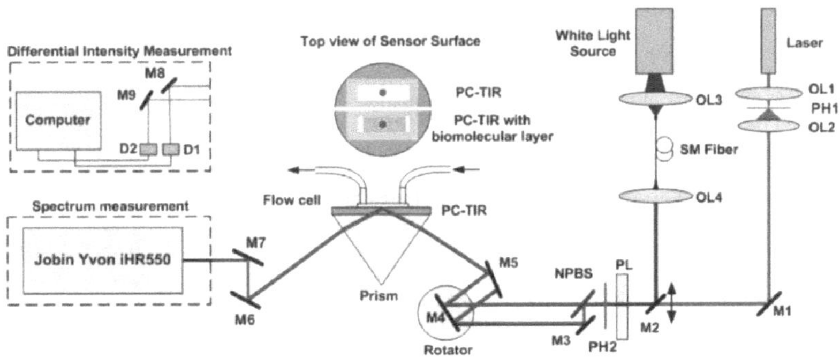

Rys. 3.30. Eksperymentalna konfiguracja do spektralnego wykrywania i pomiarów reflektancji różnicowej [71]. OL1-OL5: obiektywy, PH1-PH2: otwór, PL: polaryzator, NPBS: Rozdzielacz wiązki niepolaryzacyjnej, M1-M9: lusterka odbijające, D1-D2: detektory fotodiody.

Do pomiarów spektralnych wykorzystuje się źródło światła białego. Wiązka została połączona z soczewką obiektywu w światłowód jednomodowy w celu uzyskania dobrego profilu wiązki przestrzennej i została zderzona z drugą soczewką obiektywu. Polaryzator liniowy wykorzystano do wyboru światła spolaryzowanego TE, a otwór o średnicy 1 mm (PH2) do ustawienia wielkości wiązki sondy.

Wiązka padała na czujnik PC-TIR z kątem padania kontrolowanym za pomocą precyzyjnie zaprogramowanego stopnia obrotu. Wiązka odbita była propagowana do spektrometru (JobinYvon iHR550) z rozdzielczością 0,025 nm w celu zmierzenia widma odbicia wokół dipu rezonansowego. Do pomiaru natężenia światła wykorzystano laser o pojedynczej długości fali (laser HeNe), a kolimowana wiązka laserowa poruszała się tą samą drogą, co światło białe, z wyjątkiem tego, że światło odbite było wykrywane bezpośrednio za pomocą pary detektorów fotodiodowych. Te dwa pomiary mogły być łatwo przełączane przez ruchome lustro M2, które umożliwiło nam monitorowanie wiązań molekularnych z przesunięciem spektralnym i zmianą współczynnika intensywności niemal jednocześnie.

Autor [71] przedstawia schemat struktury czujnika PC-TIR wykorzystanego w tym badaniu (rysunek 3.31(a)). Struktura PC składa się z par naprzemiennych warstw 106-nm TiO2 i 334-nm SiO2. Jako warstwę pochłaniającą zastosowano cienką warstwę Si o długości 20 nm, która tworzyła warstwę wadliwą z warstwą SiO2 o długości 330 nm.

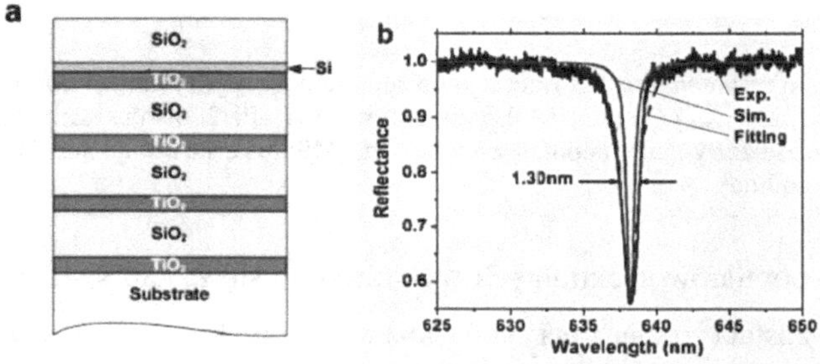

Rys. 3.31.31 Struktura czujnika PC-TIR (a) oraz eksperymentalne, symulowane, dopasowujące widmo odbicia PC-TIR (b) [71].

Warstwy dielektryczne były powlekane warstwą z wiązką elektronów na szklanym podłożu BK-7 o płaskości λ/10. Grubości tych warstw zostały zaprojektowane przy użyciu metody matrycy transferowej [80] w celu uzyskania minimalnego współczynnika odbicia poprzez włączenie odpowiedniej absorpcji w warstwie wadliwej. Czujnik został umieszczony na pryzmacie z indeksem załamania światła pasującym do oleju. Widma odbicia czujnika PC-TIR, gdy kąt padania światła w podłożu wynosi 63,59°, a górna powierzchnia detekcji jest pokryta wodą dejonizowaną (DI), ma długość fali rezonansowej 638,17nm i wąską szerokość rezonansu Δλ wynoszącą 1,30 nm (rysunek 3.31(b)). Rysunek pokazuje również, że widmo odbiciowe w pobliżu rezonansu może być dobrze dopasowane przez kształt linii Lorentziańskiego.

W celu zademonstrowania działania czujnika PC-TIR i określenia jego czułości autorzy zastosowali dwa środki sprzęgające - aminopropylotrioksysilan (APTES) i aldehyd glutarowy, które mogą tworzyć jednolite cienkie warstwy na powierzchniach krzemionkowych [81]. Powierzchnia pomiarowa została najpierw oczyszczona roztworem piranii (H2SO4 (95%) / H2O2 (30%) = 3:1), a następnie na powierzchni umieszcza się komórkę przepływową z dwoma kanałami utworzonymi z PDMS. Rozwiązania są wprowadzane do powierzchni detekcji poprzez wyjmowanie strzykawek sterowanych przez pompę strzykawkową. Krótko mówiąc, powierzchnia detekcji była najpierw wystawiona na działanie 5% APTES w roztworze H2O i metanolu (1:1) przez 20 minut, następnie płukana wodą dejonizowaną (DI) i suszona powietrzem. Po silanizacji na powierzchni detekcji utworzono cienką warstwę cząsteczek APTES. Następnie czujnik poddano działaniu 2,5% roztworu glutaraldehydu w 20 mM buforze HEPES (pH=7,4) przez 30 minut, a następnie spłukano wodą DI i osuszono powietrzem. Cienka warstwa cząsteczek glutaraldehydu adsorbowana była na powierzchni w wyniku reakcji z grupami aminowymi na powierzchni silanizowanej.

Autor zademonstrował działanie czujnika i określił jego granicę wykrywalności obserwując wiązanie warstwy monowarstwy APTES i warstwy bilayera APTES/glutaraldehydu. Czujnik PC-TIR zapewnia otwarty interfejs umożliwiający łatwy dostęp do czułych testów wiązań w czasie rzeczywistym. Uzyskano granicę wykrywalności wynoszącą 6×10-5 nm dla grubości warstwy molekularnej, co odpowiada granicy wykrywalności dla adsorpcji analitu wynoszącej 0,06 pg/mm2 lub rozdzielczości współczynnika załamania światła 3×10-8 RIU. W porównaniu z najnowocześniejszymi czujnikami SPR, w przypadku czujnika PC-TIR wykazano doświadczalnie znacznie lepszą granicę wykrywalności.

Czujniki oparte na magnetooptycznym rezonansie plazmowym powierzchniowym (MOSPR) zostały zbadane teoretycznie i doświadczalnie w celu zwiększenia rozdzielczości czujników SPR [82, 83]. Poprzez zastosowanie zewnętrznego poprzecznego pola magnetycznego o przeciwnych kierunkach do materiału magnetycznego (jak Fe, Co i Ni) w strukturach detekcyjnych można uzyskać dwa widma odbicia z niewielką różnicą kąta rezonansu SPR. Wykorzystując różnicę pomiędzy dwoma widmami (które nazywane są widmem MOSPR), możemy wyraźniej wykrywać zmiany w środowisku detekcji. Ogólnie rzecz biorąc, widmo MOSPR jest węższe i ma wyższy stosunek sygnału do szumu w porównaniu z widmem odbicia czujnika MOSPR [84]. W celu znalezienia równowagi pomiędzy wzrostem efektów magnetooptycznych a spadkiem czynników jakości rezonansu spowodowanym dużymi stratami optycznymi stosuje się metale ferromagnetyczne w połączeniu z metalami szlachetnymi [85]. Jednak wysokie straty optyczne metali ferromagnetycznych takich jak Co czy Fe nadal ograniczają wydajność czujników MOSPR [86, 87]. Dobrym rozwiązaniem dla poprawy czułości jest zastąpienie metali ferromagnetycznych dielektrykami, takimi jak domieszkowany Ce-Y3Fe5O12(Ce:YIG), który oferuje bardzo niskie straty optyczne oraz silną reakcję magnetooptyczną (wykazuje silny obrót Faradaya przy długości fali około 1 μm dzięki transferom ładunków Ce3+-Fe3+(czworościan)) [88], czyli tzw. czujnik DMOSPR [89].

W pracy [90] autorzy przedstawiają bardzo czuły czujnik magnetooptyczny powierzchniowego rezonansu plazmowego (MOSPR) oparty na czujniku Ce1Y2Fe5O12 (Ce:YIG), metalu szlachetnego (Gold) i jednowymiarowym krysztale fotonicznym (1D-PC) do wykrywania metanu.

Autorzy badali teoretycznie właściwości magnetooptyczne i wydajność detekcji czujnika plazminowego rezonansu plazmowego (DMOSPR) na powierzchni dielektrycznej. Rozkład pola (Hy), reakcje magnetooptyczne i czułość oblicza się przy użyciu metody elementów skończonych (FEM) i metody matrycy transferowej 4 × 4 (TMM). Wielowarstwowa struktura składa się z BK-7prism/1D-PC/Au/Ce:YIG/CrytophaneA/metan. Długość fali padającego światła wynosi 980 nm, grubość warstwy okresowej TiO2, SiO2in i dodatkowej warstwy TiO2 wynosi 291 nm, 410 nm, 19 nm we wszystkich symulacjach.

Względna dopuszczalność materiałów wynosi εBK7= 2,2734, εTio2= 6.1916, εSio2= 2.1045, εAu= - 50.404 + 1.2116i, dla warstwy Ce:YIG, ε20= 5.326 + 0.106i, ε21= 0.0167 + 0.04236i (poza ukośnym elementem tensora dielektrycznego) [91].

Wyniki wskazują, że reakcje czujników ΔR i TMOKE struktury osiągają odpowiednio wartości zbliżone do ±0,2 i ±1. Wartość ΔR jest ponad trzykrotnie większa, z czego w Ag/Ce:YIG. Ze względu na silny efekt magnetooptyczny Ce:YIG i ultra długą propagację plazmy powierzchniową spowodowaną przez jednowymiarowy kryształ fotoniczny (1D-PC), czułość na zmianę współczynnika załamania światła czujnika osiąga odpowiednio 724,4/RIU i 3362,1/RIU przy wyborze ΔR i TMOKE jako sygnału detekcji. Oznacza to, że wrażliwość ΔR i TMOKE na zmianę stężenia metanu wynosi 38,4/1% i 178,2/1%. Wyniki tego badania będą istotne dla precyzyjnego wykrywania metanu.

W pracy [92] przedstawiono raport na temat wykrywania cząsteczki angiogenicznej Vascular Endothelial Growth Factor (VEGF) w różnych matrycach biologicznych za pomocą nowej zintegrowanej platformy biosensingowej wykorzystującej właściwości fal powierzchniowych Blocha. Nowa platforma wykorzystuje konfigurację tandemową, w której stosuje się zarówno detekcję bez etykiet, jak i detekcję fluorescencyjną. Specjalnie zaprojektowany jednowymiarowy kryształ fotoniczny został osadzony bezpośrednio na jednorazowych i tanich plastikowych bioczipach. Bezpośredni test immunologiczny typu sandwich zastosowano do wykrywania VEGF w buforze, supernatancie hodowli komórkowej i osoczu ludzkim w niskim stężeniu (ng/mL). Wśród czujników fali ewaganckiej, te oparte na falach powierzchniowych Blocha (BSW) podtrzymywanych przez jednowymiarowe fotoniczne kryształy dielektryczne (1DPC) zostały zademonstrowane jako skuteczna alternatywa dla SPR dla bezznakowego biosensingu optycznego. W celu przygotowania fotonicznego kryształu bioczipa (rys. 3.32 (a) - plastikowego bioczipa wraz z jego komplementarną pokrywą mikroprzepływową) autorzy zdeponowali 1DPC bezpośrednio na podłożu z formowanego tworzywa sztucznego (TOPAS®) z oknami pryzmatycznymi. Rys. 3.32(b) przedstawia renderowanie części czujnikowej bioczipa za pomocą stosu 1DPC (nie w skali). Biochip umożliwia wzbudzenie BSW przy oświetleniu od dołu przez okna w konfiguracji Kretschmann-Raether total internal reflection (TIR), podobnej do SPR. Po chemicznej funkcjonalizacji, dwuskładnikowa pokrywa z tworzywa sztucznego, z miękką warstwą polimerową definiującą płynny kanał o szerokości 800 nm i gwarantowane uszczelnienie, jest klikana na wierzchołek chipa i umożliwia wtrysk płynów do analizy.

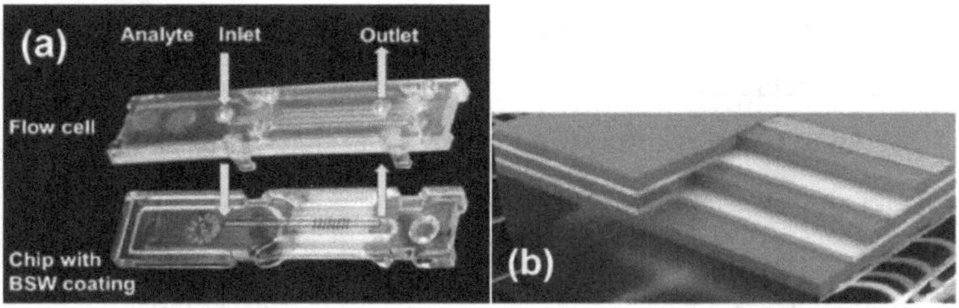

Rys. 3.32. Zdjęcie bioczipa TOPAS® z 1DPC (wygląd zielony) i jego polimerową mikrofluidyczną powłoką (a).

Na rys. 3.33(a) autorzy przedstawili widmo kątowe TIR bioczipów zgodnie z projektem. Krzywe obliczono dla polaryzacji światła padającego zarówno dla TE, jak i TM przy λ=670 nm, gdy medium zewnętrznym jest woda, nH2O=1,330. Zanurzenia w widmie wskazują, że BSW jest wzbudzony na około 67 stopni podczas korzystania z polaryzacji TE i na około 63 stopnie w przypadku TM. Ze względu na zmniejszoną szerokość i dużą głębokość, dip TE jest stosowany do pracy bez etykiet. Z drugiej strony, zarówno TE jak i TM BSW są zaangażowane w działanie fluorescencyjne.

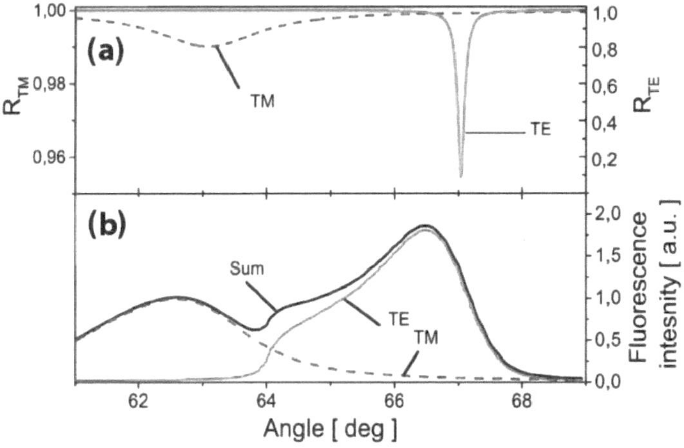

Rys.3.33. a) Obliczony kątowy profil odbicia dla światła polaryzacyjnego TE i TM przy λ=670 nm, b) symulowany rozkład natężenia światła fluoroforu DyLight 650 w zakresie kątowym 8 stopni dla polaryzacji TE, TM i Suma emisji. [92]

System wzbudzania i wykrywania optycznego pracujący w konfiguracji Kretschmann-Raether (rys. 3.34). Kolimowana, spolaryzowana wiązka TE diody laserowej o długości fali 670 nm jest ogniskowana przez cylindryczną soczewkę (CL1) w układzie polimerowym, oświetlając tym samym linię na powierzchni czujnika. Odbite światło jest obrazowane kątowo na przetwornik obrazu CCD (APOGEE Ascent z Sony ICX814) przez cylindryczny obiektyw CL2. Dlatego też każdy rząd obrazu CCD może być przypisany do jednego składowej kątowej odbitego światła w celu zmierzenia krzywej odbicia kątowego. W rezultacie, zakres kątowy 2,9 stopnia może być analizowany wzdłuż długiego wymiaru CCD (3388 pikseli). W przedstawionych poniżej eksperymentach bez etykiet ograniczyliśmy zakres kątowy wokół rezonansu do około 1 stopnia. (1100 pikseli), aby zmniejszyć zajętość pamięci i zwiększyć częstotliwość odświeżania obrazu CCD. Wzdłuż podświetlanej linii na powierzchni czujnika można ustawić ponad 20 punktów. Są one odwzorowywane przez cylindryczny układ optyczny (CL3 i CL4) na kolumnach CCD (2712 pikseli) w celu umożliwienia niezależnej analizy wszystkich punktów.

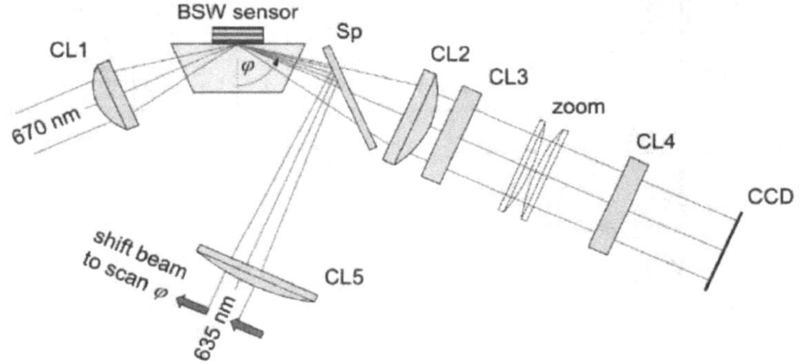

Rys. 3.34. Szkic ilustrujący układ optyczny bez nanoszenia laserowych systemów kolimacji diodowej. Emisja bez etykiet i fluorescencji jest pokazana na czerwono, natomiast wzbudzanie fluorescencji jest pokazane na zielono. [92].

W warunkach wysokiej próżni (Leybold Optics, APS904) 1DPC osadzano bezpośrednio na podłożach plastikowych za pomocą plazmowego odparowywania jonowego. Takie 1DPC to stosy dielektryczne z naprzemiennie wysokimi i niskimi warstwami współczynnika załamania światła. Materiałem o niskim współczynniku załamania światła jest SiO2 (krzemionka), nSiO2= 1,474 + i5E-6, natomiast dwa materiały Ta2O5 (tantala), nTa2O5= 2,160 + i5E-5 oraz TiO2 (tytania), nTiO2= 2,28 + i1,8E-

3 są stosowane jako warstwy o wysokim współczynniku załamania światła. Złożone współczynniki załamania światła materiałów oznaczono elipsometrycznie na testowych wielowarstwach podtrzymujących BSW przy wybranej długości fali λ=670 nm. W celu zwiększenia przyczepności stosu do podłoża z tworzywa sztucznego położyliśmy pierwszą warstwę krzemionki z

275 nm. W 1DPC, okresowy stos złożony z dwóch bilayerów tantala/silica (dTa2O5= 120 nm, dSiO2= 275 nm) jest zwieńczony cienką bilayer wykonaną z tytanii/silicy (dTiO2= dSiO2= 20 nm). Za pomocą testu ELISA zmierzono stężenie VEGF w próbkach osocza ludzkiego w zakresie 17-301 pg/ml). Objętość próbki użyta w każdym pomiarze przeprowadzonym na platformie BSW wynosiła 300 µl. Wszystkie próbki osocza ludzkiego w tym badaniu wykazują stężenie VEGF poniżej LoD platformy detekcyjnej. Dlatego też, w celu przetestowania naszej platformy za pomocą złożonej matrycy, w dwóch próbkach plazmy dodaliśmy określoną ilość VEGF, aby otrzymać dwie próbki o stężeniu 3,75 i 15 ng/ml. Wyniki badań przeprowadzonych w trybie fluorescencyjnym przedstawiono na rysunkach 3.35 i 3.36.

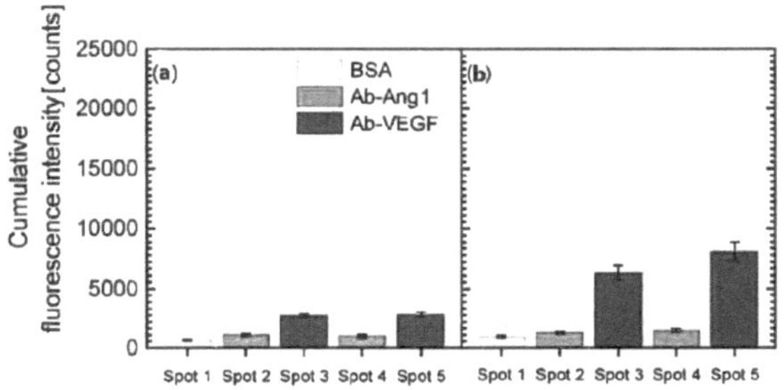

Rys. 3.35. Pomiary fluorescencyjne próbek osocza ze zwiększonym stężeniem VEGF wynoszącym (a) 3,75 ng/ml (osocze 2) i (b) 15 ng/ml (osocze 1) [92].

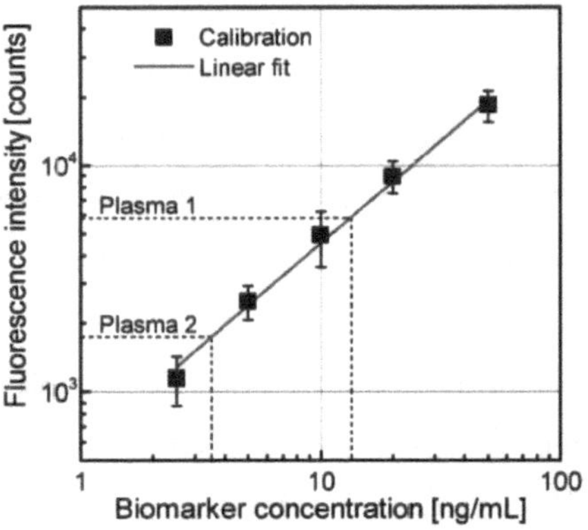

Rys.3.36. Wyniki krzywej kalibracyjnej i próbek plazmy z kolcami [92].

Sygnały fluorescencyjne w punktach 3 i 5 można dobrze odróżnić od tych w punktach odniesienia. Natężenia fluorescencji powracają, poprzez krzywą kalibracyjną, stężenia VEGF (3,5 ± 0,7) ng/mL i (14,0 ± 2,4) ng/mL, dla dwóch próbek. Takie wartości są w dobrej zgodzie z kolczastymi stężeniami. Warto wspomnieć, że zanieczyszczenie białkami nie wpływa na tryb działania fluorescencyjnego, zarówno w przypadku próbek supernatantu, jak i osocza od różnych dawców. Wyniki przedstawione na rys. 3.35 i 3.36 wskazują, że platforma umożliwia oznaczanie różnych stężeń biomarkerów w matrycy osocza. Również sportowcy [92] zgłaszali skuteczne wykrywanie biomarkera raka VEGF w szeregu matryc biologicznych (roztwory buforowe, supernatanty komórkowe i osocze ludzkie) poprzez wykorzystanie platformy biosensingowej opartej na BSW. Platforma BSW wykorzystuje konfigurację tandemową bez etykiet i fluorescencyjną. Tryb pracy bez etykiet charakteryzuje się szacunkową wartością LoD (11,0 ± 0,5) ng/mL i może dostarczyć użytecznych informacji na temat kinetyki reakcji wiązania. W trybie pracy fluorescencyjnej platforma wykryła VEGF cząsteczki do 3,5 ng/ml w próbkach ludzkiego osocza, z szacunkową wartością LoD wynoszącą 0,65 ng/ml, zbliżoną do wartości stężenia VEGF w osoczu pacjentów chorych na raka (tj. rzędu stu lub kilkuset pg/ml). Pomiar jest tak prosty jak inne testy immunologiczne, wymaga krótszego czasu (30 minut), ma dobry LoD i wykorzystuje niedrogie jednorazowe chipy gotowe do masowej produkcji. Ponadto, możliwość wykrycia wielu analitów w schemacie multipleksacji jest już wykonalna.

W pracy [93] autorzy wykazują opłacalność urządzeń fotonicznego kryształu o wysokiej czułości w podczerwieni, po transpozycji pojęć odziedziczonych po paśmie telekomunikacyjnym i optymalizacji projektu, w szczególności minimalizacji strat na wstawianiu urządzeń fotonicznych. Autorzy zaprojektowali w tym artykule czujnik współczynnika załamania światła w podczerwieni o wyższej czułości i niższym poziomie tłumienia wtrącenia poprzez numeryczną symulację elektromagnetyczną. Urządzenie wykonane jest z SPCW, który powstaje przez równomierne wytrawianie prostokątnego, nanoskalowego szczeliny z powietrzem wzdłuż środka linii defektu fotonicznego kryształowego falowodu. Podejście oparte na rezonansowym mechanizmie sprzęgającym jest stosowane w celu poprawy sprawności sprzęgu urządzenia [94]. Dla zestawu zoptymalizowanych parametrów geometrycznych, zaprojektowano SPCW ze średnią stratą sprzężenia na chipie 60, wynoszącą -0,3 *dB* w zakresie 350 nm na interfejs. Wykorzystując obliczenia fal płaskich (PW) pasm fotonicznych i symulacje nieskończonej różnicy czasu (FDTD), zarówno w 3D, czułość optyczna proponowanego czujnika jest badana zarówno w dziedzinie spektralnej, jak i przestrzennej, z uwzględnieniem filtracji cieczy. Czułość czujnika falowodowego SPCW jest zwiększona dzięki precyzyjnemu dostrajaniu promienia pierwszego rzędu otworów powietrznych w pobliżu szczeliny powietrznej. Następnie proponuje się urządzenie do pomiaru cieczy o wysokiej czułości, oparte na zoptymalizowanym SPCW i uzyskuje się czułość ~ 1150 (nm/RIU) przy λ = 3,6 nm. W odniesieniu do poprzednich prac, przedstawiamy tutaj realistyczny projekt fotonicznych czujników światłowodowych Mid-IR o czułości powyżej 1000 nm/RIU i poniżej -0,3 *dB* strat wtrącenia. Struktura fotonicznego falowodu krystalicznego (PCW) składająca się z dwuwymiarowej heksagonalnej siatki PhC otworów powietrznych wytrawionych w membranie silikonowej. Szczelinowy PCW powstał przez pominięcie centralnego rzędu otworów powietrznych w kierunku *ΓK* i zastąpienie go wąskim szczeliną powietrzną (rys. 3.37).

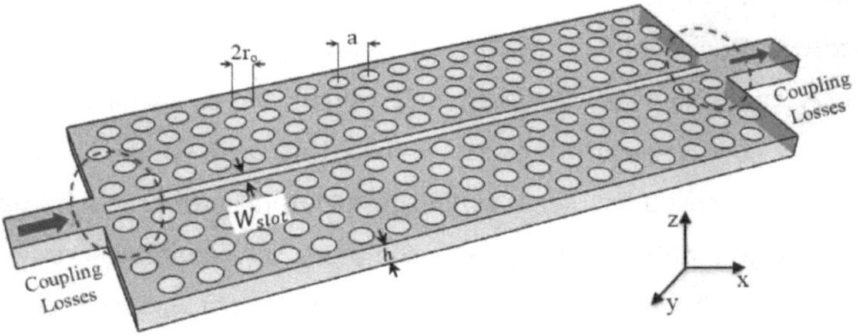

Rys. 3.37. Schemat szczelinowego światłowodu krystalicznego (SPCW), gdzie *r* jest promieniem otworów powietrznych, a jest stałą kraty, *Wslot* jest szerokością szczeliny powietrznej, *h* jest grubością płyty, a *r1* jest promieniem pierwszego rzędu otworów powietrznych [93].

Szerokość szczeliny powietrznej Wslot = 0,33a, grubość membrany = 0,33a.

h = 0,48a i promień otworu powietrznego $_{ro}$ = 0,29a, gdzie *a* jest stałą kratownicy, zostały uwzględnione odpowiednio. Współczynnik załamania światła membrany krzemowej w zakresie środkowej podczerwieni ustawiono na nSi = 3,42. Stałą sieci ustawiono na a = 1060 nm, ustalając cięcie długości fali w trybie prowadzenia na około 3,6 nm, jak pokazano poniżej. Uzyskano trójwymiarowe obliczenia rozszerzalności fal płaskich (3D-PWE) w celu analizy właściwości dyspersyjnych SPCW.

W pracy sprzęgła rezonansowego zależy od kilku parametrów geometrycznych, a mianowicie odległości między krawędzią PhC a krawędzią szczeliny (S), szerokości falowodu dostępu (W) oraz promienia otworów (R). Szkic geometrii podkreślający te różne parametry pokazano na Rys. 3.38. Stwierdzono, że szczelina odległościowa (S) miała największy wpływ na widmo transmisyjne.

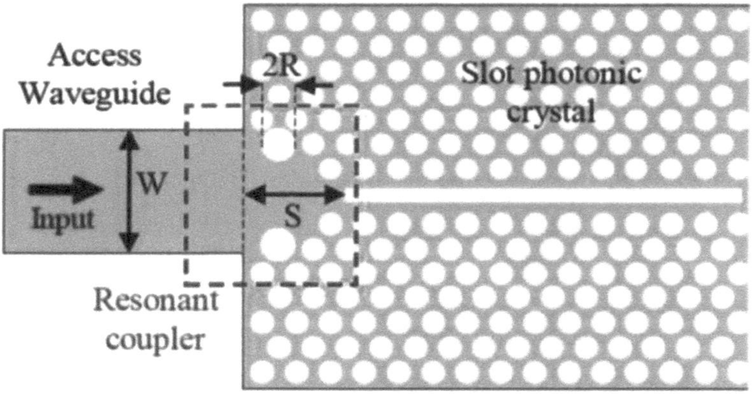

Rys. 3.38. Struktura SPCW z dodaną strukturą rezonansową na obu końcach falowodu. Zoptymalizowane parametry są następujące: R = 550 nm, S = 3050 nm i W = 5200 nm [93].

Właściwości SPCW ze sprzęgłem rezonansowym symulowano numerycznie przy użyciu trójwymiarowej metody nieskończonej różnicy czasu (3D-FDTD) [95] z wykorzystaniem oprogramowania MEEP z wygładzeniem podpikseli w celu zwiększenia dokładności [96]. Aby zapobiec powstawaniu relacji, obszar symulacyjny otoczony został przez idealnie dopasowane, jednoprzestrzenne warstwy pochłaniające pola wychodzące z symulowanego obszaru. W naszych obliczeniach 3D-FDTD, rozdzielczość przestrzenna została ustawiona na 20 (czyli z odstępem siatki a=20, gdzie *a* jest stałą siatki). Odległość S była następnie zmieniana w krokach co 150 nm od S = 2200 nm do S = 3500 nm. Promień defektu był zróżnicowany w krokach co 50 nm od R = 400 nm do R = 550 nm, a szerokość dostępu była zróżnicowana w krokach co 200 nm od W = 2000 nm do W = 6500 nm. Najlepiej odnalezione parametry sprzęgła rezonansowego zostały ostatecznie osiągnięte: R = 550 nm, S = 3050 nm i W = 5200 nm. Rysunek 3.39 przedstawia widmo transmisyjne struktury SPCW po dodaniu sprzęgła rezonansowego o zoptymalizowanych parametrach. Dla porównania pokazano również równoważne spektrum transmisyjne tego samego SPCW bez sprzęgła rezonansowego. Optymalizacja pozwoliła na uzyskanie niemalże pełnego spektrum transmisyjnego o wzmocnieniu -0,3 dB w paśmie 350 nm.

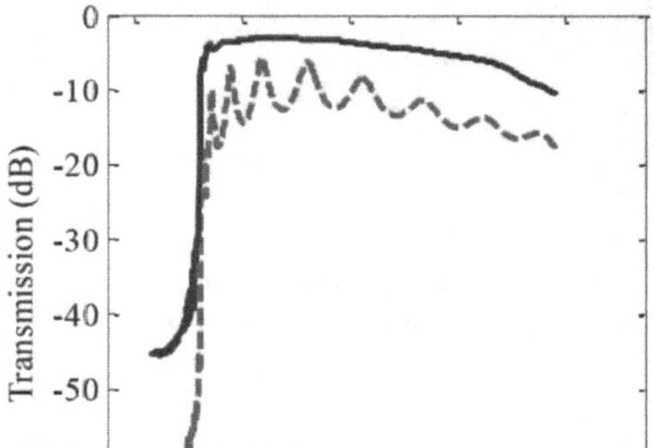

Rys.3.39. Widmo przenoszenia SPCW z (niebieską linią) i bez (przerywaną czerwoną linią) rezonansowej struktury sprzęgającej. Średnia sprawność sprzężenia na interfejs w oknach o długości fali 3350-3700 nm wynosi -0,3 dB dla zoptymalizowanej struktury [93].

Wzrost przepuszczalności sprzęgu świetlnego dla proponowanego czujnika SPCW wyjaśniono w następujący sposób: poprzez wstawienie defektów na końcach SPCW, zakłócenia między wieloma wiązkami mogłyby wytworzyć samokolimowaną wiązkę. Widocznie osiągnięto wysokie widmo transmisyjne z niskimi poziomami tętnień. Właściwości sensoryczne struktury SPCW badano poprzez monitorowanie ewolucji pozycji odcięcia pozycji długości fali wynikającej z wiercenia otworów powietrznych przez różne ciecze o współczynniku załamania światła. Aby uzyskać wystarczający stopień spójności z realistyczną strukturą, charakterystyki transmisyjne czujnika SPCW zostały bezpośrednio obliczone za pomocą 3D-FDTD. W celu zbadania działania proponowanego czujnika uwzględniono cztery ciecze: pentan, C5H12 (nclad = 1,3570); etanol, C2H5OH (nclad = 1,3811); oktan, C8H18 (nclad= 1,4170); oraz glikol etylenowy, C2H6O2 (nclad = 1,4418) (rysunki 3.40-3.41).

Współczynnik załamania światła dla każdej cieczy został wybrany dla zakresu długości fal w podczerwieni około λ = 3,6 nm. Na podstawie tej wartości (r1) uzyskano najwyższe przesunięcie dla długości fali odcięcia 510 nm (rys. 3.41).

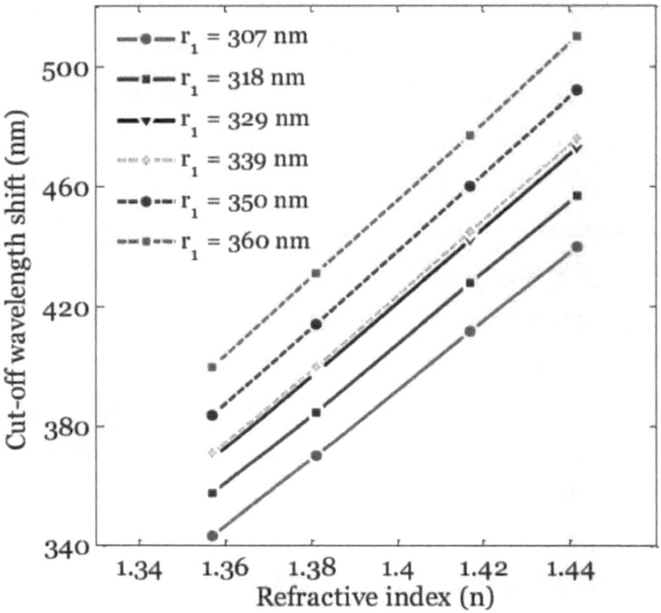

Rys. 3.40. Różnice w długości fali odcięcia zmieniają się w zależności od wskaźników załamania światła dla różnych promieni pierwszego rzędu otworów powietrznych (r1)[93].

Można zauważyć, że wraz ze wzrostem promienia r1, wartości czułości wykazują tendencję wzrostową do r1 = 360 nm. Najwyższą czułość uzyskuje się jako Sλ = 1150 nm/RIU dla infiltracji glikolu etylenowego. Zaletą tego podejścia jest to, że wytwarzanie struktur okresowych jest prostsze w połowie długości fali podczerwieni ze względu na rozluźnione ograniczenia litograficzne. Podejście zaproponowane w tym artykule, oparte na szczególnej koniugacji, otwiera zatem drogę dla całego szeregu struktur fotonicznych kryształów, których transpozycja z domeny telekomunikacyjnej do domeny Mid-IR jest skuteczna pod względem możliwego wykorzystania efektów fizycznych.

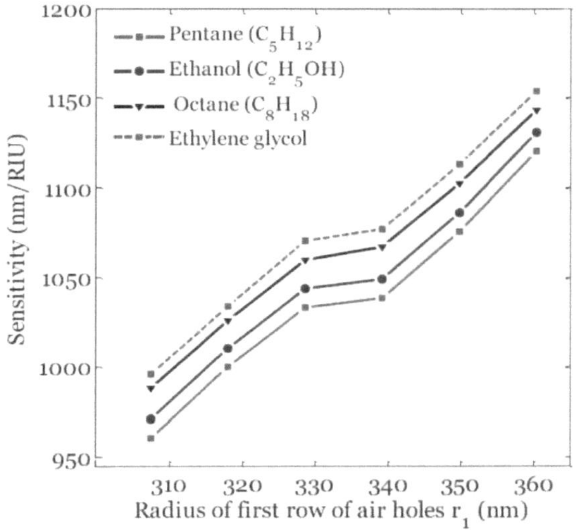

Rys.3.41. Zmiana czułości w funkcji promienia pierwszego rzędu otworów powietrznych dla różnych współczynników załamania światła cieczy [93].

Autorzy rozważyli całkowicie wyzwolone struktury krzemowe, tj. wolno stojące membranowe, i zbadali wrażliwość trybów slotów fotonicznych z wolnym światłem rzeczywistym na zmiany współczynnika załamania światła. Specjalna ort została poświęcona inżynierii fazy sprzężenia rezonansowego w celu utrzymania praktycznej żywotności struktur fotonicznego krzemu krzemowego o współczynniku załamania światła dla zastosowań. Ponadto wszystkie obliczenia numeryczne wykonano z wykorzystaniem realistycznej symulacji elektromagnetycznej 3D. Te bardzo zachęcające wyniki pokazują również, że cała gama kryształów fotonicznych może być wykorzystana do realizacji czujników współczynnika załamania światła w podczerwieni.

W pracy [97] zaproponowano podobny projekt jak w poprzednich pracach. W szczelinach PhC opto-fluidic bio lasera, szczelina i najgłębsze otwory w jamie PhC przeniknięte roztworem barwnika działają jak obszar przyrostu laserowego, podczas gdy struktura zapewnia możliwość włączenia cząsteczek biologicznych do płynnego ośrodka przyrostu. Zgodnie z symulacjami 3D FDTD, projektowany biolaser wykazuje właściwą charakterystykę lasingu, taką jak sprawność konwersji mocy 26% i szerokość linii widmowej 0,27 nm, przy 565,7 nm (rys.3.42).

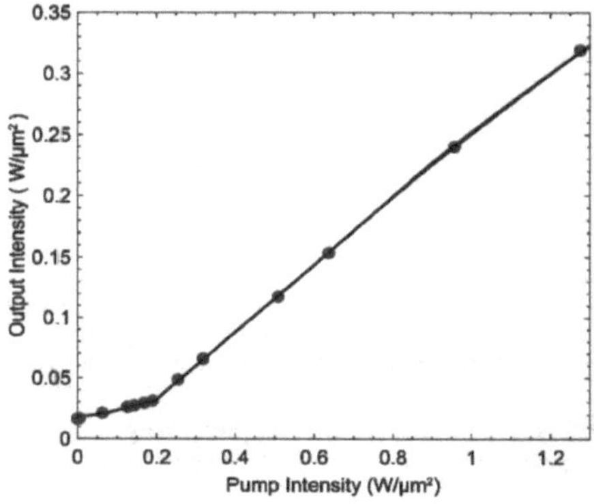

Rys.3.42. Szczytowe natężenie wyjściowe lasera w stosunku do natężenia pompy [97].

Ponadto, w celu zbadania wpływu infiltracji biocząsteczek do płynnego aktywnego podłoża biolaserowego, symulowano widma laserowe w obecności wirusów HIV-1 w roztworze wodnym i metanolowym barwnika Rh 6G. Wyniki numeryczne pokazują szczytowe natężenie widma biolaserowego w odpowiedzi na obecność wirionu wewnątrz biolasera redukuje i doświadcza przesunięcia ku czerwieni (rys. 3.43).

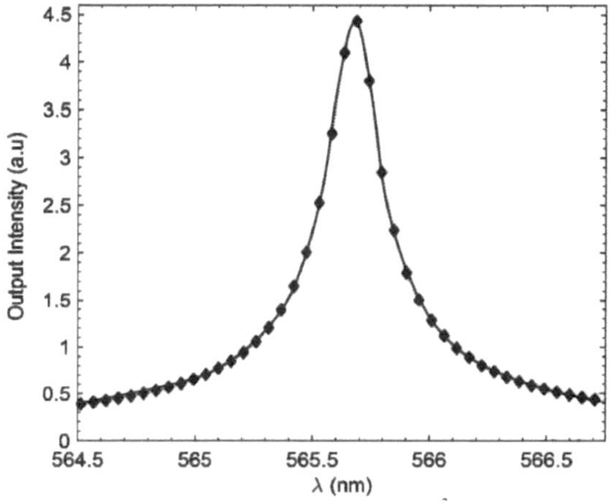

Rys. 3.43. Widma obudowy przy intensywności pompy 1 W/μm2 [97].

Wyniki pokazują również, że im większa biomolekuła, tym większe przesunięcie ku czerwieni (rys. 3.44).

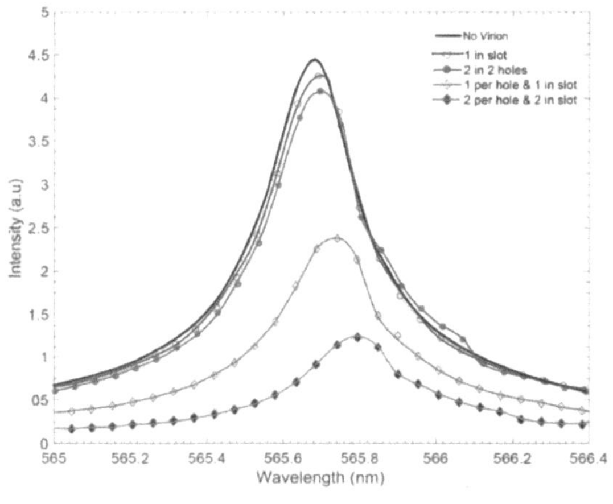

Rys.3.44. Widmo biolasera dla kilku przypadków zastosowania wirusów HIV-1 do podłoża hodowlanego [97].

Zmiany te łącznie wskazują, że proponowane urządzenie może być potencjalnie wykorzystywane również w aplikacjach biosensingowych, z czułością 277 nm/RIU (rys. 3.45).

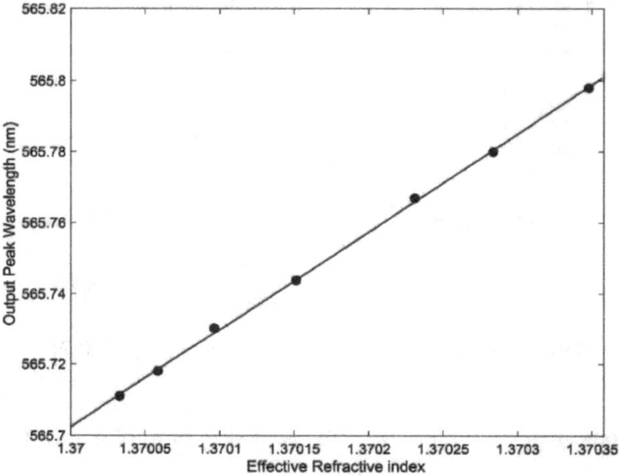

Rys. 3.45. Szczytowa długość fali środkowej w stosunku do Rh 6G-metanolu zyskuje średni współczynnik załamania światła. Liniowe dopasowanie daje czułość 277 nm/RIU. [97].

Znaczenie tego projektu wynika z jego rekonfiguracji. Warto zauważyć, że w przypadku bioanalizy większej liczby analitów lub większych biomolekuł, takich jak szybki alkoholowy Mycobacterium (rys. 3.46.), który wymaga większej objętości czynnej, można łatwo przeprojektować strukturę układu scalonego i rozszerzyć długość ubytku poprzez zwiększenie rozmiaru i liczby przenikających otworów i szczeliny.

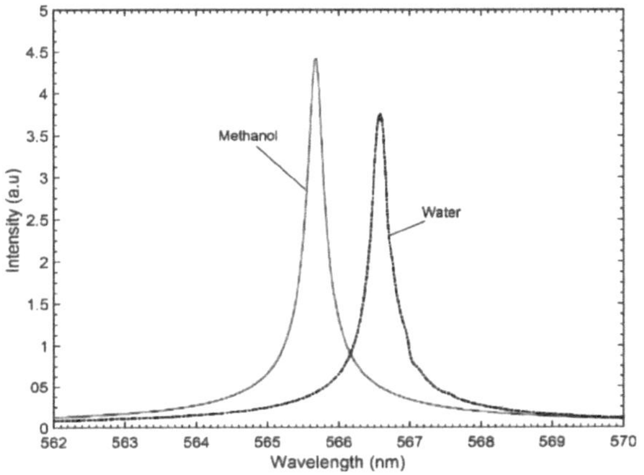

Rys. 3.46. Porównanie widm wyjściowych biolaserowych dla wody (kreski-doty) i metanolu (krzywa stała) jako rozpuszczalników [97].

Ponadto, w porównaniu z ich optofluidową konstrukcją biolaserową bez szczeliny, pokazaliśmy tutaj, że włączenie szczeliny w aktywny region może znacznie poprawić sytuację: (i) zdolność wykrywania, ze względu na powiększenie obszaru skutecznego wykrywania; (ii) zakres dynamiki działania czujnika; (iii) całkowitą zdolność do pracy w układzie scalonym typu lab-on-a, ze względu na zmniejszony obszar przekroju poprzecznego.

3.3. Czujniki rezonansu plazmowego powierzchniowego oparte na smartfonach komórkowych

Smartfony są uważane za wszechobecne narzędzie w codziennym życiu cywilizacji ludzkiej. Smartfony wyposażone są w Wi-fi, Bluetooth, kamery o wysokiej rozdzielczości, usługi multimedialne wraz z wbudowanymi czujnikami takimi jak żyroskopy, akcelerometry, czujniki oświetlenia otoczenia (ALS), GPS itp. Wraz z bezprecedensowym wzrostem w dziedzinie sprzętu i oprogramowania, smartfony są synonimizowane jako komputery przenośne o mocy obliczeniowej podobnej do komputerów stacjonarnych. Wraz z rozwojem technologii oprogramowania mobilnego możliwe jest opracowanie elastycznych aplikacji mobilnych zgodnie z potrzebami użytkownika. Obecnie w ciągu jednego dnia można nabyć smartfon z 5-megaparatowymi aparatami fotograficznymi w przystępnej cenie, który następnie można opracować w formie mikroskopu [98, 99], spektrometru [100-103] i różnych czujników [104-109]. Ponadto, smartfony zostały zintegrowane z mikrofluidami w celu identyfikacji patogenicznych kwasów nukleinowych [110] i testowania czerwonego wina [111]. Preechaburana et al. [112] opracowali inteligentne urządzenie laboratoryjne oparte na układzie scalonym (LOC) do wykrywania substancji chemicznych. Wykrywanie bez użycia etykiet jest jedną z najbardziej obiecujących dziedzin w dziedzinie badań nad bio-sensingiem [113]. Gallegos et al. [114] zademonstrowali zintegrowany fotoniczny kryształowy czujnik smartfonu do bezznakowego wykrywania biomolekuł. Spośród różnych rodzajów technik biosensingowych bez etykiet, rezonans plazmonowy powierzchniowy (SPR) i zlokalizowany rezonans plazmonowy powierzchniowy (LSPR) mają ogromne referencje w zakresie obsługi szerokiej gamy analitycznych i bioanalitycznych badań sensorycznych [115-121]. Pomimo obiecujących zalet platformy wykrywania bez etykiet, zarówno czujniki SPR, jak i LSPR cierpią z powodu pewnych ograniczeń, takich jak przenośność, zaangażowanie w koszty, brak konfiguracji w terenie oraz brak możliwości dzielenia się danymi z obszaru odległego do scentralizowanych laboratoriów. Przyrządy wymagane do wykonywania obu typów detekcji wymagają zastosowania wyrafinowanych, nieporęcznych i drogich urządzeń, takich jak biosensory SPR i spektrofotometry (do biosensingu LSPR). Kwestie związane z czujnikami SPR zostały skutecznie złagodzone poprzez wprowadzenie światłowodów w połączeniu ze smartfonami, jak podają Liu i in. Obie grupy zademonstrowały podobną linię pracy, integrując smartfony z włóknami optycznymi w celu wykrycia stężenia biomolekularnego (przeciwciało IgG) i zmienności współczynnika załamania światła. Chociaż detekcja SPR wykazuje lepszą czułość [123] (~106) niż technika detekcji LSPR, która wynosi ~102, detekcja SPR wymaga jednolitej powłoki metalowej o grubości nanowymiarowej (~ 50-60 nm), co nie zawsze jest wykonalne i wymaga użycia zaawansowanych i drogich instrumentów do nanoszenia cienkowarstwowego. W tym dziale znajdą Państwo najciekawsze publikacje z powyższych, jak i nowsze.

Autorzy [124] wykazali, że koncepcja działa jako pojedynczy element jednorazowego użytku, który nie wymaga dodatkowych akcesoriów i nie może działać na różnych telefonach komórkowych. Główne wyniki tej pracy odpowiadają platformie typu iPod Touch/iPhone- (rysunek 3.47).

Rys. 3.47. Czujnik oparty na smartfonie i układ testowy z wbudowaną kalibracją 3-kanałową komórką zapewniającą bezpośrednią kwantyfikację nieznanej wartości testowej (T). [124].

W ten sposób sprzęgło optyczne stanowi ogólne wsparcie dla prowadzenia różnych eksperymentów SPR, od klasycznych testów powinowactwa z użyciem komercyjnych układów scalonych, po testy wykonywane na zamówienie, zorientowane na autonomiczne działanie

LOC. W eksperymentalnym układzie wykorzystanym w tej pracy (rysunek 3.48a) źródło światła dostarcza obraz wyświetlany na ekranie telefonu komórkowego, w tym przypadku czerwony prostokąt, a biała ramka nakreśla położenie sprzęgu optycznego.

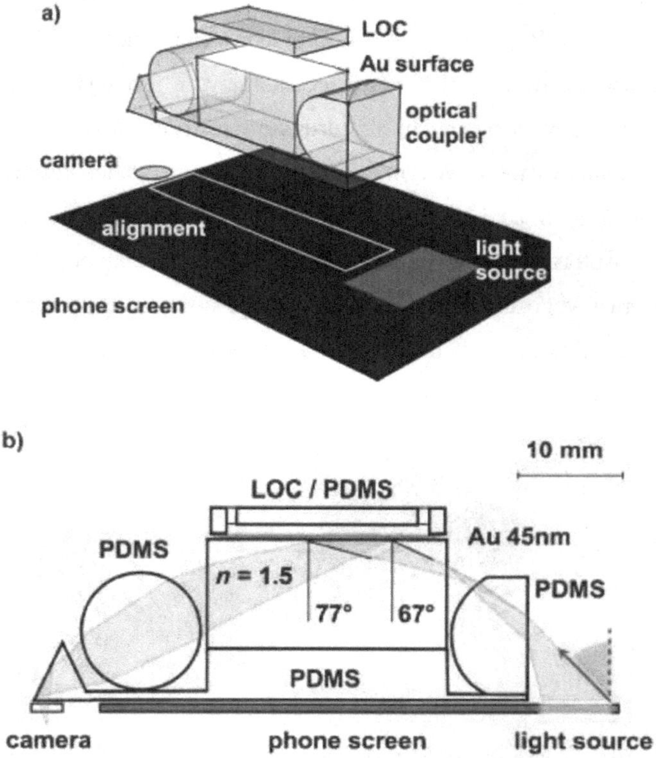

Rys. 3.48. a) Schemat 3D Reprezentatywne ustawienie rozdzielczości kątowej SPR z wykorzystaniem oświetlenia ekranu i optycznego wykrywania kamery przedniej sprzężonej z urządzeniem jednorazowego użytku. (b) Ślad promienia 2D układu doświadczalnego pokazującego drogę światła od ekranu do kamery [124].

Sprzęgło jest jednorazowym elementem optycznym wykonanym z gumy polidimetylosiloksanowej (PDMS) i epoksydowej o współczynniku załamania światła odpowiadającym współczynnikowi załamania światła (EPO-TEK301-1, n=1,5). Epoksyda jest potrzebna do osiągnięcia niezbędnych kątów oświetlenia, aby uchwycić zanurzenie SPR dla interfejsu Au/water przy czerwonym oświetleniu. Powierzchnia polimeru jest zakończona szkłem pokrytym 45 nm odparowanego termicznie złota. Szkło upraszcza produkcję, ponieważ Au musi być nakładany tylko raz, niezależnie od łącznika, jednak w przypadku produkcji skalowalnej możliwe jest również bezpośrednie nakładanie Au na powierzchnię epoksydową. Podstawa PDMS struktury delikatnie przylega do powierzchni ekranu, zapewniając w ten sposób odpowiednie sprzężenie optyczne i mechaniczne oraz pozostawia ekran nienaruszony po jego zdjęciu. Element plano-cylindryczny PDMS zbiera światło ekranu i kieruje je do obszaru o długości 8 mm na interfejsie Au (ray trace Rysunek 3.48b). Każdy piksel emituje z określonym rozkładem kątowym (pole światło-niebieski na rysunku 3.48b wskazuje połowę emisji symetrycznej z jednego piksela) i obejmuje zakres kątowy poprzez swoje względne położenie względem elementu plano-cylindrycznego PDMS, który wybiera zakres oświetlenia dla interfejsu Au. Światło odbijane od interfejsu Au przenosi sygnał SPR o rozdzielczości kątowej, ale sygnał wymaga kondycjonowania do przejęcia przez przednią kamerę telefoniczną; kondycjonowanie to jest zapewnione przez element cylindryczny PDMS z końcowym odchyleniem przez całkowite odbicie wewnętrzne w pryzmacie PDMS (rysunek 3.48b). Typową czułość i rozdzielczość charakteryzują wyniki przedstawione na rysunku 3.49a,b. Jednokanałowy układ PDMS jest przymocowany do powierzchni Au, a roztwory o znanym współczynniku załamania są cyrkulowane przy stałym przepływie. Natężenie przy stałym kącie (pokazane na rysunku 3.48b) mierzone jest z krzywej dopasowania kątowego SPR uzyskanego z szybkością 1 foto/s. Wartości stanu ustalonego i trzy paski błędów z tych pomiarów pokazują zachowanie liniowe (rysunek 3.49b), na podstawie którego można obliczyć czułość 11×10-3 RIU/°. Dla zmierzonego poziomu szumu w sygnale pierwotnym (natężenie kanału czerwonego) na poziomie 0,31%, platforma ma rozdzielczość 2,14×10-6 RIU, co znów jest porównywalne z kompaktowymi urządzeniami SPR (1×10-6 RIU), przy zastosowaniu ROI o długości zaledwie 90 pikseli.

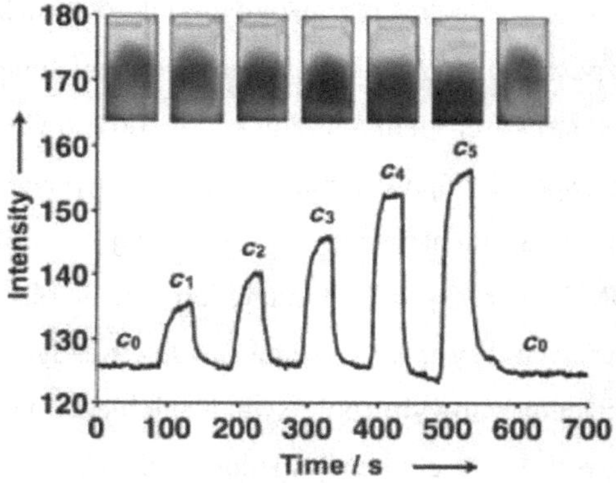

a)

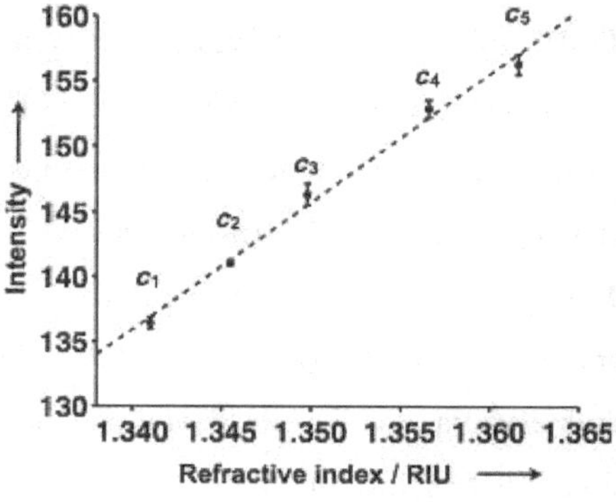

b)

Rys. 3.49. a) Reakcja czasowa pod stałym kątem dla roztworów o znanym współczynniku załamania światła zmierzonym przy oświetleniu czerwonym. b) reakcja SPR w stanie ustalonym a jednostki współczynnika załamania światła (RIU), na podstawie których oblicza się czułość i rozdzielczość. C0-C5indicate pięć różnych stężeń etanolu w wodzie [124].

Biorąc pod uwagę reprezentację SPR w rozdzielczości 640 pikseli (całkowite wykorzystanie rozdzielczości VGA), ostateczną rozdzielczością dla kamer VGA byłaby 2.96×10-7 RIU. Autorzy wykorzystali również kalibrację opracowanej platformy przy użyciu specjalnej trójkanałowej kuwety paliwowej (rysunek 3.50).

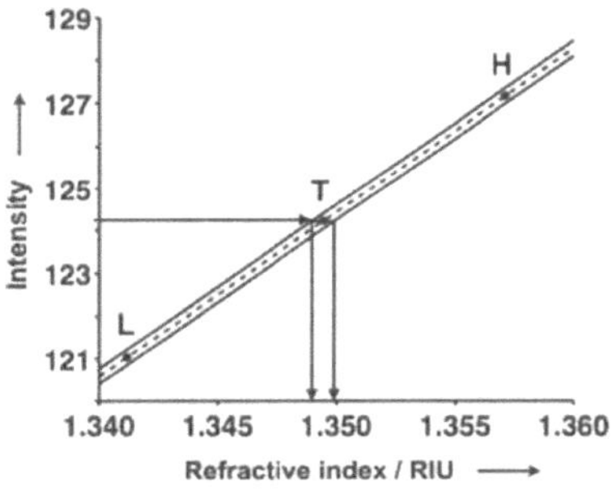

(a)

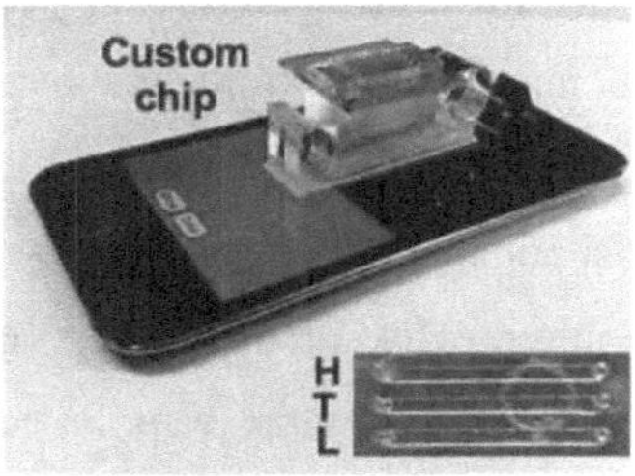

(b)

Rys. 3.50. Dwie stałe linie na rysunku oznaczają margines błędu [124].

Z kanałów kalibracyjnych (o znanych wartościach wysokich (H) i niskich (L)) mierzony jest zakres reakcji liniowej, a zatem stężenie testowe może być bezpośrednio określone. W tym przypadku test dał wynik w postaci wartości (1,3494±0,0005) RIU, prawidłowo zawierającej rzeczywistą wartość roztworu n=1,3498. Obecne telefony komórkowe zapewniają wydajność wymaganą dla chemicznego wykrywania, dzięki czemu platforma ta jest w stanie rozwijać testy, które mogą uzupełniać rutynowe monitorowanie.

W pracy [125] autor zademonstrował wykorzystanie smartfonu do wykrywania zmian długości fali rezonansowej fotonicznego kryształu (PC) bez etykietowanego biosensora. Biosensory komputerowe są szczególnie przydatne do odczytu przez smartfon, ponieważ funkcjonują jako filtry refleksyjne o wąskim paśmie, które są mierzone poprzez podświetlenie ich w normalnym przypadku kolimowanym białym światłem. Komputer PC użyty w tej pracy został zaprojektowany tak, aby wytwarzać wysokowydajne odbicie rezonansowe na długości fali w spektrum widzialnym z medium powietrznym na jego powierzchni. PC składa się z 1-wymiarowej struktury powierzchni kraty, wytwarzanej na elastycznym podłożu z utwardzanego promieniami UV polimeru w procesie nanopowielania, opisanym w poprzednich publikacjach [126, 127]. W tym przypadku, okres kraty PC wynosi 360 nm, a głębokość kraty wynosi d = 60 nm. Siatka polimerowa jest następnie powlekana napylanymi cienkimi warstwami SiO2 (t = 200 nm) i TiO2 (t = 60 nm, współczynnik załamania światła = 2,35). Po wyprodukowaniu, elastyczne plastikowe podłoża zostały przymocowane do standardowego szklano-mikroskopowego szkiełka 1×3 w 2 szklanym slajdzie przy użyciu dwustronnych folii samoprzylepnych 75 aktywowanych ciśnieniowo. Wymiary kraty i grubości cienkiej warstwy są tak zaprojektowane, aby struktura zachowywała się jak wysokowydajny wąskopasmowy filtr odbiciowy o długości fali środkowej λ = 565 nm i szerokości rezonansowej (pełna szerokość przy połowie maksimum: FWHM) λ~5 nm, gdy powierzchnia komputera jest sucha. Przy oświetleniu światłem kolimowanym w normalnej częstotliwości, wszystkie długości fali łatwo transmitują się przez komputer, z wyjątkiem długości fali odbijanej rezonansowo, która jest odbijana z wydajnością >95%, jak pokazano schematycznie na rysunku 3.51.

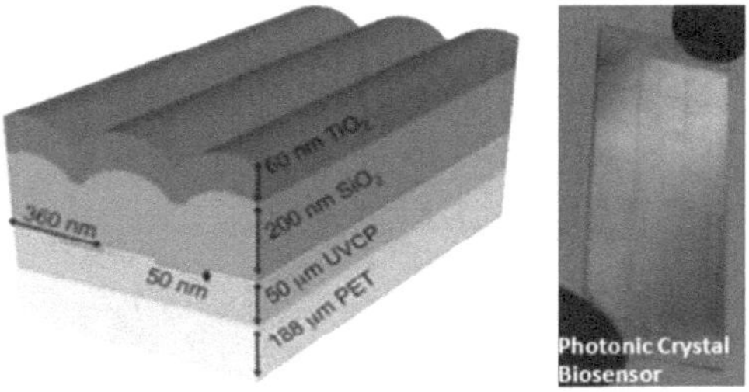

(a) (b)

Rys. 3.51. Schemat przekrojowy struktury PC (a), fotografia fotonicznego kryształu dołączonego do szklanego slajdu mikroskopowego (b) 1×3 in2 [125].

Adsorpcja materiału biomolekularnego na powierzchni PC powoduje wzrost efektywnego współczynnika załamania światła w trybie rezonansowym, co skutkuje dodatnim przesunięciem długości fali odbicia rezonansowego, którego wielkość jest proporcjonalna do gęstości optycznej osadzonego materiału. Dlatego też nasz system jest przystosowany do pomiaru przesunięć w wartości szczytowej długości fali (PWV) o minimalnej wydajności transmisji (lub równoważnie maksymalnej w wydajności odbicia), które występują w wyniku analizy biologicznej [128]. iPhone 4 (Apple, Inc., Cupertino, CA, USA) został użyty jako smartfon, wymagający wykonania podstawki, która bezpiecznie przytrzymuje kamerę telefonu w linii prostej z komputerem i optyką detekcji. Schemat systemu detekcji pokazano na rysunku 3.52.

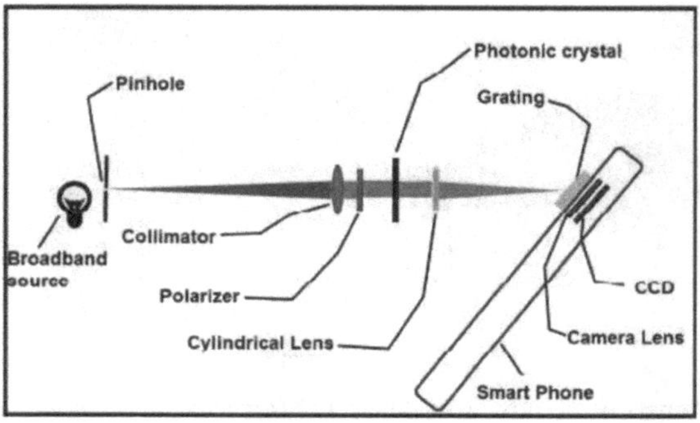

Rys. 3.52. Schemat elementów optycznych w uchwycie smartfona. Światło szerokopasmowe ze źródła zewnętrznego (takiego jak lampa lub dioda LED) jest kolimowane przez połączenie otworu wejściowego i soczewki koliminacyjnej. Po przejściu przez liniowy filtr polaryzacyjny światło przechodzi przez komputer PC, który rezonansowo odbija jedno wąskie pasmo długości fal. Cylindryczny obiektyw zwiększa ilość światła zbieranego przez aparat [125].

Niespolaryzowane światło z zewnętrznego źródła szerokopasmowego wchodzi do systemu przez otwór (średnica = 100 μm) i soczewkę koliminacyjną (ogniskowa = 75 mm) przed przejściem przez liniowy filtr polaryzacyjny, który jest zorientowany na przepuszczanie tylko światła z wektorem pola elektrycznego prostopadłym do linii kraty PC. Światło kolimowane i spolaryzowane przechodzi przez komputer przy normalnym natężeniu, więc wszystkie padające światło może przejść do przodu, z wyjątkiem pasma długości fali rezonansowej komputera. Gniazdo na komputer PC jest wbudowane w łańcuch optyczny, dzięki czemu czujnik można łatwo włożyć i wyjąć. Niewielkie oznaczenia zostały wykonane na szkiełku PC, dzięki czemu można było ponownie zmierzyć konkretną lokalizację na różnych etapach procesu analizy. Po przejściu przez komputer, światło jest ogniskowane do linii za pomocą cylindrycznego obiektywu (ogniskowa = 50 mm), na źrenicy wejściowej aparatu fotograficznego smartfonu. Siatka dyfrakcyjna (1200 linii/mm) umieszczona pomiędzy obiektywem cylindrycznym a kamerą rozprasza składowe długości fali światła na przetwornik obrazu CMOS kamery. Kąt dyfrakcji pierwszego rzędu kraty powoduje konieczność orientacji ścieżki optycznej przez komputer PC pod kątem ~47° w stosunku do powierzchni czołowej kamery. Kamera zapewnia czułość na długości fal w widmie widzialnym, dlatego też rozproszone światło szerokopasmowe daje obraz cyfrowy, który pojawia się jako pasmo "tęczowe" odpowiadające $400<\lambda<650$ nm, gdy otwór wejściowy jest oświetlany żarówką wolframową, jak pokazano na rysunku 3.53. Chociaż czujnik obrazu z kamery iPhone4 ma w sumie 5 megapikseli (2592×1936), widmo obejmuje około 750 pikseli w kierunku rozproszonym i ma około 100 pikseli szerokości. Zakładając ogniskową obiektywu iPhone4 o długości 3,85 mm, separacja długości fali pomiędzy sąsiednimi pikselami w kierunku spektralnym wyniesie 0,333 nm/piksel. Jak pokazano na rysunku 3.53, po wprowadzeniu komputera PC do ścieżki optycznej, wąskie pasmo długości fal jest usuwane z transmitowanego widma, co powoduje, że na obrazie jest łatwo dostrzegalne ciemne pasmo. Oczekuje się, że transmisja rezonansowa "dip" z komputera PC o szerokości pasma 5nm będzie mierzona na poziomie 15 pikseli. Koszt detaliczny elementów optycznych w systemie wynosi około 210 dolarów amerykańskich.

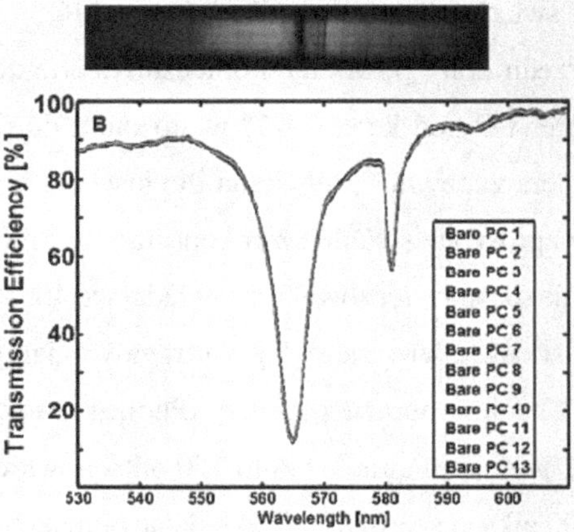

Rys. 3.53. Tęczowy" pas odpowiadający zakresowi długości fal w spektrum widzialnym leży w poprzek obrazu. Widma transmisyjne niezależnych widm PC pobrane poprzez usunięcie i ponowne umieszczenie PC w podstawce, wykazujące doskonałą powtarzalność pomiarów [125].

W artykule [123] zademonstrowano prosty i niedrogi czujnik światłowodowy SPR dla smartfonów i jego zastosowanie do pomiaru współczynnika załamania światła na płynach. Według autorów, w artykule po raz pierwszy zgłoszono system czujników światłowodowych SPR dla smartfonów do pomiaru stężenia na płynach. Schemat opracowanego tutaj czujnika światłowodowego SPR pokazano na rys. 3.54.

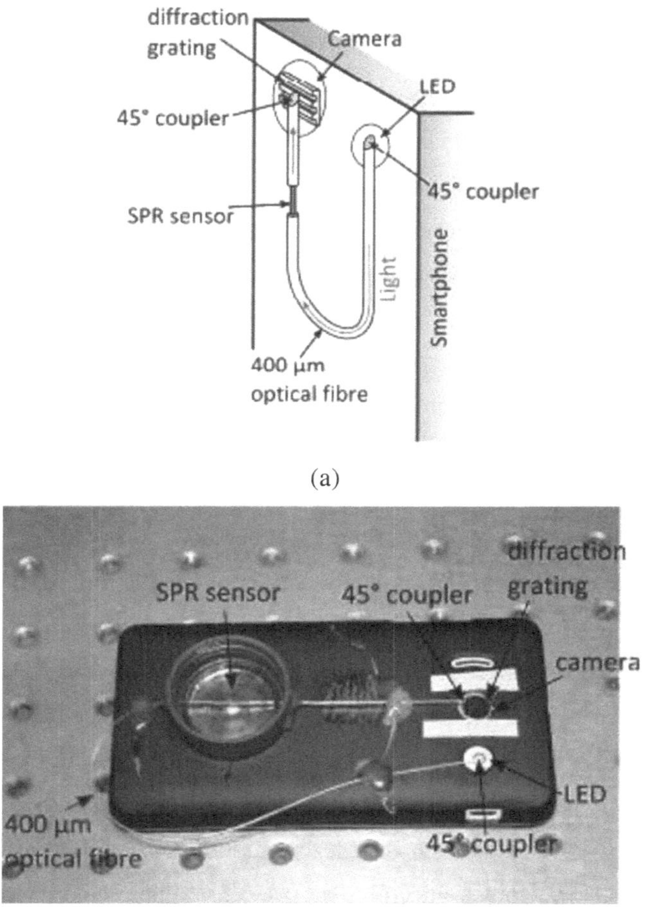

Rys. 3.54. Schemat (a) systemu czujników światłowodowych SPR dla smartfonów i obraz (b) systemu czujników światłowodowych SPR zrealizowanego w tej pracy [123].

W systemie czujników jako źródło światła i detektor służą dioda LED i kamera z tyłu smartfonu. Oba elementy optoelektroniczne smartfonu są sprzężone z czujnikiem światłowodowym SPR poprzez polerowanie obu powierzchni końcowych światłowodu do 45°. Ponadto czujnik SPR został zrealizowany poprzez powlekanie ok. 10 mm rdzenia światłowodu cienką warstwą srebra i zastosowanie siatki dyfrakcyjnej w celu rozproszenia światła w widmo liniowe, co pozwala na śledzenie przesunięcia długości fali SPR spowodowanego zmianą otaczającego RI. Czujnik światłowodowy SPR dla smartfonów został wyprodukowany poprzez założenie początkowo części czujnikowej o długości ok. 10 mm. Do tego celu stosuje się powłokę polimerową o grubości 400 μm (średnica rdzenia) z tworzywa sztucznego pokrytego włóknem krzemionkowym (PCS) (Thorlabs BFL48-400, NA = 0,48) usunięto najpierw za pomocą żyletki, a następnie oczyszczono gołe włókno szklane za pomocą acetonu, a następnie wody destylowanej. Włókno PCS o długości 400 μm zastosowano w systemie czujników ze względu na łatwość obsługi (mniej sztywne niż np. włókno PCS o długości 600 μm) oraz sprawność sprzężenia świetlnego (większa powierzchnia w porównaniu z włóknami PCS o długości 100 μm lub 200 μm, a tym samym wyższa sprawność sprzężenia świetlnego). Następnie część czujnikowa została pokryta srebrem metodą chemiczną zaadaptowaną przez Pal et al. Kratka dyfrakcyjna systemu czujników oparta jest na holograficznej siatce dyfrakcyjnej Thorlabsa z siatką dyfrakcyjną 1200 Lines/mm (Thorlabs GH13-12V). Na rys. 3.55(a) zilustrowano uzyskane widma czujników (rozkład natężenia w stosunku do liczby pikseli kamery, tj. długości fali) przy różnych roztworach glicerolu. Na rys. 3.55(b) pokazano przesunięcie SPR w dziedzinie widmowej w funkcji stężenia objętości glicerolu dla rozdzielczości zdjęć 640×480 pikseli. Liniową zależność SPR uzyskano przy czułości 1,83-10-3 RIU/piksel. Na rys. 6 przedstawiono położenie piksela SPR w zależności od współczynnika załamania światła roztworu glicerolu. Dla rozdzielczości zdjęć 2592 x 1944 pikseli czułość sensora wzrosła do 5,96-10-4 RIU/piksel. Proponowany system czujników pokazuje liniową odpowiedź na zmiany współczynnika załamania światła pomiędzy 1,33 a

1,36 o czułości 5,96-10-4 RIU/piksel. Zmierzalny zakres współczynnika załamania światła systemu czujników jest ograniczony zakresem spektralnym kamery smartphone-camera. W przyszłości czułość systemu czujników może zostać dodatkowo zwiększona np. poprzez optymalizację rozproszenia siatki dyfrakcyjnej służącej do uzyskania widma liniowego, poprzez optymalizację profilu wiązki światła sprzężonego z włóknami np. przy użyciu włókien o mniejszej średnicy oraz poprzez zwiększenie rozdzielczości kamery smartfonowej.

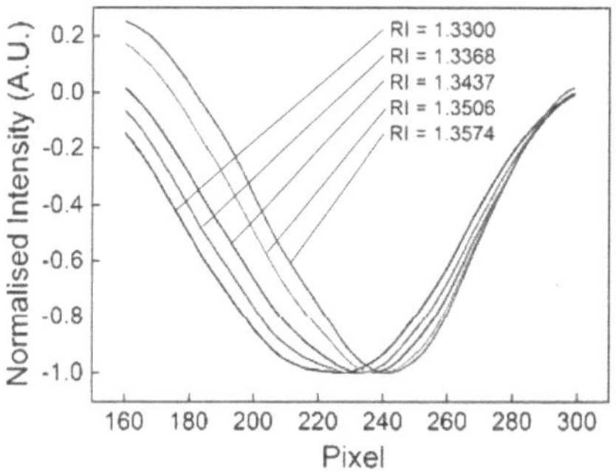

(a)

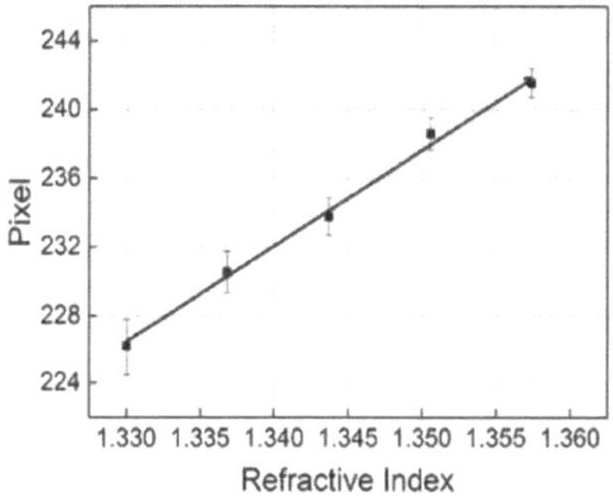

(b)

Rys.3.55. Zmiana SPR ze względu na różny RI otoczenia (a) i zależność pozycji SPR od RI otoczenia (b) uchwyconego przez kamerę smartfonową [123].

Plazmocyna Graphene jest jedną z najbardziej fascynujących substancji. Projektując plazmowe urządzenia tunelowe o długości fal grafenowych, w tym lasery plazmatyczne THz, anteny plazmowe, falowody plazmowe, soczewki Luneburga, modulatory, polaryzatory i tak dalej, można osiągnąć obwód plazminowy, który może zapoczątkować rewolucję w fotonice i elektronice. Plazmony powierzchniowe w grafenie wykazały ogromne zalety w porównaniu z konwencjonalnymi metalowymi materiałami plazmonalnymi, które obejmują ekstremalnie wysokie przewodnictwo, stosunkowo niskie straty w częstotliwościach THz i podczerwieni, wysoką dostrajalność, długi czas relaksacji elektronów oraz silne oddziaływania wielu ciał. Wielkie osiągnięcia w plazmatyce grafenowej zostały osiągnięte zarówno w zakresie przewidywań teoretycznych, jak i zastosowań eksperymentalnych. Nadal jednak istnieją pewne ograniczenia i wady grafenu stosowanego w plazmonice, zwłaszcza w propagacji plazmonów.

Kryształy fotoniczne osiągnęły duże znaczenie badawcze dzięki swoim projektowanym zastosowaniom. Ich wykorzystanie jako czujników jest możliwe dzięki ich dobrze zdefiniowanym właściwościom fizycznym, takim jak odbicie/przekazywanie, najwyższym poziomom czułości skutkującym precyzyjnymi granicami wykrywalności, a także dzięki błyszczącej jakości obrazu wyświetlanego w zakresie długości fal. Sam czujnik jest bardzo mały, gdy stosowana jest technologia kryształów fotonicznych, a pomiary są możliwe dzięki sprzężeniu padającego i odbitego/przekazywanego światła do włókien optycznych oraz analizowaniu ich w odległych lokalizacjach. Aby każda technika pomiarowa była opłacalna w dłuższej perspektywie czasowej, ważne jest rozważenie opłacalności produktu i wiarygodności pomiarów w porównaniu z innymi istniejącymi technikami. W niniejszym przeglądzie omówiono szereg urządzeń detekcyjnych opartych na kryształach fotonicznych oraz fizyczne parametry kryształów fotonicznych, które im umożliwiają.

Inteligentne urządzenia wykrywające oparte na smartfonach szybko zyskują uznanie na rynku dzięki pojawiającym się nowym technologiom. Większa ilość danych fizycznych może być mierzona przy użyciu smartfonów poprzez wbudowanie nowych czujników Apps, a także dostępnych jest kilka metod połączenia przewodowego i bezprzewodowego w celu współdzielenia zarejestrowanych danych. Detektory kamer są również stosowane jako główny element wbudowany w czujniki optyczne. Zaletą zastosowania analizy opartej na smartfonach jest to, że wyniki mogą być automatycznie zapisywane na bezpiecznych serwerach w chmurze lub mogą być udostępniane na kilku publicznych platformach społecznościowych. Ponieważ duże błędy pomiarowe są związane z czujnikami przenośnymi, prostota, przyjazna dla użytkownika aplikacja i niskie koszty czynią z tego ręcznego urządzenia atrakcyjną alternatywę dla pomiarów absorpcji/emisji w spektroskopii. Wszystkie te czujniki, jeśli zostaną z powodzeniem zintegrowane z istniejącymi smartfonami lub produktami typu smart watch, obiecują zmienić życie. Inteligentne urządzenia wykrywające oparte na telefonach komórkowych mogłyby być potężnym narzędziem opieki nad technologią następnej generacji służącym wykrywaniu i monitorowaniu biomarkerów nowotworowych na wczesnym etapie dzięki wykorzystaniu urządzeń o rozszerzonych funkcjach, takich jak smartfony. Przyszłość diagnostyki i monitorowania stanu zdrowia będzie potencjalnie wyposażona w czytniki oparte na telefonach komórkowych lub czytniki przenośne popijające ślinę lub krew, a tym samym stale monitorujące stan zdrowia ludzkiego.

ROZDZIAŁ 4. ROZWÓJ TECHNOLOGII

Analiza danych literaturowych z ostatnich 25 lat pozwoliła określić tendencję rozwoju urządzeń SPR w zakresie zwiększania ich czułości i obniżania granicy wykrywalności. Począwszy od 1990 r. granica wykrywalności stężenia analitu w buforze została obniżona 160 razy z 8 ng/ml do 50 pg/ml (ryc. 4.1a) [1]. Wzrosła również liczba publikacji (rys. 4.1b). Biorąc pod uwagę wzrost liczby publikacji poświęconych ulepszeniom i zastosowaniu urządzeń SPR, można wyciągnąć wniosek, że ten kierunek badań naukowych jest aktualny i obiecujący.

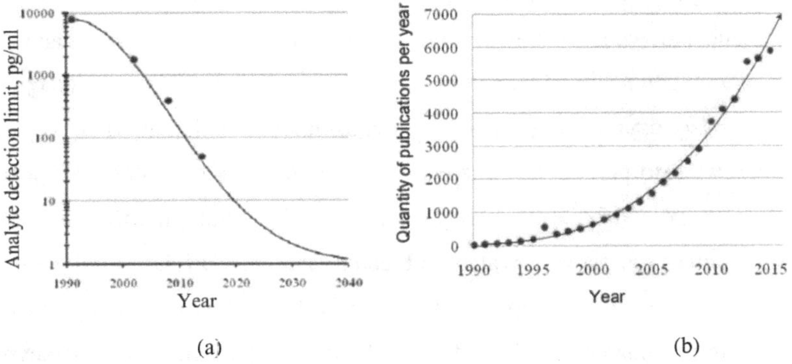

Rys.4.1. Postęp w zakresie granicy wykrywalności analitu (a) oraz wzrost ilości publikacji w dziedzinie czujników SPR (b) w ciągu ostatnich 25 lat [1].

W oparciu o powyższą analizę można oczekiwać, że granica wykrywalności osiągnie zakres 3...10 pg/ml w danym okresie. 2020-2025 lat. W przyszłości zmniejszenie granicy wykrywalności będzie ograniczone dostępnością odgłosów termicznych i szumów spowodowanych tarciem przepływu cieczy w komórce, a także możliwościami technologicznymi w przygotowaniu analitów. W większości przypadków zwiększenie czułości związane jest ze zwiększeniem pola elektromagnetycznego na powierzchni elementu wrażliwego. Granica wykrywalności może być znacznie zmniejszona poprzez zastosowanie systemów o wysokiej wartości stosunku sygnału do szumu, a mianowicie: interferometria, elipsometria lub polarymetria [2-5]. Wiodące firmy produkujące urządzenia SPR, jak również środowisko naukowe udoskonalają zarówno technologię, jak i projektowanie urządzeń SPR, aby zwiększyć ich czułość i dokładność pomiarów.

Zdecydowana większość wrażliwych elementów znajduje się na szklanym podłożu, ale bardziej obiecujące wydaje się stosowanie substratów z polimerów [6]. Aby zmniejszyć wzajemny wpływ powierzchni czujnika i analitu, a także mając na celu wydłużenie terminu eksploatacji czujnika, czuły element jest dodatkowo pokryty obojętną warstwą ochronną, która może również pełnić rolę "citope" (później pomiędzy pryzmatem sprzęgającym i PCL z współczynnikiem załamania światła dopasowanym do współczynnika załamania analitu) w czujnikach z plazmonami o dużym zasięgu [7-9]. Do powierzchniowej immobilizacji elementów biorozpoznawczych na wykrywającej warstwie metalu powszechnie stosowane są monowarstwy samoskładające się z alkanetiolanów lub disulfidów [10]. Utworzone połączenie S-Au jest stabilne w powietrzu i wodzie, ale rozkłada się pod wpływem promieniowania UV i w temperaturach powyżej 70°C. Ponadto, choć gęste monowarstwy szybko się monowarstwy gromadzą, to jednak dobrze zorganizowane monowarstwy mogą przybrać formę dni [11]. Dlatego też istniejące podejścia są czasochłonne i tworzą warstwy o niskiej stabilności w podwyższonej temperaturze i przy promieniowaniu UV. Jednym z najodpowiedniejszych kandydatów do zastąpienia SAM-ów modyfikacją powierzchni biosensora jest polimeryzacja plazmowa ultracienkich folii funkcjonalnych (grubość 5...20 nm). Te cienkie warstwy nie powinny z jednej strony niszczyć formacji SPR i umożliwiać skuteczne szczepienie COOH, NH2, bezwodnika lub innych grup reaktywnych. Obecnie polimery plazmowe były już stosowane do biomolekularnej immobilizacji i poprawy adhezji komórek [12]. W porównaniu z powłokami SAM, powłoki te będą stabilne w szerszym zakresie warunków, są niezależne od materiału podłoża i będą nakładane znacznie szybciej i bez użycia rozpuszczalników. Następnie, na powlekanej plazmą powierzchni Au, przeciwciało może zostać unieruchomione, a biosensor SPR będzie w stanie wykryć analit. W pracy [13-14] badano poddane działaniu układów Au SPR (polimer plazmowy) dla zapewnienia stabilności w różnych buforach, do porównania wykorzystano element sensoryczny z samodzielnie zmontowaną monowarką. Testowany czujnik jest lekko niestabilny w czasie. Wydaje się, że warstwa jest częściowo zdegradowana lub niereagowane cząsteczki monomer/oligomer stopniowo wymywane. Biorąc pod uwagę bardzo podobne zachowanie w kanale przepływu referencyjnego, można stwierdzić, że polimer jest stabilny we wszystkich badanych buforach, a stopniowa utrata poziomu sygnału nie zależy od pH w badanym przedziale czasowym.

4.1. Metody numeryczne zwiększające dokładność.

Bezwzględny błąd pomiaru analitu RI przy zmianie długości fali wzbudzenia zależy od kształtu krzywej odbicia i jest związany ze sposobem aproksymacji wyników pomiarów, ponieważ aproksymacja ta jest niezbędna do skompensowania długiego etapu skanowania kątowego przez urządzenie SPR. Bezwzględny błąd aproksymacji zawiera dwa składniki: błąd metodyczny oraz błąd spowodowany zmianą szerokości charakterystyki odbicia R(θ). Błąd metodyczny zależy od symetrii krzywej odbicia R(θ), zakresu kątowego aproksymacji i związanego z nią zakresu amplitudy aproksymacji. W trakcie modelowania, zmniejszenie metodycznego błędu aproksymacji jest możliwe, jeśli spełnione są następujące dwa warunki: i) aproksymacja jest dokonywana tylko w ograniczonej dolnej części krzywej odbicia R(θ) w pobliżu minimum; ii) krzywa odbicia ma kształt zbliżony do symetrycznego w obrębie tej części [15].

Zbliżenie części powinno być przeprowadzone w przybliżeniu na poziomie minimalnym na poziomie poniżej 25 % relatywnie do maksimum charakterystyki odbicia R(θ). W tym przypadku, biorąc pod uwagę tę cechę z wyraźnie wyrażoną asymetrią, lepsze wyniki uzyskuje się wybierając te same niesymetryczne pozycje dla pochodzenia i końca przetworzonej części krzywej. W pracy [16] autorzy badali wpływ mocy wielomianu przybliżonego na błąd w wyznaczaniu pozycji minimalnej przy długości fali 650 nm. Zauważyli oni, że wielomian 2 mocy jest najprostszy i najbardziej niezawodny, ale gdy krzywa SPR jest wysoce asymetryczna, zadowalające wyniki można uzyskać tylko przy znacznym ograniczeniu poziomu wybranego dla tej przybliżonej części (do 5%). W zakresie długości fal wybranych do modelowania charakterystyka odbicia R(θ) zasadniczo zmienia swoją szerokość, dlatego też zakres kątowy dla aproksymacji został wybrany tak, aby był wielokrotnością szerokości krzywej odbicia na poziomie amplitudy 20%.

Dodatkowo wybrano niesymetryczne pozycje pochodzenia i końca przetworzonej części krzywej. W ten sposób autorzy stworzyli warunki umożliwiające zmniejszenie błędu metodycznego z powodu nieistotnego rozproszenia zakresu amplitudy dla aproksymacji w granicach 10-23%. Gdy długość fali rośnie, błąd bezwzględny spowalnia się zgodnie z wyrażeniem δn (λ) = 0,121 - e-$0^{,01\lambda}$, a w zakresie długości fal 850....1200 nm jest ograniczony w granicach (2...3.5) - 10-5 RIU, co tłumaczy się większą symetrią i zwężeniem krzywej odbicia wokół minimum (na poziomie 20%) [17]. W ten sposób zastosowanie aproksymacji zwiększa dokładność pomiaru. Prowadzi to jednak do komplikacji w obliczeniach minimalnej pozycji na krzywej odbicia. Metoda ta posiada jeszcze jedną wadę: błąd aproksymacji zależy od długości fali podczas pracy w zakresie widzialnym długości fal, co sprawia, że metoda ta nie jest uniwersalna.

Aby zmniejszyć błąd pomiaru RI, spowodowany nagrzaniem urządzenia lub wzrostem temperatury otoczenia, celowe wydaje się zastosowanie kompensacji tego efektu temperaturowego [18]. W celu skompensowania dryftu temperaturowego krzywej odbicia wykorzystano matematyczną obróbkę wyników pomiarów (rys.4.2). Kompensacja została zapewniona z uwzględnieniem współczynnika temperaturowego analitu (wody destylowanej) współczynnika załamania światła równego TKn (H20) = -1,15 - 10-4 K-1 oraz zmian temperatury wody podczas pomiarów, które zostały wykryte za pomocą termistora wbudowanego w przypadku kuwety przepływowej w urządzeniu SPR.

Na rys. 4.2 pokazano kinetykę punktu pracy bez kompensacji zmian temperatury obserwowanych w badanej substancji (1) i z kompensacją (2). Gwałtowny wzrost położenia punktu pracy na początku wykresu (2) związany jest z obojętnością procesów transferu ciepła z cieczy do termistora. Reakcja SPR na zmiany temperatury była szybsza niż termistora, co spowodowało nadmierną kompensację.

Eliminację tego niepożądanego zjawiska zapewniono przy użyciu drugiego (referencyjnego) kanału urządzenia poprzez określenie sygnału różnicowego między kanałami pomiarowymi oraz poprzez dodatkowe uśrednienie (z uwzględnieniem 10 sekwencyjnych danych doświadczalnych). Pozwala to nie tylko wyeliminować tę nadmierną kompensację, ale także dodatkowo 12-krotnie zmniejszyć amplitudę ścieżki dźwiękowej z δNL = 3,14 - 10-5 do δNL = 2,7 - $^{10-6}$.

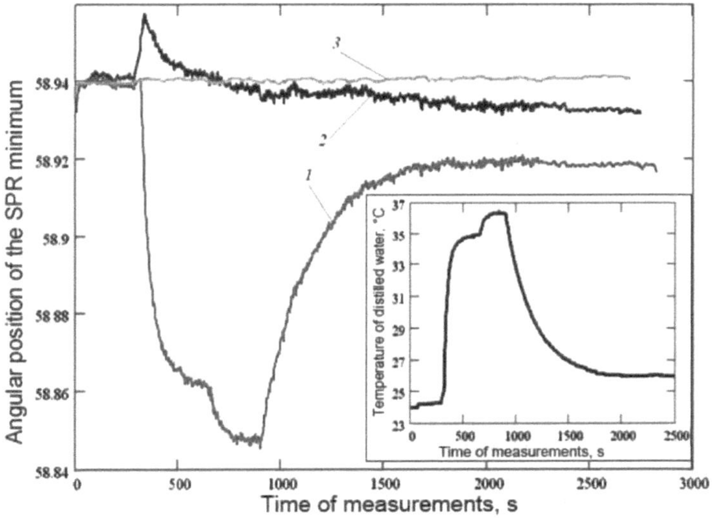

Rys.4.2. Kinetyka minimalnego przesunięcia SPR dla wody destylowanej przy zmianie jej temperatury od 24°C do 36,6°C bez kompensacji termicznej (1), z nią (2) i z dodatkowym uśrednianiem przez dane 10 pomiarów sekwencyjnych (3) [18].

W tym przypadku błąd pomiarowy bez kompensacji wynosił 2.4 - 10-4 i wraz z nim - 8.7 - 10-5, natomiast z kompensacją i dodatkowym uśrednianiem przez 10 kolejnych danych pomiarowych - 2.1 - 10-5. W ten sposób kompensacja termiczna zmniejsza błąd pomiaru współczynnika załamania co najmniej trzykrotnie, co pozwala zasadniczo zwiększyć dokładność urządzenia.

Jedną z obiecujących metod numerycznych zmniejszających błędy w określaniu położenia charakterystycznego minimum odbicia jest metoda linii średniej, która nie jest związana z jakimkolwiek dodatkowym przetwarzaniem danych doświadczalnych (np. aproksymacja lub uśrednianie)[19]. Takie podejście pozwala zmniejszyć błąd w obliczaniu współczynnika załamania światła analizowanego. Metoda nie przewiduje takiego dodatkowego przetwarzania, jak zbliżanie lub uśrednianie. Pozwala to na bezpośrednie przetwarzanie danych eksperymentalnych przy użyciu jedynie prostej arytmetyki, a mianowicie wyznaczenie punktu przekroju odcinka oraz punktu przecięcia dwóch linii prostych. Bezwzględny błąd pomiaru kątowego położenia minimalnego R(θ) wpływa na wartość współczynnika załamania światła analizowanego. Charakterystyka odbicia mierzona jest za pomocą skończonego kąta skanowania, który definiuje początkową wartość błędu bezwzględnego, który można zredukować za pomocą procedury minimalnego przybliżenia. Bezwzględny błąd aproksymacji zależy od symetrii i półszerokości minimum charakterystyki odbicia. Autorów porównano dwie metody wyznaczania dokładnej pozycji minimalnej SPR, a mianowicie: nową oferowaną przez autorów (metoda linii średniej) oraz metodę dającą aproksymację wielomianami mocy 2 i 3-ciej zgodnie z techniką opisaną w [20]. Przetworzone w obu przypadkach nie było całą cechą charakterystyczną dla refleksji, ale tylko jej niewielką częścią wokół minimum. Charakterystyki odbicia naśladujące rzeczywiste zostały wykreślone z krokiem 0,02 stopnia, co odpowiada etapowi pomiarów kątowych typowych dla urządzenia "Plasmon-6". W celu określenia położenia minimalnego w metodzie linii średniej, eksperymentalnie wyznaczono zakres kątów pomiędzy ±0,25 do ±0,75 stopnia w pobliżu wartości minimalnej z uwzględnieniem rosnącej długości fali. W ten sposób zastosowaliśmy kryterium minimalnej wartości błędu bezwzględnego odpowiadającego każdej wartości długości fali w zakresie od 600 do 1100 nm z krokiem 25 nm. Przy zastosowaniu metody wielomianowej aproksymacji zakres kątów był stały i wynosił 0,46 stopnia. Jako punkt odniesienia do porównań wykorzystaliśmy wartości minimów w wykresach charakterystyk odbicia rysowanych wraz z krokiem 0,0001 stopnia dla odpowiednich długości fal. Wykorzystując wyrażenie dla zintegrowanego współczynnika odbicia Rp, wykreśliliśmy charakterystykę odbicia R(θ) za pomocą modelowania numerycznego, a charakterystyki te zostały następnie wykorzystane do numerycznej analizy zakresu błędu wskaźnika załamania światła w analizowanym materiale. Modelowanie numeryczne charakterystyki odbicia R(θ) wykonano z wykorzystaniem początkowych parametrów układu optycznego charakterystycznego dla urządzenia "Plasmon-6" w oparciu o model wielowarstwowy opisujący propagację światła z lasera do fotodetektora poprzez układ "półpentryzm (szkło) - warstwa metalu - dielektryczne medium zewnętrzne (analit)".

Aby zastosować model wielowarstwowy, rozważamy system optyczny składający się z trzech płasko-równoległych warstw o parametrach optycznych n, k, d w temperaturze 20°C dla odpowiednich długości fal. Schemat wzbudzania SPR ułożony zgodnie z geometrią Kretschmanna na podstawie pryzmatu TIR posiadającego indeks załamania np. reprezentował pierwszą warstwę w postaci półnieokreślonego medium. Druga warstwa odpowiadała metalowi, w którym wzbudzano plazmony powierzchniowe o parametrach nM, kM, dMwe. Trzecią warstwę analizowano z parametrami nv, kv, również w postaci półokreślającego się ośrodka.

W ramach oferowanej metody wykonano modelowanie matematyczne w zakresie długości fal od 600 do 1100 nm. W tym przypadku wybraliśmy optymalną grubość warstwy (50 nm), w której wzbudzano plazmony, aby uzyskać najniższą wartość współczynnika odbicia przy minimalnej krzywej rezonansu (rys. 4.3a). Diapazon spektralny odpowiadał niezbędnemu zakresowi kątów obserwowanych dla minimum SPR (szerszego niż 7 stopni), ponieważ zmniejszenie długości fali powoduje przesunięcie charakterystycznego minimum odbicia na bok większych kątów, natomiast zakres pomiarów w urządzeniach "Plasmon" jest ograniczony wartością 74 stopni (rys. 4.3b).

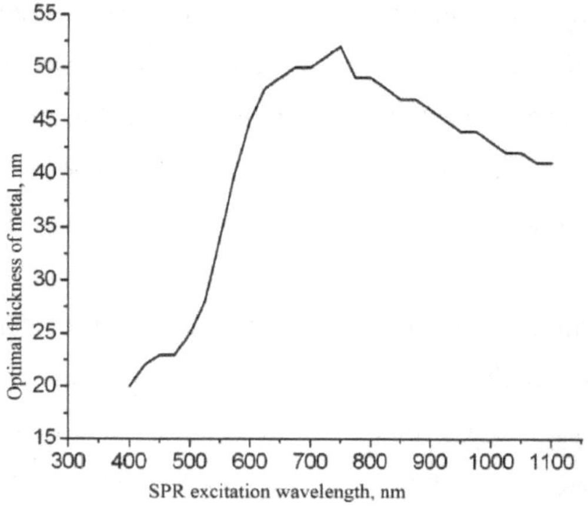

(a)

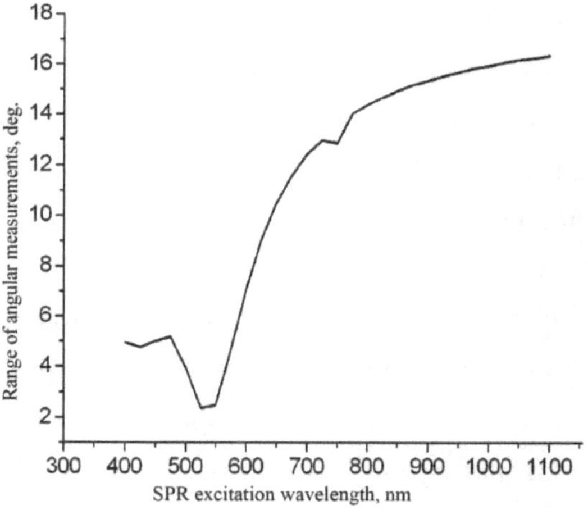

(b)

Rys.4.3. Zależności optymalnej grubości warstwy metalu dla elementu czułego na SPR (a) i zakresu dynamiki dla pomiaru minimalnych kątów SPR (b) od długości fali wzbudzenia plazmy [19].

Wyniki modelowania wykazały, że w metodzie wielomianowej aproksymacji wartość błędu rośnie wraz ze wzrostem długości fali wzbudzenia, co wiąże się z brakiem paraboliczności charakterystyki odbicia. Jednocześnie w metodzie średniej liniowej wartości błędów bezwzględnych są co najmniej 6-krotnie niższe niż w metodzie wielomianu.

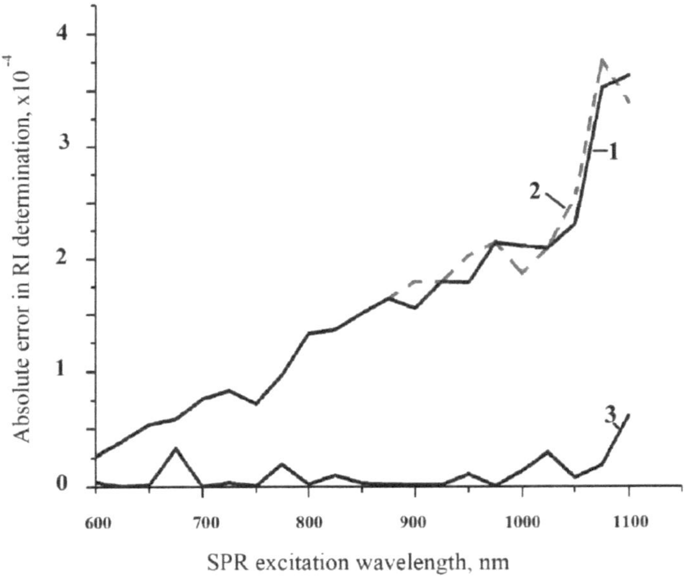

Rys.4.4.Zależności błędu bezwzględnego w wyznaczaniu pozycji minimalnej SPR metodą linii średniej (3), metody aproksymacji wielomianami mocy 2 (1) i 3 (2) [19].

Najwyższy pozytywny efekt zastosowania metody linii średniej uzyskano dla dwóch długości fal 700 i 970 nm, co jest prawdopodobnie związane z graficznym kształtem charakterystyki odbicia. Wartość błędu bezwzględnego jest zmniejszana odpowiednio o 217 i 300 razy dla tych długości fal.

Spośród wszystkich rozważanych metod numerycznych służących zwiększeniu dokładności pomiaru analitu RI, najbardziej efektywna jest metoda linii średniej. Zapewnia 5-krotnie mniejszy błąd pomiaru RI (4 - 10-6 w stosunku do 2 - 10-5) niż metody oparte na przybliżonym położeniu minimalnym odbicia lub kompensacji efektu temperaturowego.

4.2. Konstrukcyjne i technologiczne metody zwiększania czułości

Jednym z obiecujących technologicznych sposobów zwiększenia dokładności i czułości pomiarów jest zawężenie charakterystyki odbicia R(θ), co można osiągnąć poprzez zmniejszenie chropowatości warstwy metalu SE dzięki zmianie geometrii wzajemnego ułożenia podłoża i parownika [21, 22]. Badania przeprowadzono w celu optymalizacji geometrii warstw osadzania na powierzchni bimetalicznych elementów detekcyjnych. Jako materiał użyto warstw złota. Naprzemienne warstwy natryskiwane na szklane podłoże F1 w urządzeniu do osadzania próżniowego VUP-5M z próżnią 5 × 10-5 mmHg. Nakładając pierwszą warstwę o grubości 35 nm, wytwarzaną w miejscu podłoża równolegle do powierzchni parownika (zazwyczaj rozpylanie), drugą warstwę natryskiwano na pierwszą warstwę w miejscu podłoża pod kątem do parownika. Grubość drugiej warstwy, uwzględniając osadzanie pod kątem, wynosiła około 30 nm. Grubość osadzonej warstwy była monitorowana przez wskaźnik grubości kwarcowej poprzez zmianę jej częstotliwości drgań. W doświadczeniu wykorzystano dwie testowe próbki elementów czujnikowych: typową powlekaną warstwą złota o grubości 50 nm na podłożu (numer struktury 1) oraz zmodyfikowane osadzanie geometryczne (numer struktury 2). Do pomiarów wykorzystano optyczne urządzenia pomiarowe opracowane na Ukrainie: SPR-refraktometr "Plasmon-71" wyprodukowany przez Instytut Fizyki Półprzewodników im. V.

Lashkaryova, odpowiedni do pracy w laboratoriach o profilu biochemicznym i biofizycznym. Urządzenie to umożliwia pomiar współczynnika załamania światła w szerokim zakresie od 1 do 1,5 RIU, zakres pomiaru przesunięcia współczynnika załamania światła 5 RU (jednostki względne) do 130 000 RU z dokładnością ±3×10-6 RIU (jednostka współczynnika załamania światła). Eksperymenty przeprowadzono w trybie wielokrotnego użycia refraktometru SPR "Plasmon-71". W tym trybie wyznaczono minimalną krzywą SPR i rejestrowano ją przy każdym skanowaniu. W celu określenia czułości sensorycznej znanych struktur znanych roztworów wodnych stosowanych w komórce przepływu kanałowego, które zapewniają kontakt płynu ze strukturą numer 1 lub numer 2. Topologię powierzchni próbek nr 1 i nr 2 badano za pomocą mikroskopu sił atomowych sondy skaningowej Dimension 3000 Scanning Probe w trybie uderzania sił atomowych (AFM) (rys.4.5).

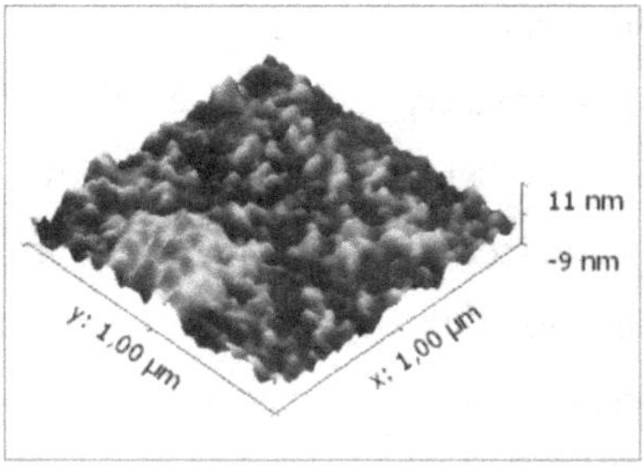

(a)

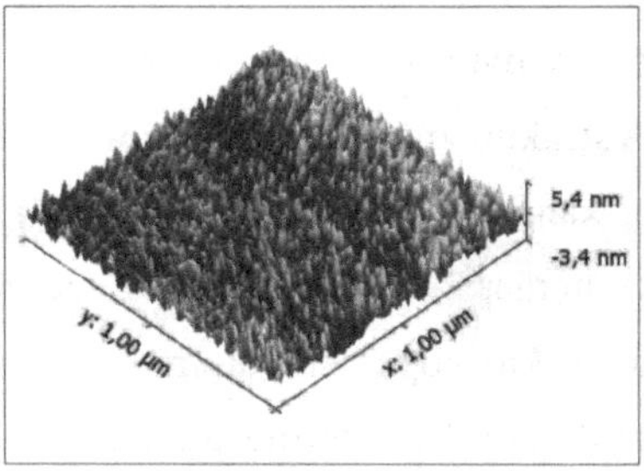

(b)

Rys.4.5. Obrazy AFM badanej próby: numer struktury 1(A) i numer struktury 2 (B) [21].

Stwierdzono, że struktura warstwy złota numer 2 otrzymana przez kąt natryskiwania ma powierzchnię rozwiniętą i stąd w porównaniu z dużą powierzchnią w porównaniu do struktury numer 1. Krzywe SPR dla tych próbek zmierzone przez autorów na rys. 4.6. Komora przepływowa została wyposażona poprzez wstrzyknięcie i usunięcie przebadanych przewodów ciekłych lub gazowych. Badania przeprowadzono na próbce dwóch cieczy o różnych współczynnikach załamania światła: wody destylowanej (n = 1,33154) i 0,6% roztworu chlorku potasu (KCl) w wodzie (n = 1,33241). Zastąpienie próbki płynu wykonano za pomocą mikro-pompy perystaltycznej, która również została wyprodukowana w Instytucie Fizyki

Półprzewodników NAS Ukrainy im. Powietrze w pomieszczeniu i opary etanolu w komórce przepływowej zostały wykorzystane jako czujniki gazowe. Zmiany współczynnika załamania światła w czasie rejestrowano w momencie, gdy woda destylowana znajdowała się w komórce oraz po zastąpieniu roztworem. Podobnie przeprowadzono zastępowanie próbki gazu. Kinetyka przesuwa minimalne wartości SPR rejestrowane przez opracowany program.

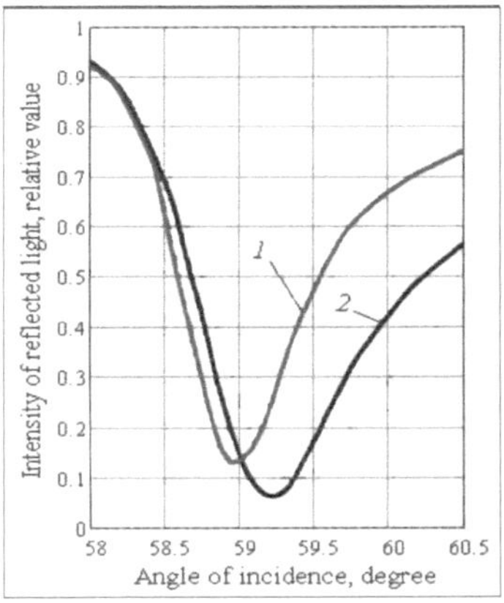

Rys.4.6. Krzywe SPR zmierzonych próbek: numer struktury 1 (czerwona linia) i numer struktury 2 (czarna linia) [21].

Po dwóch procedurach wymiany płynu na 24 minuty pomiaru przy użyciu struktury numer 1 współczynnik załamania światła płynów znacząco zmienił się w porównaniu z jego wartością początkową (rys. 4.7., krzywa nr 2). Do struktury numer 2 współczynnik załamania światła wody destylowanej i roztworu soli pozostał prawie niezmieniony podczas pomiaru (rys. 4.7., krzywa nr 1). Ponadto reakcja na płyn zastępczy w strukturze komórek przepływowych nr 2 była 1,5-krotnie większa niż reakcja na strukturę nr 1, a współczynnik załamania światła roztworu chlorku potasu (KCl) jest bliższy wartości teoretycznej (n = 1,33248) niż w przypadku zastosowania struktury nr 1 (n = 1,33219). Kinetyka substytucji w spektrometrze SPR kuwety pomiarowej PLASMON w pomieszczeniu powietrznoetanolowe stężenia oparów różniące się od przedstawionych na rys. 4.8. Pokazuje kinetykę próbek dla dwóch czułych elementów czujnika SPR: topologii standardowej (linia 1) i zmodyfikowanej (linia 2). Z rys. 4.8. wynika, że technologia produkcji zmodyfikowanej topologii może zwiększyć dwukrotnie czujnik odpowiedzi.

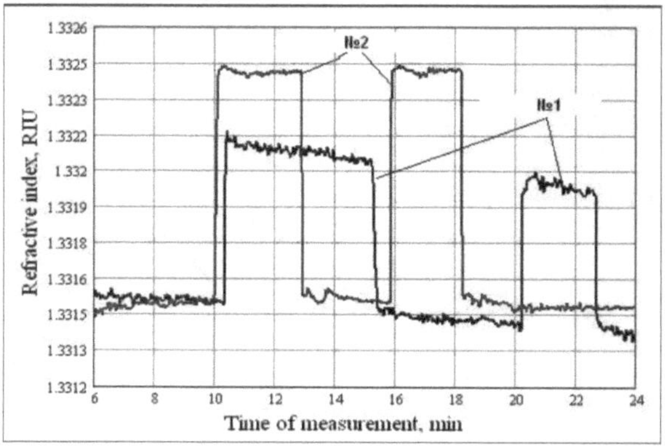

Rys. 4.7. Zmierzona krzywa procesu kinetycznego w mediach ciekłych [21].

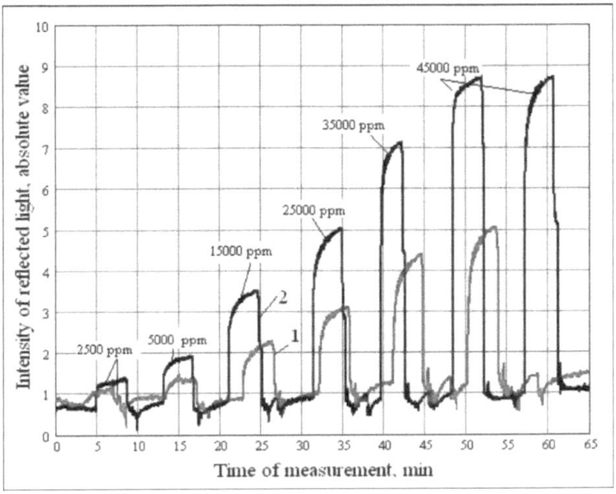

Rys. 4.8. Zmierzona krzywa procesu kinetycznego w mediach gazopodobnych [21].

Stwierdzono doświadczalnie, że gdy podłoże jest umieszczone pod kątem 45° pomiędzy jego normalnym i kierunkiem do parownika, a warstwa metalu SE jest nakładana wielokrotnie, chropowatość powierzchni tej warstwy jest zmniejszana 2,5 razy: od 2 do 0,8 nm. Spowodowało to zwężenie charakterystyki odbicia i zwiększenie odpowiedzi czujnika 1,5-krotnie, przy analizie substancji ciekłych i 2-krotnie dla gazów, w trybie Slope pomiarów. Ze względu na zawężenie krzywej SPR, błąd bezwzględny pomiaru analitu RI zmniejszył się 5-krotnie: z $\pm 7 \times {}^{10\text{-}6}$ w dół do $\pm 1{,}2 \times {}^{10\text{-}6}$. Uzyskane wyniki zostały potwierdzone przez autorów pracy [23]. Wdrożenie tej nowej technologii przygotowania warstwy metalu SE nie tylko zmniejszyło bezwzględny błąd pomiaru analitu RI, ale dodatkowo zwiększyło czułość z powodu rosnącej stromości zboczy krzywej SPR i uporządkowania struktury powierzchni SE.

4.3. Funkcjonalizacja powierzchni elementów wrażliwych

W celu zwiększenia czułości i selektywności czujników SPR wykorzystują one dodatkowe organiczne warstwy polimerowe kalixarenów, polimetakrylanu metylu, alkantiole, tlenków złożonych itp. W pracy [24] autorzy opracowali wieloelementowy czujnik gazu oparty na SPR do rozpoznawania niektórych alkoholi. Jako warstwy wrażliwe, zdolne do zmiany właściwości optycznych w kontakcie z lotnymi cząsteczkami alkoholu, badaliśmy duże porowate sorbenty - kaliksareny (tret-butyl-calix[4,6,8]arenes (C[4]A, C[6]A, C[8]A), tetra-amyl-calix[4] resorchinolaren (C[4]Re). Każdy kalisaren badano w celu uzyskania charakterystyki kinetycznego stężenia SPR dla oddziaływania z parami etanolu, izopropanolu i penthanolu. Złota folia (d ~ 45 nm) z zastosowaniem metody odparowania termicznego w próżni. Eksperymentalne wieloelementowe urządzenie SPR zaprojektowano w oparciu o analizę obrazu telewizyjnego uzyskanego dla badanej gamy folii calixarene i przetestowano z wykorzystaniem nasyconych par etanolu.

Jako czuły element czujnika SPR, autorzy zastosowali złote folie o grubości (45±5) nm na szklanym podłożu o wymiarach 20×20×1 mm i współczynniku załamania światła n = 1,515. Podłoża szklane były czyszczone mechanicznie i chemicznie przetwarzane z dalszym myciem w wodzie destylowanej za pomocą kąpieli ultradźwiękowej. Następnie zostały one zakończone za pomocą wyładowań jarzeniowych bezpośrednio przed osadzaniem. Warstwa metalu została osadzona w wyniku odparowania termicznego w próżni (ВУП-4, ciśnienie resztkowe pary 4·10-4 Pa, prędkość rozpylania od 40 do 50 Å/s). W celu poprawy przyczepności zastosowano cienką warstwę chromu (~ 1 nm). Aby zwiększyć stabilność, wióry zostały wyżarzone przy temperaturze T ~ 120°C [27]. Warstwa złota pokryta była cienkimi warstwami organicznymi składającymi się z kaliksarenu wrażliwego na badane anality. Kontakt optyczny tych układów SPR z pryzmatem szklanym osiągnięto dzięki zastosowaniu cieczy zanurzeniowej o tym samym indeksie załamania światła. Zaproponowany przez autorów schemat optyczny urządzenia SPR przedstawiono na rys. 4.9.

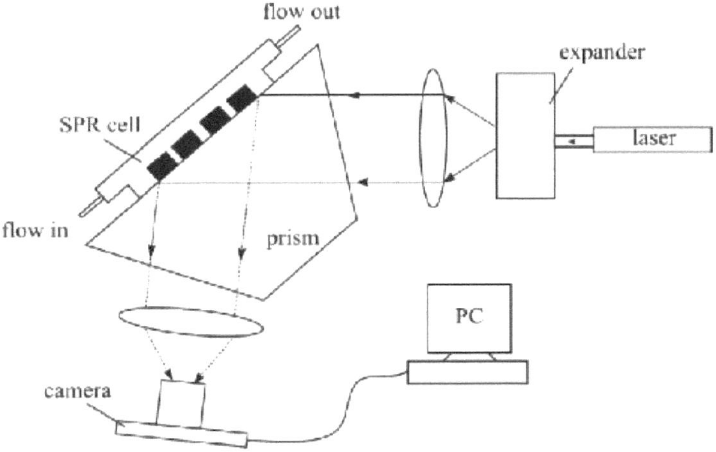

Rys.4.9. Schemat eksperymentalnego ustawienia SPR wykorzystywanego w pracy [24].

Centralną jednostką ośrodka doświadczalnego jest szklany pryzmat. (n = 1,51) o kącie podstawy 70° i powierzchni podstawy 60×120 mm. Podstawowa powierzchnia pryzmatu jest wyposażona poprzez zanurzanie cieczy z chipem SPR zawierającym kilka czujników i kuwetę przepływową do wejścia-wyjścia badanej próbki. Pryzmat znajduje się na obracającym się stole goniometrycznym ze specjalnym pantografem zapewniającym równość kątów padania i odbicia w zakresie 55-75°. Cały system czujników jest oświetlony szeroką, jednolitą wiązką światła spolaryzowanego (λ = 0,65 μm) i stałym kątem padania. Stacjonarny obraz powierzchni sensora jest rejestrowany przez czarno-białą kamerę CCD.

W pracy [13] badano obrabiane polimerem plazmowym chipy Au SPR pod kątem stabilności w różnych buforach, do porównania wykorzystano element sensoryczny z samodzielnie zmontowaną monowarką. Na modelowym układzie - przeciwciało monoklonalne (Ab AL-01) przeciwko ludzkiej albuminie surowicy (HSA) oddziaływującej z odpowiadającym jej antygenem HSA - badano powierzchnię złota poddaną działaniu plazmy do budowy biosensorów. Unieruchomienie przeciwciał i inaktywacja wolnych, niereagowanych grup odbywa się w buforach o różnym pH. Kluczowym punktem jest stabilność przygotowanych polimerów plazmowych w tych warunkach. Oprócz powierzchniowego rezonansu plazminowego (SPR) wykorzystywanego w badaniach immunoreakcyjnych w czasie rzeczywistym, powierzchnie zmodyfikowane biologicznie badano za pomocą mikroskopii sił atomowych (AFM).

Pomiary zostały wykonane przy użyciu SPR Navi 210A (BioNavis, Finlandia). Poddane działaniu plazmy polimery Au SPR (PPT-SPR) badano pod kątem stabilności w różnych buforach. W kolejnym etapie przetestowano immunosensor oparty na układzie PPT-SPR. Do porównania wykorzystano układ scalony z monowarką samojezdną (SAM-SPR). Mieszanina Kwas 11-mercaptoundecanoic (MUA) i merkaptoundecanol (MUOL) wykorzystano do zmontowania warstwy SAM dostarczającej grupy karboksylowe do dalszych etapów immobilizacji. Chip PPT-SPR został zamontowany w komórce przepływowej BioNavis. Jako główny bufor nośny wybrano PBS (50 mM PB, 150 mM soli fizjologicznej; pH 7,4); bufory octanowe o różnym pH (50 mM; pH 4,0, 4,5, 5,0) oraz bufor boranowy (100 mM; pH 8,5) stosowano dwa razy w ciągu 10 minut. PBS był przepuszczany przez kanał referencyjny przez cały czas. Wykres sensoryczny pokazujący zachowanie powierzchni obrabianej (polimerem plazmowym) w nośnym buforze PBS oraz w buforach o różnej wartości pH (czarny ślad, strefy pH oznaczone kolorowymi ramkami, strefy dwukrotnie 10 min). Na końcu wykresu czujnikowego w kanale próbkowym przedstawiono małą bańkę powietrza, nieznacznie przesuwającą kąt krzywej SPR. Czerwony ślad odpowiada kuwecie przepływu referencyjnego, w której w całym doświadczeniu obecne było pH 7,4 PBS.

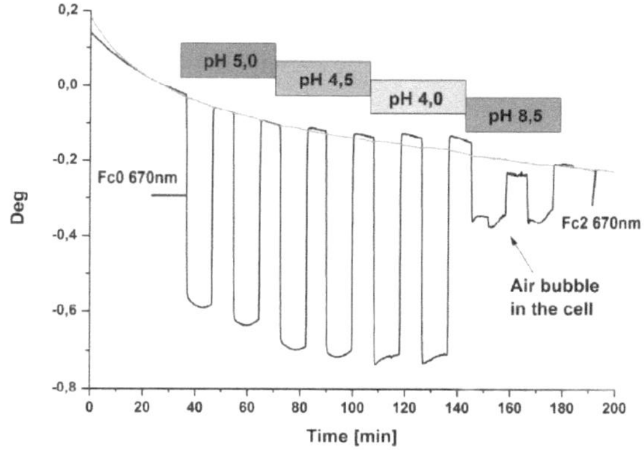

Rys.4.10. Wykres sensoryczny pokazujący zachowanie powierzchni obrabianej (polimerem plazmowym) w nośnym buforze PBS oraz w buforach o różnej wartości pH (czarny ślad, strefy pH oznaczone kolorowymi ramkami, strefy dwukrotnie 10 min). Na końcu wykresu czujnikowego w kanale próbkowym przedstawiono małą bańkę powietrza, nieznacznie przesuwającą kąt krzywej SPR. Czerwony ślad odpowiada kuwecie przepływu referencyjnego, w której w całym doświadczeniu występowało pH 7,4 PBS [13].

Jak widać na rysunku 4.11, czujnik PPT-SPR jest lekko niestabilny w czasie. Wydaje się, że warstwa jest częściowo zdegradowana lub niereagowane cząsteczki monomeru/oligomeru zostały stopniowo wypłukane. Biorąc pod uwagę bardzo podobne zachowanie w kanale przepływu odniesienia (krzywa czerwona), można stwierdzić, że polimer jest stabilny we wszystkich badanych buforach, a stopniowa utrata poziomu sygnału nie zależy od pH w badanym przedziale czasowym. Zbadano również immunosensor oparty na PPT-SPR (rysunek 4.45). Chip PPT-SPR został zamontowany w komórce przepływowej BioNavis. Jako bufor nośny wybrano pH 7,4 PBS. W pierwszym etapie "poziom bazowy" został ustalony prawie na 45 minut. Następnie przez 10 minut stosowano mieszaninę 100 mM EDC i 25 mM NHS. Również przeciwciało AL-01 (2 g-mL-1 w 50 mM buforze octanowym o pH 4,0) było unieruchomione na 10 minut, tylko w pierwszym kanale. Glicynę 50 mM (pH 4,0) wykorzystano do inaktywacji pozostałych reaktywnych aminowych estrów NHS na powierzchni w obu kanałach przepływu.

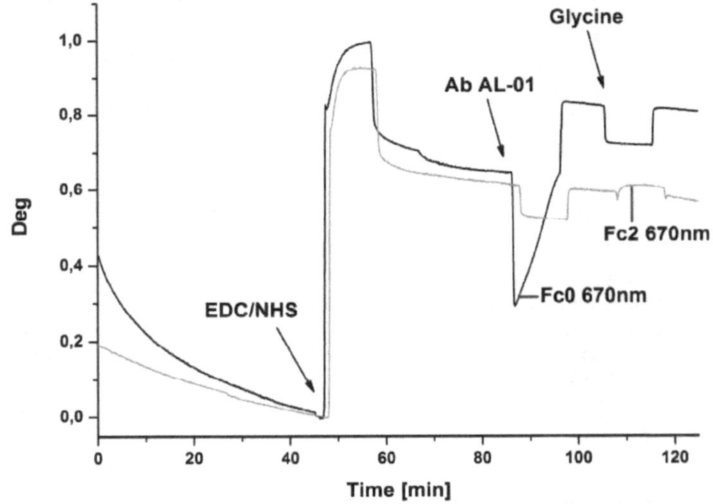

Rys.4.11. Sensorgram (oparty na metodzie oceny PeakMinAngle SPR) podczas unieruchomienia układu SAM-SPR przeciwciałem anty-HSA (Ab AL-01) i blokowania glikoiną. Reakcja na EDC/NHS wyniosła prawie 0,7 stopnia. Ilość unieruchomionego Ab (0,2 stopnia) jest zadowalająca [13].

Tak przygotowany immunosensor został wykorzystany do wykrywania HSA (5 g-mL-1). Reakcja (rys. 4.12) jest niska, ale istotna w porównaniu z kanałem referencyjnym bez przeciwciała.

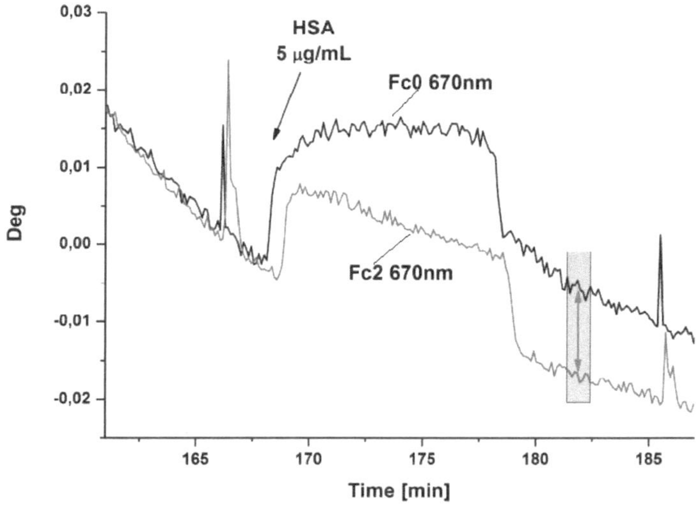

Rys.4.12. Sensorgram (PeakMinAngle) interakcji HSA z unieruchomionym przeciwciałem. Zmiana sygnału (0,01) nie jest tak wysoka (strzałka w jasnoniebieskiej ramce), ale jest znacząca w porównaniu z kanałem odniesienia. Krótkie szczyty wskazywały na małe pęcherzyki powietrza przepływające przez komórkę przepływową [13].

Ze względu na duże powinowactwo przeciwciała AL-01 do albuminy, czujnik nie może być skutecznie regenerowany do dalszego wielokrotnego użytku.

Testowano również immunosensor oparty na SAM-SPR. Chip SPR był czyszczony przez 10 minut w metanolu. Następnie chip został zanurzony w 8 ml mieszaniny MUA/MUOL w stosunku molowym 3/7 i ostatecznym stężeniu 10 mM. Zanurzony chip inkubowano przez 40 minut w temperaturze 40°C, a następnie przez noc w temperaturze pokojowej. Po umyciu wodą, chip został wysuszony strumieniem powietrza i umieszczony w komórce przepływowej BioNavis. Immobilizację (rys. 4.13) przeprowadzono w tych samych warunkach, co w poprzednim przypadku (z wyjątkiem zastosowania etanoloaminy zamiast glicyny, jednak zmiana ta nie jest istotna).

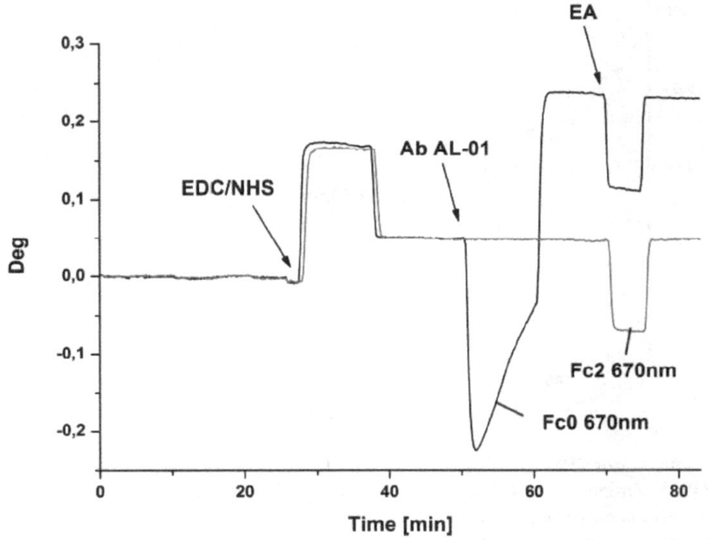

Rys.4.13. Sensorgram (PeakMinAngle) podczas unieruchomienia układu SAM-SPR za pomocą przeciwciał anty-HSA (Ab AL-01) i blokowania za pomocą etanoloaminy (EA). Odpowiedź na EDC/NHS była niższa w porównaniu z chipem PPT-SPR. Ilość unieruchomionego Ab (0,2 stopnia) jest porównywalna z chipem PPT-SPR [13].

Inaktywacja nieprzereagowanych estrów NHS przez etanoloaminę była ewidentnie nieskuteczna. Jak widać na rysunku 4.14, wyższa reakcja występuje w kanale odniesienia, co oznacza unieruchomienie HSA na większą liczbę niereagowanych estrów NHS. Nie jesteśmy w stanie odróżnić immunoreakcji od unieruchomienia. Należy sprawdzić krok do zablokowania niereagowanych grup aktywnych (w innych poprzednich przypadkach było to w pełni funkcjonalne) - w tym przypadku wykorzystano nową partię EA.

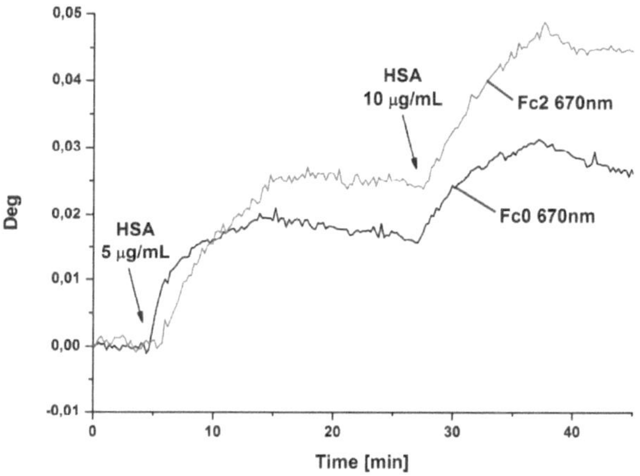

Rys.4.14. Czujniki "interakcji" HSA z unieruchomionym przeciwciałem. Oczywiste jest, że grupy aktywne nie były dobrze inaktywowane przez etanoloaminę. Dla ilustracji sytuacji, druga długość fal dodawana jest do wykresu (po prawej) [13].

Na podstawie danych z czujników SPR, polimer wydaje się być stabilny dla wszystkich badanych próbek buforowych i może być wykorzystywany do unieruchomienia przeciwciał. Szczegółowa analiza chemiczna stopnia polimeryzacji i ilości polimeru jest pożądana w celu wyjaśnienia dryfu obserwowanego w czasie kontaktu z roztworem. W porównaniu z wolnym układem Au, powierzchnia obrabiana plazmą jest hydrofilowa. Z makroskopijnego punktu widzenia hydrofilowość polimeru wystawionego na działanie pH różni się nieco od polimeru nieeksploatowanego. Kąt kontaktu mierzony na każdej powierzchni może dostarczyć bardziej istotnych informacji.

Prace [14] miały na celu opracowanie nowych materiałów opartych na funkcjonalnych foliach plazmowo-polimerowych (PPF) do zastosowań biomedycznych. Najważniejszą zaletą polimeryzacji plazmowej jest zdolność do wytwarzania folii polimerowych o różnych związkach organicznych o różnych właściwościach. Cienkie (20 - 70 nm) warstwy polimerów zawierających COOH osadzano na chipach biosensorów SPR (płyta szklana z 50 nm Au) w wyniku kopolimeryzacji plazmowej bezwodnika maleinowego (MA) i acetylenu w wyładowaniu bariery dielektrycznej (DBD). Wpływ parametrów depozycji PPF i ich późniejszego wstępnego przygotowania na zdolność adsorpcji biocząsteczek badanych dla MOMP (główne białko błony zewnętrznej) *Chlamydia trachomatis* przy użyciu techniki rezonansu plazmoelektrycznego (SPR).

Stwierdzono, że moczenie powrosłych folii polimerowych w roztworze soli fizjologicznej w buforze fosforanowym (PBS) przez 10-20 godzin powoduje częściowe usunięcie materiału warstwy ze zwiększeniem ich zdolności adsorpcyjnej. Adsorpcja MOMP była wystarczająco silna, aby prawie całkowicie zapobiec jej eluacji przepływem PBS (rys.4.15).

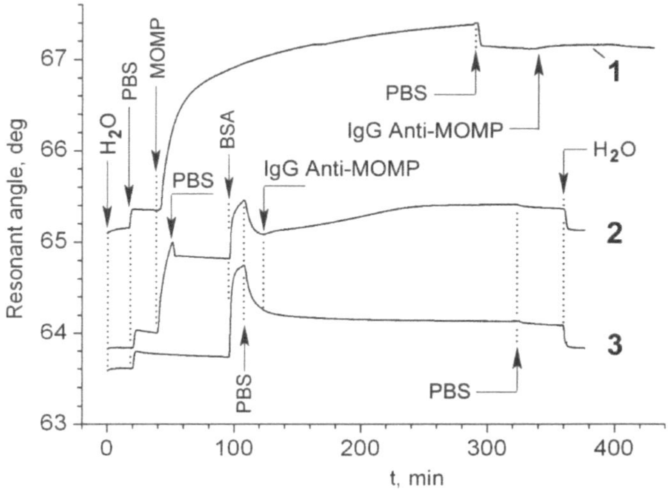

Rys.4.15. Sensogramy SPR adsorpcji MOMP (20µg/ml roztworu w PBS) na różnych powłokach polimerowych i późniejsze wiązanie anty-MOMP monoklonalnej IgG: 1 - czas osadzania polimeru 8 min., grubość początkowa 60nm, czas adsorpcji MOMP 260 min. 2, 3 - równoczesne pomiary z dwukanałową komórką przepływową; czas osadzania polimeru wynosił 6 min., grubość początkowa 20 nm. Rozwiązanie MOMP przechodziło przez kanał roboczy (2) przez 15 min., drugi kanał (3) służył jako punkt odniesienia [14].

Jednakże zbędna adsorpcja (rys. 4.15, sensoryk 1) utrudnia specyficzne wiązanie anty-MOMP IgG (20 µg/ml roztworu w PBS), najwyraźniej w wyniku przeszkody sterycznej. Przy umiarkowanej adsorpcji MOMP i pasywacji niezwiązanych z 2% roztworem PSA w PBS, wiązanie anty-MOMP w kanale roboczym jest wyraźnie widoczne, bez wiązania w kanale referencyjnym. W ten sposób powłoka polimerowa MA-C2H2 może znaleźć obiecujące zastosowania w heterogenicznych technikach badania immunologicznego (ELISA, IFA itp.).

W artykule zamieszczono dane statystyczne, zgodnie z którymi liczba publikacji w czasopismach naukowych poświęconych tematowi czujników SPR jest stale zwiększana przez prawo wykładnicze i do końca 2015 r.

osiągnęła około 6 000. Wskazuje to na aktualność dalszych badań mających na celu opracowanie i stworzenie nowych urządzeń analitycznych opartych na zasadzie SPR. W artykule omówiono główne kierunki rozwoju technologii i konstrukcji dostępnych czujników SPR w celu zwiększenia ich czułości i dokładności pomiarów. Wykazano, że obniżenie chropowatości warstwy nośnej plazmy i zastosowanie dodatkowej warstwy dielektrycznej z rozwiniętą powierzchnią umożliwia ponad dwukrotne zwiększenie czułości z powodu zwiększonej powierzchni oddziaływania pomiędzy elementem wrażliwym a badaną substancją. Rozważane tutaj dodatkowe metody zwiększania dokładności pomiaru to numeryczne metody przetwarzania danych oparte na obliczeniach dokładnego położenia charakterystycznego minimum odbicia dla skończonej wartości kroku skanowania, gdy rzeczywista wartość minimalna znajduje się pomiędzy sąsiednimi krokami. Nasze porównanie najczęściej stosowanych metod wykazało, że najdokładniejszą metodą jest metoda oferowana przez autora (metoda średniej linii). Pozwala to zmniejszyć błąd pomiarowy ponad 60 razy (z 2,4 -10-4 do 4 -10-6) w porównaniu z pomiarami bez przetwarzania liczbowego danych doświadczalnych. Obiecującym technologicznym sposobem zwiększenia dokładności i czułości pomiarów jest zawężenie charakterystyki odbicia $R(\theta)$, co można osiągnąć poprzez zmniejszenie chropowatości warstwy metalu SE dzięki zmianie geometrii wzajemnego ułożenia podłoża i parownika. Stwierdzono doświadczalnie, że gdy podłoże jest umieszczone pod kątem 45° pomiędzy jego normalnym i kierunkiem do parownika, a warstwa metalu SE jest nakładana wielokrotnie, chropowatość powierzchni tej warstwy jest zmniejszona o 2,5 razy: od 2 do 0,8 nm. Zaproponowano geometrię złotej folii napylania o optymalnej grubości, która zapewnia 1,5-krotnie większą reakcję na zmiany współczynnika załamania światła płynnego medium powyżej czujnika SPR oraz 2-krotnie większą reakcję na zmianę współczynnika załamania światła gazowego medium w porównaniu ze standardowymi złotymi wiórkami. Najbardziej rozpowszechnionym sposobem zwiększenia czułości powierzchni i selektywności jest zastosowanie porowatej warstwy dielektrycznej pokrywającej warstwę nośną plazmy: kalixarenów, polimetakrylanu etylu, alkantiole, tlenków złożonych itp.

ROZDZIAŁ 5. PERSPEKTYWICZNE KIERUNKI ZASTOSOWANIA URZĄDZEŃ OPARTYCH NA ZJAWISKU REZONANSU PLAZMY POWIERZCHNIOWEJ

Pomiary optyczne oparte na zjawisku SPR znajdują szerokie zastosowanie w analizach chemicznych i biologicznych, które znajdują zastosowanie przy rejestracji adsorpcji molekularnej w różnych mediach - od gazów do cieczy [1, 2] i ciał stałych (*np.* nieorganiczne cząstki stałe [3] oraz organiczne błony typu Langmuir-Blodgett [4]). Urządzenia diagnostyczne wykorzystujące zjawisko SPR posiadają wysoką czułość na niskie stężenia badanych substancji, co pozwala na wykorzystanie ich jako precyzyjnych narzędzi analitycznych w badaniach laboratoryjnych prowadzonych w przemyśle spożywczym, chemicznym i farmaceutycznym, rolnictwie, medycynie i ekologii.

Czujnik SPR składa się z wrażliwej warstwy, która zapewnia selektywną odpowiedź na określony analit poprzez jakąś reakcję chemiczną oraz fizycznego przetwornika, który przekształca odpowiedni sygnał chemiczny w sygnał elektryczny lub optyczny. Ten ostatni może być dalej wykorzystywany do jakościowego lub ilościowego oznaczania tego analitu. To właśnie ta czuła warstwa definiuje główne parametry pracy czujnika, a mianowicie: czułość, selektywność, granicę wykrywalności i tak dalej. W celu zapewnienia określonych właściwości wrażliwego elementu można osiągnąć poprzez optymalizację jego konstrukcji, technologii jego wytwarzania i właściwego doboru użytych materiałów.

Udoskonalenie urządzeń SPR oraz stworzenie wysoce stabilnych receptorów [5] pozwoliło na skuteczne monitorowanie leków zarówno w procesie ich wytwarzania, jak i stosowania [6-10]. Urządzenia SPR są szeroko stosowane do wykrywania bakterii, pasożytów i wirusów, a mianowicie: Staphylococcus aureus [11, 12], Pichia pastoris [13], Leishmania [14], Mycobacterium tuberculosis [15], ludzki adenowirus [16], wirus Epstein-Barr [17], ptasia grypa H5N1 [18], wirus dengi [19], wirus zapalenia wątroby typu B [20] i HIV [21]. Ponadto metodę SPR stosuje się do profilaktyki i manifestacji zatorowości tętnic we wczesnym stadium [22], wczesnego porodu [23], stwardnienia [24], choroby Alzheimera [25, 26], badania wątroby [27] i nerek [28]. Metoda ta jest również wykorzystywana do oznaczania aktywności nerwów [29], poziomu glukozy [30] i grupy krwi [31]. Warto zwrócić uwagę na zastosowanie metody SPR do monitorowania i leczenia chorób onkologicznych. Ze względu na wysoką czułość [32-36] technologia ta może być skutecznie wykorzystywana do wczesnego wykrywania nowotworów, co jest bardzo ważne dla szybkiego wyleczenia. Urządzenia SPR są również wykorzystywane do leczenia określonych chorób onkologicznych zarówno w celu opracowania leków [37 - 40], jak i do bezpośredniego leczenia. Najszerzej rozprzestrzenione choroby onkologiczne, które można rozpoznać na wczesnym etapie za pomocą metody SPR, to: glejak mózgu [44], czerniak skóry [45] i rak jajnika [46].

Zwiększenie dokładności i czułości pomiarów pozwala poszerzyć obszar stosowania urządzeń SPR w przemyśle produkującym przyrządy do wykrywania ekologicznych i pożarowych niebezpiecznych substancji lotnych, takich jak opary metanolu, acetonu, benzenu w powietrzu strefy lub sekcji farby. Urządzenia te są wykorzystywane do ilościowej i jakościowej analizy następujących komponentów powietrza: SO, H2, NO2, NO2 oraz pary substancji organicznych [47, 48]. Mogą być również wykorzystywane do zintegrowanego kontrolowania jakości wody [49], oznaczania zawartości jonów metali w wodzie i żywności, w szczególności żelaza [50], srebra [51], kadmu [52], chromu [53], oznaczania dostępności i ilości pestycydów oraz herbicydów w wodzie i żywności [54, 55], wychwytywania pasożytów i tworzenia skutecznych sposobów ich zrzucania [56-59]. Zjawisko SPR jest również wykorzystywane w urządzeniach analitycznych do oznaczania substancji trujących i wybuchowych. W szczególności umożliwia wykrywanie takich substancji trujących jak fenole [60], neurotoksyny [61], ochrotoksyny [62], enterotoksyny [63], palitoksyny [64] i cyjanki [65]. SPR można stosować do ujawniania takich substancji wybuchowych jak trinitrotoluol [66], do sprawdzania olejów silnikowych [67], wykrywania dymu i metanolu [69] w powietrzu.

5.1. Zastosowanie techniki SPR w medycynie w weterynarii

Dodatkowe ważne osiągnięcia związane były z dziedziną medycyny ratunkowej i opieki ekspresowej. Polegało to na opracowaniu techniki opartej na SPR, umożliwiającej szybkie monitorowanie powstawania zakrzepów. Parametrami krytycznymi dla powstawania zakrzepów są stężenie fibrynogenu lub produktu degradacji fibryny we krwi pacjenta [70]. Przenośny analizator immunosensorowy gatunków zakrzepowo-zakrzepowych oparty na refraktometrze SPR, przeznaczony do stosowania w praktyce medycznej jako część wyposażenia zespołów ratownictwa medycznego.

Wśród innych badań związanych z medycznym zastosowaniem technik opartych na SPR i wartych wzmianki są badania nad rozwojem immunosensora do wykrywania wirusa Epstein-Barr (EBV), prowadzone w Instytucie Mikrobiologii i Wirusologii NASU (IMV) w Zabolotnym [71]. EBV jest wirusem z rodziny opryszczek, zwanym również ludzkim herpeswirusem 4 (HHV-4). Wirus ten okazał się być zamieszany w kilka chorób, od stosunkowo łagodnej mononukleozy zakaźnej do kilku form raka, takich jak chłoniak Burkitta, chłoniak Hodgkina i rak nosa. Istnieją dowody, że jest to również związane z wyższym ryzykiem wystąpienia niektórych chorób autoimmunologicznych, takich jak stwardnienie rozsiane. Obecne badania mają na celu zwiększenie czułości i niezawodności wykrywania przeciwciał EBV. Ocenę skuteczności leczenia zahamowania proliferacji i wywołania apoptozy komórek nowotworowych przez nanoformy polifenoli roślinnych przy użyciu "Plasmon-6" przeprowadzono w [72]. W badaniu wykorzystano szczury z przeszczepionym mięsakiem szczura Walkera i rakiem myszy Ca-755. Zawartość czynnika transkrypcyjnego NF-kB i peptydów wytwarzanych przez zależne geny w ekstraktach uzyskanych z guzów u zwierząt laboratoryjnych podatnych na to leczenie mierzono metodą SPR i immunoblotingu. Wykazano, że wyniki uzyskane metodą SPR były zgodne z wynikami uzyskanymi przy użyciu bardziej konwencjonalnych technik i dobrze korelowały z efektami biologicznymi obserwowanymi in vivo.

Czujniki oparte na SPR posiadają wyjątkową czułość do określania hybrydyzacji DNA [73]. Określenie poziomu immunoglobulin w surowicy jest bardzo ważne dla rozpoznania chorób autoimmunologicznych i niedoboru odporności [74]. Ukraińscy naukowcy z powodzeniem unieruchomili rekombinowane białko A z Staphylococcus aureus z pozostałością cysteiny C-końcowej (SPA-Cys) na powierzchni nanowarstwowego czujnika "Plasmon-6", zachowując jednocześnie jego wysoką aktywność immunoglobulin wiążącą i selektywność odpowiedzi czujnika. Wykazano przydatność SPA-Cys jako bioselektywnego składnika do tworzenia biosensora do wykrywania IgG [75].

5.1.1 Nieinwazyjne monitorowanie glejaków mózgu ludzkiego

Rezonans plazminowy powierzchniowy (Surface Plasmon Resonance - SPR) jest jednym z najszerzej stosowanych efektów fizycznych wśród zastosowań biosensorów ze względu na wysoką wrażliwość na wiązanie biomolekuł z funkcjonalizowaną powierzchnią złota [76, 77]. Ostatnio efekt SPR zastosowano do kontroli zagregowanego peptydu amyloidu i białek tau, będących częstymi przyczynami demencji u osób w średnim wieku i w podeszłym wieku [78]. W [79] badano kinetykę wiązania niektórych rodzajów białek prionowych, w [80, 81] badano peptydy amyloidalne, które są w stanie przeniknąć barierę krew-mózg. Zaproponowano nawet projekt pilotażowy dotyczący opracowania kompaktowego urządzenia do rejestracji łagodnych urazowych urazów mózgu na podstawie niektórych aptamerów i urządzenia do obrazowania SPR. Głównym celem wszystkich wymienionych odniesień jest rejestracja w osoczu krwi pewnych specyficznych małych białek, które są wydawane we krwi ze względu na neuropatologię. Z reguły taka analiza wymaga specjalnego czasu na przygotowanie badanych próbek. Użycie krwi pełnej lub krwinek zachowuje niepodważalne zalety, ponieważ czas analizy może być zasadniczo skrócony. W artykułach [82-84] efekt SPR został z powodzeniem wykorzystany do badania bardzo rozproszonych obiektów - nierozcieńczonej krwi. Odkryto, że nierozcieńczona krew wykazuje dobrą odpowiedź SPR, a jej kinetyka może być wykorzystana do oznaczania czasu protrombinowego. Niezależnie od niezrozumiałego pochodzenia takiej kinetyki, metoda znajduje zastosowanie praktyczne.

Poniżej podjęto próbę zastosowania efektu SPR w celu ustalenia szansy na ocenę fazy złośliwości i nawrotu choroby w okresie przedoperacyjnym. Jak wiadomo, agregacja krwinek pojawia się na początku drugiego stadium zapalenia. Niedawno odkryto, że wzrostowi nowotworów złośliwych u ludzi (w tym glejaków mózgu) towarzyszy proces związany z nowotworem, który uaktywnia się w wyniku martwicy komórek nowotworowych i ich otoczenia [85]. Istnieje ścisły związek pomiędzy ekspresją stanu zapalnego a agregacją krwi. W pracy [86] autorzy próbują wykorzystać biosensor SPR do określenia mechanizmu agregacji komórek krwi przez niektóre neuropatologie (glejaki mózgu i urazy mózgu). Wykonali numeryczne modelowanie zależności kątowej odbicia światła w geometrii Kretschmanna dla interfejsu złoto-koloidalnego roztworu cząstek sferycznych (model erytrocytów), wykorzystując podejście Bruggemana i koncepcję ośrodka efektywnego [87]. Oferowane w tej pracy podejście do opisu efektu SPR w systemach koloidalnych rozpraszających światło. Opiera się ona na ilościowym obliczeniu dopuszczalności dielektrycznej ε zarówno luzem, jak i w pobliżu metalu granicznego/zawieszenia, z uwzględnieniem teorii Bruggemana dotyczącej efektywnego medium. Wprowadzono koncepcję warstwy pośredniej ze stopniowym wzrostem wartości ε od powierzchni do objętości w granicach grubości warstwy dm. Przepuszczalność dielektryczna badanej zawiesiny podlega tej zasadzie, a liczba składników w tej mieszaninie jest równa dwóm: jeden ze składników jest przezroczystą cieczą (osocze krwi) o przepuszczalności dielektrycznej ~1,8 [88], a drugi - erytrocyty jako mikrosfery o promieniu *R*, które wypełnione są hemoglobiną o przepuszczalności dielektrycznej e~2,07 [88, 89]. Na pewno autorzy przyjmują, że mikrosfery są pakowane na powierzchni złota w jakiś kwadratowy sposób, jak pokazano na rys. 5.1.

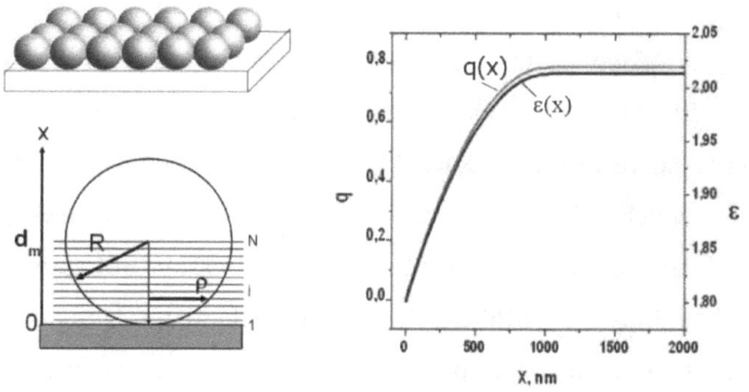

(a) (b)

Rys. 5.1. (a) - mikrosfery na powierzchni złota (góra) i geometria modelu (środek); (b) - zależności dla zestawu mikrosfer R=1000 nm współczynnik wypełnienia q(x) i dopuszczalność dielektryczna ε(x) [86].

Mikrokulki dotykają powierzchni złota, a przestrzeń między nimi wypełniona jest płynem. Aby jakościowo opisać efekt SPR w tym systemie, przedstawmy przestrzeń nad powierzchnią złota jako stos cienkich warstw N, z których każda posiada grubość δ (rys. 5.1, lewy dół). Oczywiste jest, że frakcja hemoglobiny w każdej warstwie wewnątrz obszaru podstawowego 4R2 jest równa πρ2δ, podczas gdy ρ wzrasta od zera (gdy x = 0) do R (gdy x = R = dm).

Retryzm o kącie podstawy 65 stopni i szklane podłoża wykonano ze szkła F-1 o współczynniku załamania światła 1,61. Szeroki zakres kątów skanowania (do 17 stopni w powietrzu) pozwala na ilościowe pomiary pełnej krzywej odbicia, w tym kątów TIR i SPR dla cieczy o różnych współczynnikach załamania światła - od 1,33 (woda) do 1,41 (hemoglobina).

W celu zmierzenia efektu SPR podłoża szklane pokryto cienką warstwą złota (ok. 50 nm) osadzoną na samoprzylepnej podwarstwie chromu za pomocą odparowania termicznego w próżni. Przed rozpoczęciem badań przygotowane substraty przechowywano w suchej atmosferze azotu.

Plastikowa kuweta o objętości 30 μl została wyposażona w dwie plastikowe rury o średnicy wewnętrznej 1 mm, które zostały połączone z cyfrową mikro-pompą. Jako próbki zawiesin autorzy wykorzystali heparynizowaną krew pobraną z żyły zdrowego dawcy i masę komórek krwi po odwirowaniu. Próbki krwi zostały umieszczone w probówkach zawierających 0,1 ml heparyny (5000 U/ml, Pharma life, Ukraina) i wzburzone. W celu przygotowania masy erytrocytów odwirowano część heparynizowanej krwi (10 min, 3000 obr/min). Po oznaczeniu hematokrytu górną warstwę plazmy rozdzielono na inną probówkę, natomiast dolną warstwę masy erytrocytów podzielono podwielokrotnościami 200 μl, które wykorzystano do pomiarów. Próbki zawiesin (krew i masa erytrocytów) przechowywano w temperaturze 4°C. Jako rozwiązanie buforowe autorzy wykorzystali rozwiązanie Ringer (rozwiązanie buforowe, w dalszej części). Jego skład jest następujący: NaCl - 9 g, NaHCO3 - 0,2 g, CaCl2 - 0,2 g, KCl - 0,2 g, glukoza - 1 g, woda - do 1 l. Do płukania układu i regeneracji powierzchni roboczej użyto Decimolarnego roztworu HCl i wody destylowanej. Wszystkie eksperymenty przeprowadzono w temperaturze pokojowej.

W przypadku masy erytrocytów, dopasowanie krzywych doświadczalnych i obliczeniowych pozwoliło nam ilościowo określić wartość objętościową ε dla tej masy erytrocytów (εb = 1,96), grubość warstwy pośredniej dm (300...400 nm) i gradient ε w warstwie pośredniej. Wręcz przeciwnie, krzywa SPR dla krwi pełnej wydawała się być zbliżona do krzywej czystego osocza. Fakt ten pozwala jedynie na oszacowanie grubości dm~2000...3000 nm oraz minimalnej wartości ε w warstwie pośredniej, która jest zbliżona do warstwy plazmy (ε = 1,79). W pierwszym przypadku wykazano, że dm < 600 nm, co pozwala na określenie wartości objętości ε oraz stopnia wypełnienia masy zawiesiny komórkami. W przypadku, gdy dm > 1000 nm, możliwe jest oszacowanie grubości warstwy pośredniej i wartości ε w pobliżu powierzchni. autorzy przyjęli założenie, że kształt komórki w pobliżu powierzchni złota wpływa na obszar styku z metalem, co określa relaksację parametrów warstwy pośredniej. W tym ostatnim przypadku autorom umożliwiono oszacowanie grubości warstwy pośredniej - krwi pełnej złota. Wykazano, że wartość dm wynosi około 2000...3000 nm, a masa zawiesiny jest niedostępna do kontrolowania za pomocą SPR. Sterowanie to może być jednak możliwe w przypadku mniejszej grubości warstwy złota lub gdy w ogóle jej nie ma, gdy interferencja światła wewnątrz zwykłego gradientu ε w pobliżu powierzchni szklanego podłoża staje się dominującym efektem optycznym. Również efekt SPR może być zastosowany w celu określenia szans na ocenę stadium glejaka nowotworu złośliwego i prognozy nawrotu w okresie przedoperacyjnym. Jak wiadomo, agregacja komórek krwi (BC) pojawia się na początku drugiego stadium zapalenia. Ostatnio odkryto, że wzrostowi nowotworów złośliwych u ludzi (w tym glejaków mózgu) towarzyszy proces związany z nowotworem, który uaktywnia się w wyniku martwicy komórek nowotworowych i ich otoczenia. Istnieje ścisły związek między ekspresją stanu zapalnego a agregacją krwi. Autorzy starają się wykorzystać biosensor SPR do określenia mechanizmu agregacji komórek krwi w wyniku niektórych neuropatologii (glejaki mózgu i urazy mózgu).

W pracy Niny Gridiny i współautorów [90] wykonano, że pozycja θmin zwiększa się stopniowo do 64,6 - 66,5 stopnia po kontakcie z BC. Najciekawszą okolicznością jest fakt, że na θmin miała wpływ neuropatologia (ryc. 5.2).

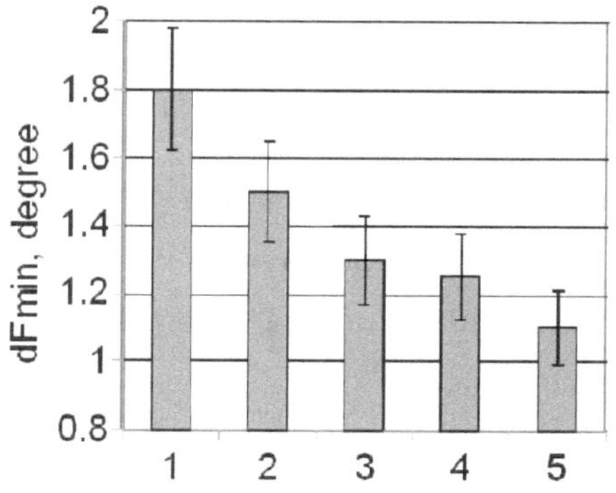

Rys. 5.2. Statystycznie uśrednione przesunięcie pozycji Fmin w kontakcie: 1 - dawca, 2 - glejak II stopnia, 3 - glejak III stopnia, 4 - glejak IV stopnia złośliwości, 5 - umiarkowane uszkodzenie mózgu [90].

Uwzględniono ponad 100 przypadków, stosując standardowe leczenie regresyjne; parametr Studenta nie przekraczał 0,05. Można zauważyć, że reakcja SPR jest wyraźnie ograniczona w kolumnach 1-5. Odpowiada to zdrowiu w statystycznym zróżnicowaniu statystycznym.

Istotne dla zastosowania biosensora SPR jest ujawnienie, który z dwóch czynników - zmiana współczynnika załamania światła lub utworzenie dodatkowej warstwy molekularnej na powierzchni złota - jest odpowiedzialny za obserwowany efekt. Zazwyczaj zmiana w ciekłej objętościowej redukcji załamania jest bardzo mała, więc kinetyka SPR zależy od wyglądu cienkiej warstwy molekularnej na powierzchni złota. Ten przypadek jest inny, ponieważ po kontakcie z komórkami krwi, refrakcja zmienia się energicznie. Badaniami objęto próbki krwi pobrane od 312 pacjentów, podzielonych na grupy w zależności od rodzaju choroby neurochirurgicznej, a mianowicie: i) średnio ciężki uraz mózgu - 73 pacjentów; ii) glejaki o różnym stopniu złośliwości (II - 52. Ill - 103. IV - 84 pacjentów). Jako punkt odniesienia wykorzystano krew pobraną od 52 praktycznie zdrowych dawców. Krew pobrano od pacjentów przed zabiegiem na pusty żołądek z żyły łokciowej, jako antykoagulant użyto heparyny (0,1 ml na 10 ml krwi), nie miało to wpływu na indeks agregacji komórek krwi. Szczury z Wistarline (80 zwierząt w wieku od 4 do 6 tygodni) zostały wykorzystane do zaszczepienia w prawym regionie ciemieniowym miliona komórek glejaka 101,8, które są wysoce złośliwymi i inwazyjnymi analogami glejaka ludzkiego.

Jako grupę referencyjną wykorzystano 5 nienaruszonych szczurów. Te ostatnie oraz 10 zwykłych szczurów w ciągu 18-20 dni po inokulacji szczepu glejaka 101,8 wykorzystano do pobrania krwi po ścięciu głowy. Krew ta została dodana wraz z heparyną w celu doboru optymalnych stężeń werapamilu i ketaminy do badania agregacji komórek krwi pod wpływem różnych stężeń leków. W pomiarach wykorzystano metodę SPR, stosując prototyp wielozadaniowego refraktometru małogabarytowego opartego na nowoczesnych technologiach. Używane były następujące leki: 0,25% roztwór chlorowodorku verapamilu i 5% roztwór chlorowodorku ketaminy (50 mg/ml) z niektórymi dodatkami farmaceutycznymi. Dlatego też stężenie leków wyrażono w stopniach rozpuszczenia w wodzie dejonizowanej, a nie w kretkach. Wpływ werapamilu i ketaminy rozpuszczonej jako 10-1-10-6 dla warunków in vitro na wskaźniki agregacji krwi pobranej od chorych z chorobami neurochirurgicznymi oraz od szczurów z inokulowanym glejakiem 101,8. Krew odwirowywano przez 10 minut z prędkością 1500 obr/min. Komórki krwi oddzielono od osocza, dzieląc je przez objętość 200 μL, do której dodano 20 μL leków. Jako punkt odniesienia, krew jałowa rozpuszczona w 20 μl wody dejonizowanej (bez żadnych leków). Łącznie metoda SPR pozwoliła na zbadanie 636 próbek krwi pacjenta i 10 próbek krwi szczurów z zaszczepionym glejakiem 101,8. Po raz pierwszy autorzy opracowali metodę umożliwiającą badania SPR procesów agregacji komórek krwi dla różnych chorób, w szczególności: uszkodzeń mózgu, glejaków różnych stopni złośliwości i przerzutów nowotworowych w mózgu. Metoda ta nie wymaga stosowania roztworów elektrolitów w kompozycji różnych buforów, co pomimo dostępności kanałów jonowych i receptorów jonotropowych w komórkach krwi czyni ją bardzo atrakcyjną z punktu widzenia obiektywizmu i dostępności. Za główny parametr uznano przesunięcie krzywej rezonansowej SPR, mierzone w stopniach. Ten kompaktowy, wielofunkcyjny refraktometr SPR jest czuły tylko na cienką warstwę krwinek (200-300 nm), które pokrywają warstwę złota. Dlatego też wartość tego parametru zależy nie tylko od zaimka do komórek krwi w próbce stykających się z warstwą złota, ale od całkowitej powierzchni tych błon komórkowych, które bezpośrednio oddziałują z plazmonami.

Kiedy komórki krwi są agregowane (i przypominają tak zwane "kolumny monetarne"), stosunek całkowitej powierzchni cząsteczek komórek do ich objętości jest zmniejszany. Jednocześnie, całkowita ilość komórek w porównaniu z kapeluszem w próbce referencyjnej może być większa, a powierzchnia kontaktu z warstwą złota może być zmniejszona, co skutkuje obniżonym przesunięciem parametru SPR. Ketamina rozpuszczona do poziomu potencji 10-2, 10-3, 10-4 było codziennie wstrzykiwane intrapentonealnie szczurom z Wistarline w porcjach po 50 μL począwszy od 8 dnia po inokulacji glejaka 101,8. Zamiast tego, zwierzęta z grupy referencyjnej otrzymały roztwór chlorku sodu w tej samej objętości. Żywotność tych zwierząt po inokulacji glejaka wynosiła średnio 20 - 22 dni. Guz był dobrze unaczyniony, śmiertelność po inokulacji wynosiła 100%. Za pomocą pakietu zastosowanych programów Statistica l0v dokonano analizy wskaźników przeżycia w ramach metody wielokrotnego szacowania przez Kaplana-Meyera. Do porównania poszczególnych funkcji przetrwania autorzy wykorzystali kryterium Cox F-. W celu znalezienia różnic między grupami i ustalenia wiarygodności różnic między indeksami jednej próbki badanych próbek z innej próbki, autorzy wykorzystali parametryczne t-kryterium wykonane przez Studenta.

Wyniki badań wpływu werapamilu i ketaminy w różnych stężeniach na agregację komórek krwi u chorych na glejaka oraz u zwierząt doświadczalnych z glejakiem inokulowanym 101,8 stały się podstawą do wyboru stężenia blokerów kanałowych w celu ich zastosowania w eksperymentach ze szczurami. W przypadku eksperymentów ze szczurami konieczne było określenie wymaganych stężeń werapamilu i ketaminy w celu wprowadzenia dootrzewnowego. Ponieważ średnia masa ciała szczura jest bliska 75-100 g, objętość krwi w organizmie szczura nie przekracza 2 ml. Badając parametry SPR krwi dla komórek szczurów z tego samego miotu z inokulowanym glejakiem, przed doświadczeniami stwierdzono, że największy spadek parametrów SPR nastąpił przy działaniu 20 μl leków modyfikujących błonę rozcieńczonych do poziomów 10-3 i 10-4 na 0,2 ml komórek krwi zwierzęcej. Zastosowane stężenia ketaminy nie miały wpływu na zachowanie zwierząt i nie powodowały zmian w reakcjach mięśniowych.

Indywidualne różnice w długości życia zwierząt wskazują na konieczność opracowania doskonalszych metod obliczania potrzebnych stężeń leków blokerów kanałowych w warunkach klinicznych. Wyższe stężenie ketaminy nie sprzyjało wydłużeniu żywotności zwierząt doświadczalnych, natomiast niskie stężenie ketaminy sprzyjało wydłużeniu żywotności o 5 dni. Wynik ten wskazuje na specyfikę zasad stosowanych w podejściu chemioterapii w leczeniu nowotworów złośliwych. Uzyskane wyniki wskazują, że działanie przeciwnowotworowe werapamilu i ketaminy w wysokich rozcieńczeniach koreluje ze zmniejszającym się poziomem agregacji komórek krwi.

Antymoplastyczne działanie werapamilu i ketaminy zależy od ich wpływu na poziom agregacji komórek krwi. Tak więc, dla pierwszego utworu, eksperymentalnie opracowane jest nowe podejście do stosowania tych leków, które opiera się na analizie mechanizmu odpowiedzialnego za działanie blokerów kanału receptora NMDA wpływających na potencjał transmembranowy zapewniający zahamowanie wzrostu glejaka. Podejście to zasadniczo różni się od powszechnie przyjętego podejścia, które opiera się na znanych zasadach chemioterapii nowotworów złośliwych.

5.1.2. Diagnoza białaczki bydła

Powszechnie wiadomo, że ekspresowe monitorowanie rozprzestrzeniania się infekcji retrowirusowej wśród ludzi i zwierząt jest ważnym problemem światowym. Leukoza jest chorobą nowotworową układu limfo-poetycznego charakteryzującą się złośliwym przerostem tkanki krwiotwórczej, przerywającym proces dojrzewania komórek hematogennych z intensywnym tworzeniem niedojrzałych form komórkowych. Choroba ta jest typowa dla wszystkich rodzajów ssaków, ptaków i ryb. Najbardziej rozpowszechniona jest białaczka bydła. Jest zarejestrowany na wszystkich kontynentach w dziesiątkach krajów. Znane są dwie formy białaczki: prawidłowa białaczka i reticuloza. Specyficzną cechą charakterystyczną tej choroby jest długi czas trwania bez widocznych zaburzeń w stanie zdrowia. Należy zauważyć, że choroba ta może zostać przeniesiona ze zwierzęcia na człowieka poprzez wykorzystanie mleka. Jest to szczególnie niebezpieczne dla ludzi. Jeśli chodzi o leukozy zakaźne, głównymi środkami, jakie należy podjąć, jest stała diagnostyka zwierząt gospodarskich, skrobanie chorych zwierząt, a następnie ich likwidacja. Profilaksja i eliminacja białaczki jest trudnym zadaniem, ponieważ choroba ta występuje wyjątkowo często. Główną przyczyną złej sytuacji z białaczką w gospodarstwach rolnych jest wprowadzenie zwierząt niekontrolowanych do prowadzonego pojazdu. Dlatego też doskonalenie metod diagnostycznych zapewniających wykrywanie choroby w jej początkowym stadium jest niezwykle ważnym i pilnym zadaniem.

Opracowano dotychczas 20 różnych metod diagnostyki laboratoryjnej białaczki. Na przykład metody hematologiczne, histologiczne i immunologiczne oparte na oznaczaniu przeciwciał indukowanych przez wirusy w surowicy krwi zwierzęcej. Aby zapewnić dostępność zwierząt zakażonych onkowirusem m, opracowano standardową metodę reakcji immunodyfuzji (IDR). Metoda ta jest prosta i tania, ale ma pewne braki związane przede wszystkim z niską czułością i dużymi nakładami na wykonanie tych analiz. W ostatnich dekadach obserwuje się tendencję do stosowania analizy immunofennentalnej (z możliwością wykonania testu ELISA). Analiza ta charakteryzuje się wysoką specyficznością i wrażliwością, ale jej koszt nie pozwala na wprowadzenie jej do szerokiej praktyki weterynaryjnej. Dlatego też jednym z ważnych zadań jest opracowanie nowych, wrażliwych i specyficznych, ale jednocześnie prostych i szybkich metod diagnostyki leukozy we wczesnych stadiach rozwoju tej choroby.

Aby zrealizować ekspresowe metody monitorowania chorób wirusowych w medycynie weterynaryjnej, opracowane przez Instytut Fizyki Półprzewodników im. W. Łaszkarowa (Kijów, Ukraina) był przenośny biosensor oparty na efekcie SPR [91]. Ten biosensor jest autonomiczny i może pracować bez zewnętrznego komputera. Jego działanie zapewnia mikroprocesor w zgodzie ze specjalnie opracowanym oprogramowaniem. Wyniki pomiarów są wyświetlane na wyświetlaczu cyfrowym. Pozwala to na zastosowanie tego biosensora m w warunkach polowych. Opracowany biosensor SPR był testowany w oznaczaniu białaczki bydła. Autorzy tych prac otrzymali antygen wirusa leukozy z enteipryzy "Leucopol" (Połtawska. Ukraina). Supernatant likier z kultury komórkowej, który zawiera wirusa, został odwirowany i przetworzony przy użyciu Tnton X 100. Skoncentrowany antygen wirusa jest zwykle wykorzystywany w badaniach immunologicznych w IDR. W celu wykorzystania tej analizy immunologicznej antygenu m konieczne było dodatkowe odstraszanie tego antygenu poprzez ultrafiltrację i adsorpcję usmg na porowatym szkle o średnicy porów 100 biegnących. W doświadczeniu zastosowano 10-krotne rozcieńczenie antygenu w wodzie destylowanej.

Próbki surowicy krwi krowy zostały pobrane z różnych gospodarstw w regionie Połtawy. Wszystkie próbki zostały sprawdzone w IDR i warunkowo rozdzielone trzema grupami: IDR-pozytywne, IDR-negatywne i wątpliwe, tj. próbki surowicy, które nie były w stanie zapewnić wyraźnych linii precypitacji w żelu. Do pomiarów SPR otrzymano rozcieńczone roztwory buforu fosforanowego o pH 7,4, zawierające 0,14 M chlorku sodu (PBS), 1% roztwór albuminy surowicy bydlęcej (BSA, Sigma). Próbki surowicy krwi od uodpornionych krów otrzymano również z gospodarstw w regionie Połtawy. Szczepienie wykonano szczepionką VL (Leucopol).

Na samym początku zarejestrowano kąt rezonansu odpowiadający wprowadzeniu wody destylowanej do komory pomiarowej (objętość 40 µL). Następnie wprowadzono tam roztwór antygenu wirusa leukozy, przechowywany przez 20 min w temperaturze pokojowej; komórkę przemywano wodą destylowaną w celu usunięcia nadmiaru antygenu, aby zapobiec jego adsorpcji na powierzchniach, oraz zarejestrowano przesunięcie kąta rezonansu. Aby zapobiec niespecyficznemu wiązaniu składników surowicy na powierzchni wrażliwego pierwiastka wprowadzono 1% roztwór BSA do komórki i przechowywano go przez 10 min w temperaturze pokojowej, następnie komórkę przemyto PBS i zarejestrowano pomiar deuce. Następnie komórkę napełniano roztworem antyserum, kolejno obniżając wielokrotność rozcieńczenia 1: 20000, 1: 10000, 1: 1000, 1: 500. Melodia inkubacji dla każdego eseju wynosiła 10 mm. Za każdym razem, gdy komórka była myta przy użyciu PBS, aby usunąć elementy, które nie były adsorbowane. Następnie zarejestrowano reakcję czujnika immunologicznego.

Wykorzystano m te doświadczenia jako preparaty antygenu na wirusa leukozy o różnej skuteczności separacyjnej, surowice krów oznaczane jako EDR-pozytywne. IDR - ujemne i wątpliwe, jak również surowica krwi pobrana od uodpornionych krów. Stwierdzono, że punkowany preparat antygenu LV umożliwia określenie poziomu swoistych przeciwciał w surowicy krwi już przy 10.000-krotnym rozcieńczeniu. Tworzeniu się złożonego antygenu-antybodw (AG-AB) towarzyszyła zmiana m wartości kąta rezonansowego. Zmiana kąta była odwrotnie proporcjonalna do wielokrotności rozcieńczenia surowicy, tzn. reakcja czujnika jest proporcjonalna do ilości specyficznych przeciwciał w teście. Tylko w proporcji 1: 300 można zarejestrować przesunięcie kąta rezonansu w granicach 200 ang.sec. Jest to związane z faktem, że tylko te małe rozcieńczenia są w stanie zapewnić niespecyficzne wiązanie składników surowicy na powierzchni. Autorzy przebadali surowicę krwi krów poddanych szczepieniu, miano przeciwciał w tych testach wynosiło 1:20.000. W wyniku testowania opracowanego przenośnego biosensora opartego na SPR i mającego na celu realizację ekspresowych metod zwalczania chorób wirusowych w medycynie weterynaryjnej, przy wykorzystaniu go jako czujnika immunologicznego do wykrywania białaczki bydła, można wyciągnąć następujące wnioski: Analiza immunologiczno-czujnikowa oparta na SPR jest czułą, szybką i odpowiednią metodą diagnostyki białaczki bydła, której celem jest określenie poziomu przeciwciał indukowanych przez LV w surowicy krwi zwierzęcej. Głównymi markerami antygenowymi dla LV są białka gp5 I i p24. Odpowiednie preparaty są dostępne w handlu i szeroko stosowane w badaniach przesiewowych z IDR, ale wymagają dodatkowego oczyszczenia, które należy zastosować w analizie immunosensorów. Immobilizacja oczyszczonego antygenu LV umożliwia określenie poziomu swoistych przeciwciał w surowicy krwi chorych i zaszczepionych zwierząt. Stwierdzono, że optymalna wielość rozcieńczenia wynosi 1:500 przy ekspresowym oznaczaniu specyficznych przeciwciał przez czujnik SPR. Ale ta praca była dopiero początkowym etapem wdrażania tej analizy immunosensorycznej do diagnostyki leukozy. W tym, co następuje, było wiele pytań wymagających osobnego badania. Na przykład, zadaniem jest rozróżnienie przeciwciał indukowanych przez preparat polowy LV i szczepionki przeciwko LV. Ważnym problemem jest również diagnozowanie białaczki przez mleko krowie usmg, a nie krew krów.

Próbki surowicy krwi i mleka krowiego otrzymano z różnych gospodarstw w regionie Połtawy. Wszystkie próbki surowicy krwi były wcześniej badane przy użyciu IDR. Miano specyficznych przeciwciał w surowicy krwi z wynikiem pozytywnym IDR mieściło się w granicach 1:128...1:256. Świeże mleko rozcieńczano 5-% kwasem octowym, odwirowywanym z przyspieszeniem 15 mmundera 400g, co pozwalało na uzyskanie serwatki mlecznej. W celu zbadania go za pomocą czujnika immunologicznego SPR, autorzy przygotowali różne rozcieńczenia serwatki w buforze fosforanowym 0,01 M (PBS) o pH 7,4 zawierającym dodatek chlorku sodu 0,14 M. Następnie przy użyciu powyższego roztworu serwatki przygotowano 1-% roztwór albuminy surowicy bydlęcej (BSA) otrzymanej z Sigmy.

Badanie serwatek w celu określenia ilości przeciwciał specyficznych dla białek gp51 i p24 retrowirusa przeprowadzono w następujący sposób. Najpierw autorzy zarejestrowali wartość kąta rezonansu odpowiadającego wprowadzeniu roztworu buforowego do komory pomiarowej (objętość 10 μL). Następnie komórkę wypełniono roztworem specyficznego antygenu, przechowywanym przez 20 min w temperaturze pokojowej, przemyto PBS w celu usunięcia nadmiaru antygenu, a miernik urządzenia został utrwalony. Po drugie, komórka została napełniona roztworem serwatki mlecznej rozcieńczonym do poziomu 1:10; 1:20. 1:40; 1:80 1:160 i 1:320. Tunel inkubacji dla każdego testu wynosił 10 nm. Za każdym razem komórkę płukano buforem zawierającym 0,05% Twin-20 PBS w celu usunięcia elementów, które nie były związane z receptorami, a zaraz po tym zarejestrowano odpowiedź immunosensora.

Badaniami objęto 15 testów z IDR-pozytywnych i 10 testów z IDR-negatywnych krów. Możliwe było ustalenie zmian położenia kąta rezonansowego w granicach 250 - 300 kątów na sekundę. Rozcieńczenie 1:20 było optymalne przy wykonywaniu tej analizy. Podczas stosowania tego rozcieńczenia, oznaczenia referencyjne nie spowodowały żadnych zmian w położeniu kąta rezonansu. Jednak testy pobrane od krów z IDR-ujemnych spowodowały odpowiedź w granicach 50 - 70 ang.sec. Wiąże się to z faktem, że przeciwciała są dostępne w tych serwatkach w ilościach niższych niż granica czułości metody DDR; oznacza to, że testy te w rzeczywistości nie są ujemne dla LV. Ponadto autorzy przebadali 12 testów na obecność surowicy krwi i serwatki mlecznej z DDR-pozytywnych i 10 testów na obecność DDR-negatywnych krów. W eksperymentach tych wykorzystano rozcieńczenie surowicy krwi w stosunku 1:500 (minimalna wartość rozcieńczenia surowicy krwi) oraz rozcieńczenie serwatki mlecznej w stosunku 1:20. Wykazano, że surowice krwi krów z wynikiem dodatnim

DDR spowodowały przesunięcie kąta rezonansowego w zakresie 1500 - 1600 ang. sec., podczas gdy serwatki mleczne - 600...650 ang. sec. (Rysunek 5.3). W ten sposób wykazano możliwość finansowania przeciwciał wywołanych wirusem leukozy w serwatce mlecznej chorych zwierząt przy użyciu opartego na SPR czujnika immunologicznego.

Udowodniono, że analiza immunologiczno-czujnikowa jest bardziej czuła niż tradycyjna metoda DDR. Minimalne rozcieńczenie serwatki mlecznej do ekspresowego oznaczania SPR specyficznych przeciwciał w serwatce należy uznać za niewielkie, wynoszące 1:20. Dodatkowo należy zauważyć, że całkowity czas trwania jednej analizy z tym czujnikiem immunologicznym obejmuje jedynie 40 min, w tym okres unieruchomienia antygenu na powierzchni elementu wrażliwego, zablokowania wolnych miejsc do wiązania i umycia komórki pomiarowej. Właściwa procedura badania serwatki nie przekracza 10 min.

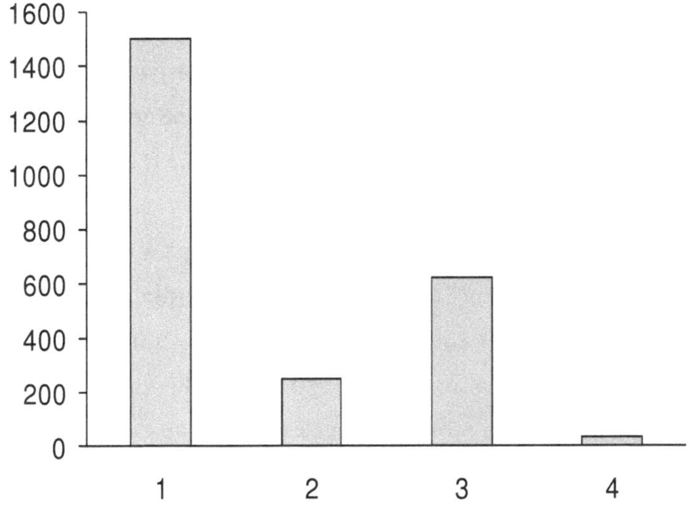

Rys. 5.3. Reakcja czujnika SPR na różne próbki analitów: 1 - Krew chorego bydła; 2 - Krew zdrowego bydła; 3 - Mleko chorego bydła; 4 - Mleko zdrowego bydła [91].

5.2. Czujniki rezonansu plazmowego powierzchniowego do kontroli przyrostu masy ciała

5.2.1. Diagnostyka jakości powietrza

W pracy [47] autorzy wykazali, że morfologiczna modyfikacja nanokompozytu metal-tlenek metalu (cyrkon stabilizowany złotem (Au-YSZ)) powoduje wyraźną zmianę odpowiedzi na gazy H2 i CO, a także pozorną odczulenie na NO2. Folia Au-YSZ została wykonana w technologii warstwowego osadzania oparów fizycznych (PVD), a reakcja folii na gazy była monitorowana poprzez obserwację zmiany położenia wierzchołka zlokalizowanego rezonansu plazmowego (LSPR). Wspomniane tu przełączanie morfologiczne wynika ze zmiany metody wytwarzania próbki z wtryskiwanej współbieżnie folii Au-YSZ, w której cząstki Au są osadzone w matrycy YSZ, na proces przygotowywania nanokompozytów warstwa po warstwie. Analizę PCA wykorzystano do zilustrowania różnicy w odpowiedzi pomiędzy H2 i CO dla próbki współsputtera i próbki małych cząstek. Kompozyty te mogą służyć jako potencjalne materiały wykrywające w matrycy czujników do selektywnego wykrywania H2, CO i NO2. Obecnie trwają eksperymenty mające na celu określenie optymalnej konfiguracji tych próbek w celu selektywnej reakcji na wszystkie gazy. Badane gazy to H2, CO i NO2 w powietrzu. Stężenia ekspozycji wynosiły 200, 500, 1000, 5000 i 10000 ppm dla H2 w suchym powietrzu; 20, 50, 100, 500 i 1000 ppm dla CO w suchym powietrzu; oraz 2, 5, 10, 50 i 100 ppm dla NO2 w suchym powietrzu. Wszystkie próbki o długości fali 3 nm Au, ale o długości fali 5/10/20 nm YSZ są określane odpowiednio jako próbki o średniej, dużej i małej cząsteczce, a folia o długości fali 1,5 nm Au i 20 nm YSZ jest określana jako cieńsza próbka złota. W celu porównania danych sensacyjnych wybrano film wyprodukowany przez co-sputtering Au i YSZ, który był wcześniej badany, i jest określany jako próbka współsputowana. Temperatura ekspozycji wynosiła 500 °C, a wszystkim próbkom pozostawiono czas nagrzewania na pięć godzin przed pierwszą ekspozycją.

W syntezie wszystkich filmów wykorzystano współmagnetron o częstotliwości radiowej, konfokalne osadzanie oparów fizycznych. Ogólna procedura produkcji była następująca: (i) osadzanie 1,5 lub 3 nm Au na podłożach kwarcowych z zamaskowaną połową podłoża. Zamaskowany obszar pozwala na ciągłą rejestrację widma referencyjnego podczas pomiarów spektralnych nanokompozytowej folii Au-YSZ. (ii) wyżarzanie osadzonej folii Au w temperaturze 900 °C przez pięć minut w środowisku Ar o przepływie 2000 sccm. Ten krok wyżarzania skutkuje przejściem z filmu Au do filmu Au NPs. (iii) nałożenie warstwy ograniczającej YSZ (5/10/20 nm grubości w zależności od próbek) na folię Au. I wreszcie, (iv) wyżarzanie zdeponowanych filmów przez trzy godziny w temperaturze 800 °C w przepływie 2000 sccm Ar, aby ustabilizować je do eksperymentów z czujnikami. Półgodzinna ramp-up i końcowe ochłodzenie próbek w argonie były częścią procesu wyżarzania. Zastosowane cele PVD to Au o czystości 99,99% i YSZ (99,9% czystości) z domieszkowaniem 5% mas. itru. Zastosowanie stałego czasu wyżarzania i temperatury wyżarzania dla każdej z próbek prowadzi do próbek o wielkości cząstek Au wynikającej ze zmiany warunków osadzania PVD.

Badanie na rysunku 5.4 pokazuje, że podczas gdy każda z pięciu folii dobrze reaguje na H2, o czym świadczą znaczące przesunięcia w pozycji szczytowej plazmy i stabilnej pozycji bazowej podczas cykli powietrznych, folia z małymi cząsteczkami jest najbardziej czuła spośród wszystkich próbek. Wykresy ekspozycji na wodór próbek cieńszego złota (rysunek 5.4a), (rysunek 5.4b) współsputowanych i (rysunek 5.4c) próbek dużych cząstek. Narażenia są nakładające się i odpowiadają stężeniom odpowiednio 200, 500, 1000, 5000 i 10000 ppm H2 w powietrzu, wzrastającym wzdłuż osi czasu.

Próbki zostały również zbadane pod kątem ich reakcji na emisję CO, a podzbiór wyników narażenia przedstawiono na rysunku 5.5. Podobnie jak w przypadku H2, mechanizm przesunięcia LSPR można wyjaśnić w następujący sposób.

Adsorpcja CO prowadzi do ekstrakcji jonów tlenu z sieci, a następnie wstrzykiwanie elektronów z jonów O2 do matrycy i desorpcja $_{CO2}$. Może to zwiększyć gęstość wolnych elektronów w cząsteczkach Au i spowodować przesunięcie piku plazmy do niższej długości fali widma. Podobnie jak w przypadku eksperymentów H2, reakcje te mogą również wpływać na funkcję dielektryczną. Chociaż wszystkie próbki były badane pod kątem ich reakcji na CO, tylko próbki współsputowane i próbki małych cząstek wykazywały wykrywalną odpowiedź dla wszystkich stężeń CO, jak pokazano na rysunku 5.5. Próbką o najwyższej odpowiedzi była próbka współsplutowana, w której próbka małych cząstek miała małą, ale mierzalną zmianę pozycji szczytowej LSPR. Każda z pozostałych próbek albo miała bardzo małą reakcję szczytowo-zmianową na wyższe stężenia CO, albo żadna z nich nie była wykrywalna powyżej poziomu hałasu bazowego. Reakcja katalityczna CO na $_{CO2}$ okazała się silnie uzależniona od wielkości Au NP. Wykres ekspozycji próbki małych cząstek, która wykazała najwyższą reakcję, przedstawiono na rysunku 5.6 dla ekspozycji na NO2 w zakresie 5, 10, 50 i 100 ppm.

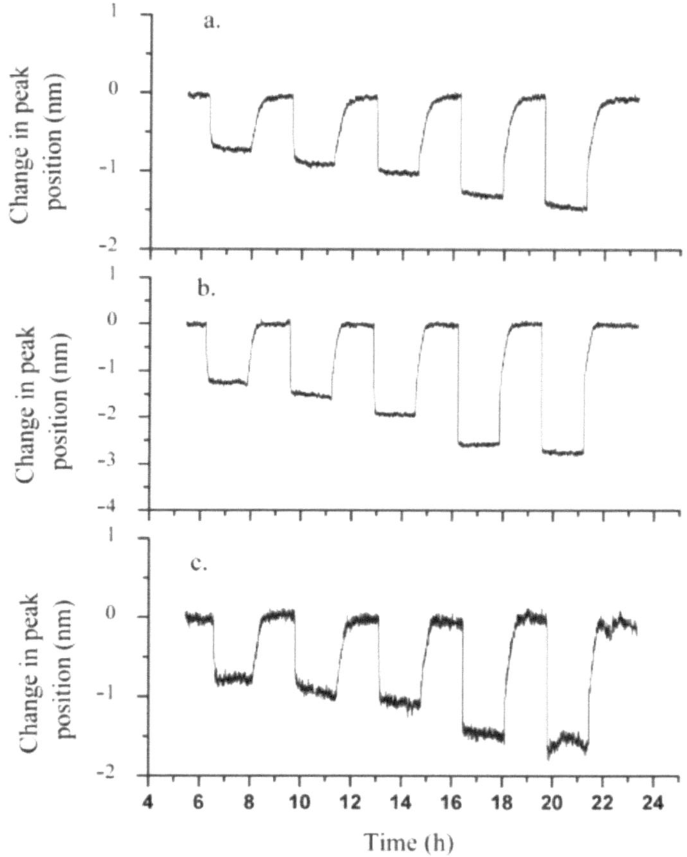

Rys. 5.4. Powierzchnie ekspozycji na wodór próbek a) cieńszego złota, b) współsputowanych i c) próbek dużych cząstek. Ekspozycje są nakładające się i odpowiadają stężeniom odpowiednio 200, 500, 1000, 5000 i 10000 ppm H2 w powietrzu, wzrastającym wzdłuż osi czasu [47].

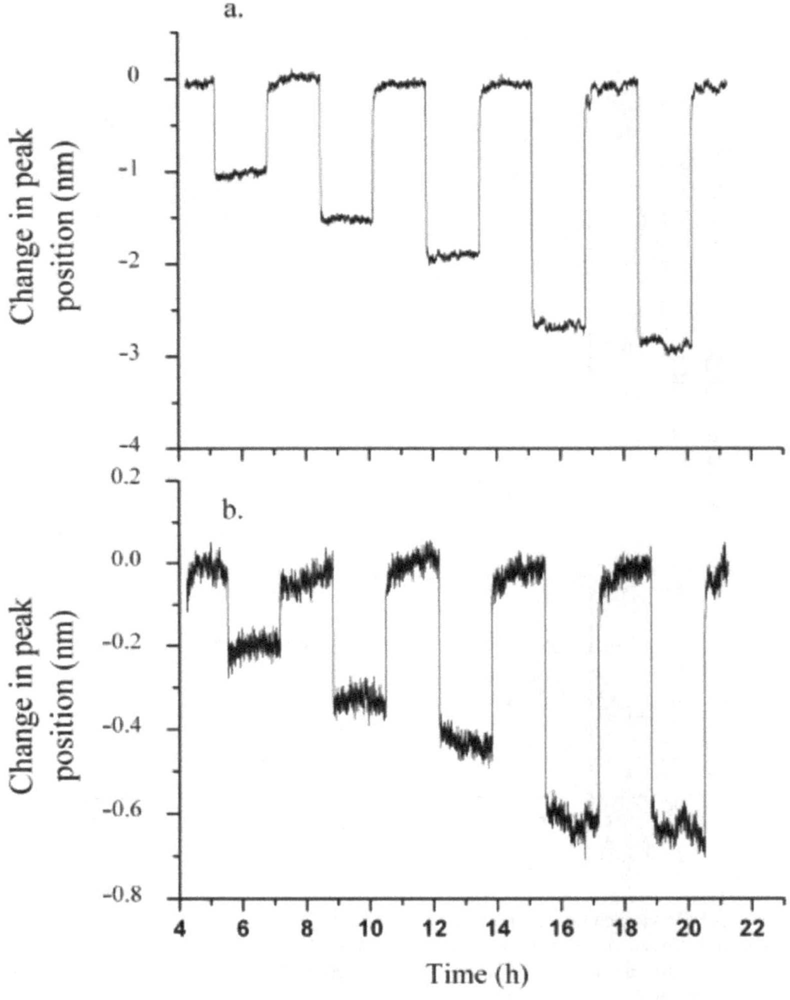

Rys. 5.5. Powierzchnie wystawienia a) współwytryskiwanej próbki i b) próbki małych cząstek na działanie CO. Badane stężenia wynosiły odpowiednio 20, 50, 100, 500 i 1000 ppm w kierunku rosnącym osi czasu [47].

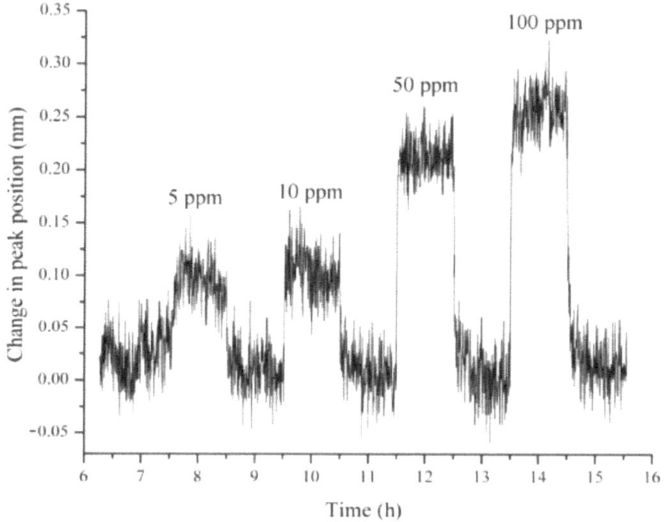

Rysunek 5.6. Wykres ekspozycji próbki małych cząstek na NO2. Badane stężenia wynosiły 2, 5, 10, 50 i 100 ppm, a jedynie ostatnie cztery stężenia, dla których próbka miała wykrywalną odpowiedź, zostały tu przedstawione w kolejności wzrastającego czasu [47].

Narażenie na NO2 powinno spowodować czerwone przesunięcie w pozycji szczytowej osocza, ponieważ wiadomo, że NO2 dysocjuje na kompozytach tlenku metali, a pod warunkiem, że dostępne są wolne miejsca na tlen, dysocjowany tlen byłby adsorbowany jako aniony tlenowe na powierzchni lub kratownicy, odpowiednio O- lub O2-. Spowodowałoby to zmniejszenie gęstości wolnych elektronów Au i zmniejszyłoby częstotliwość plazmy, powodując wspomniane przesunięcie ku czerwieni. Co ciekawe, wszystkie próbki warstw po warstwie były stosunkowo niewrażliwe na NO2.

Reakcja próbki małych cząstek na H2 okazała się wyższa niż w próbce współsplutowanej (150% wzrost w odpowiedzi, do 10 000 ppm H2), podczas gdy reakcja na CO jest znacznie mniejsza (450% redukcja w odpowiedzi, do 1000 ppm CO). Tak zróżnicowana reakcja na dwa gazy redukujące zwiększa możliwość wykorzystania tych próbek w układzie czujników do selektywnego wykrywania H2 i CO. Obecnie prowadzimy badania nad optymalizacją konfiguracji próbek małych cząstek, tak aby uzyskać zwiększoną reakcję na H2, jednocześnie będąc jeszcze bardziej odczulonym na CO i NO2. Optymalizacja wielkości cząstek oraz grubości i składu chemicznego nośnika z tlenkiem metalu może pomóc w realizacji tych celów. Aby wywołać selektywną reakcję próbki małych cząstek w stosunku do CO i H2, PCA została przeprowadzona na zbiorach danych zarówno dla próbki małych cząstek, jak i próbki współsputowanej; próbka współsputowana jest wybierana ze względu na prawie identyczną reakcję w stosunku do H2 i CO w zakresie zmiany pozycji piku plazmy przy ekspozycji na gaz.

W pracy [48] jako wrażliwe materiały wieloczujnikowego układu autor badał cienkie folie calixarene: tret-butyl-calix[4,6,8]arenes (C[4]A, C[6]A, C[8]A) i tetra-amyl-calix[4]resorchinolaren (C[4]Re) syntetyzowane w Instytucie Chemii Organicznej, NAS Ukrainy (Kijów). Cząsteczki tych materiałów to zamknięte kompozycje kilku pierścieni fenolowych o wymiarach klatki 0,63 (1,36) nm dla C[4]A do 0,79 (1,8) nm dla C[8]A. Grubość rzędu 100 nm została wybrana jako optymalna, ponieważ ta grubość folii calixarene zapewnia przesunięcie kąta SPR do zakresu 55-60°, który jest odpowiedni dla wybranych wymiarów pryzmatu. Ponieważ ta klasa folii kaliksarowych jest stabilna termicznie, folie były nakładane z wykorzystaniem odparowania termicznego w próżni bez podgrzewania podłoża (urządzenie VUP-4, ciśnienie resztkowe pary 4·10-4 Pa, prędkość rozpylania 1 nm/s). Kalibrację grubości folii przeprowadzono przy użyciu mikroskopii sił atomowych. W pracy tej jako anality wykorzystano następujące alkohole: etanol, penthanol i izopropanol o super-wysokiej czystości. Do badania zależności od stężenia autorzy zastosowali opary nasyconego alkoholu rozcieńczane suchym, oczyszczonym powietrzem. Rozcieńczenie wykonano za pomocą specjalnej strzykawki o pojemności 20 ml wykonanej z materiału obojętnego dla badanych substancji. Uzyskane krzywe kinetyczne pokazano na rysunku 5.7.-5.9.

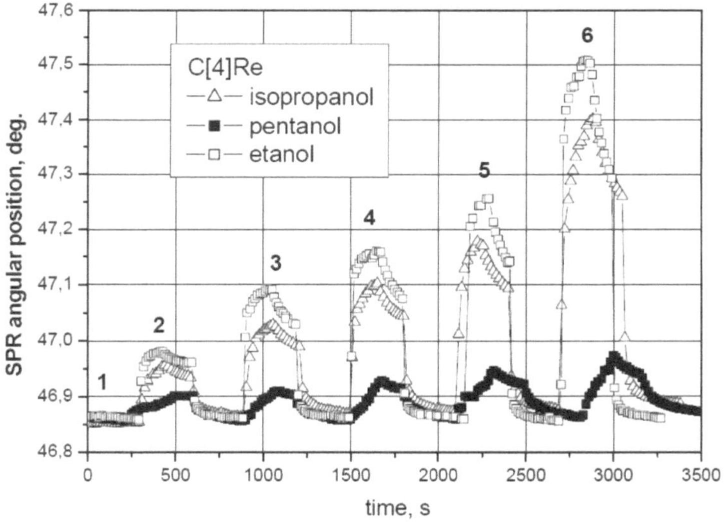

Rys. 5.7. Względna zmiana kąta SPR w stosunku do czasu w przypadku wypompowywania i wypuszczania oparów etanolu, penthanolu i izopropanolu w różnych stężeniach dla folii calixarene'a C[4]A. Zmiany stężenia analitu osiągnięto przez rozcieńczenie par nasyconych alkoholem z czystym powietrzem: 1 - warstwa kaliszu pod działaniem powietrza; 2 - rozcieńczenie 1/10; 3 - rozcieńczenie 2/10; 4 - rozcieńczenie 3/10; 5 - rozcieńczenie 4/10; 6 - rozcieńczenie 6/10 [48].

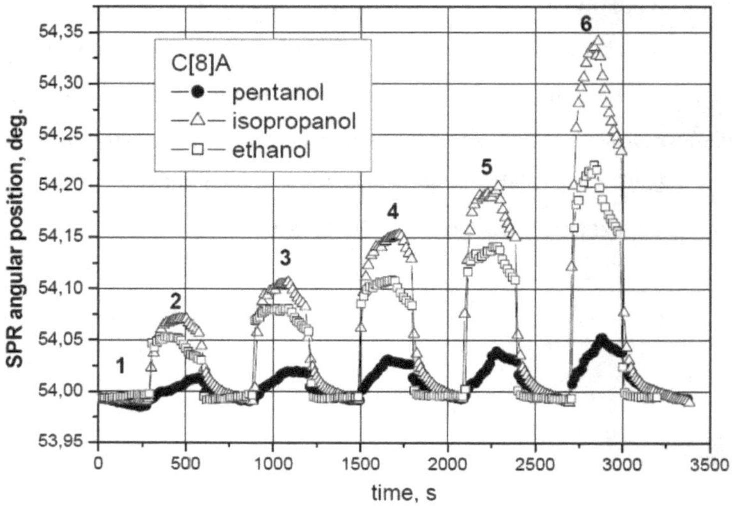

Rys.5.8. Względna zmiana kąta SPR w stosunku do czasu w przypadku wypompowywania i wypuszczania oparów etanolu, penthanolu i izopropanolu w różnych stężeniach dla folii calixarene'a C[8]A. Zmiany stężenia analitu osiągnięto przez rozcieńczenie par nasyconych alkoholem z czystym powietrzem: 1 - warstwa kaliszu pod działaniem powietrza; 2 - rozcieńczenie 1/10; 3 - rozcieńczenie 2/10; 4 - rozcieńczenie 3/10; 5 - rozcieńczenie 4/10; 6 - rozcieńczenie 6/10 [48].

Próbki z foliami calixarene (C[4]A, C[6]A, C[8]A, C[4]Re) umieszczano pojedynczo do komórki jednokanałowego urządzenia BIOSUPLAR-201, a kinetyka zmian położenia kątowego minimów SPR z czasem rejestrowano podczas wstrzykiwania etanolu, penthanolu i oparów izopropanolu w różnych stężeniach, a także po pompowaniu czystym powietrzem.

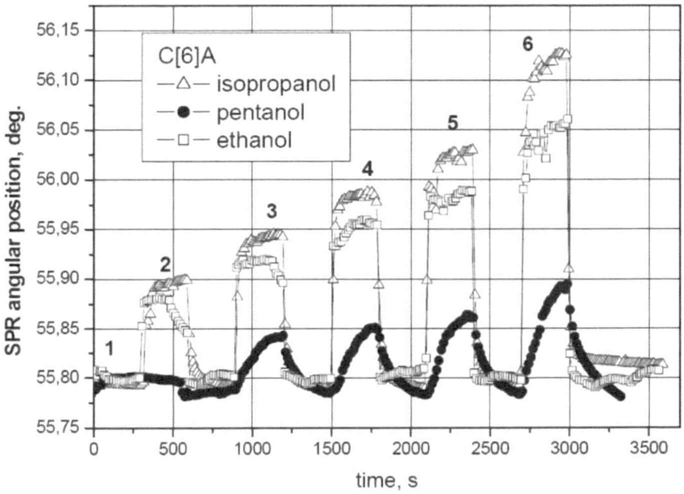

Rys.5.9. Względna zmiana kąta SPR w stosunku do czasu w przypadku wypompowywania i wypuszczania oparów etanolu, penthanolu i izopropanolu w różnych stężeniach dla folii calixarene'a C[6]A. Zmiany stężenia analitu osiągnięto przez rozcieńczenie par nasyconych alkoholem z czystym powietrzem: 1 - warstwa kaliszu pod działaniem powietrza; 2 - rozcieńczenie 1/10; 3 - rozcieńczenie 2/10; 4 - rozcieńczenie 3/10; 5 - rozcieńczenie 4/10; 6 - rozcieńczenie 6/10 [48].

Folie termotransferowe C[4]Re, C[8]A i C[6]A wykazują różną czułość podczas adsorbowania cząsteczek etanolu, izopropanolu i penthanolu. Filmy S[4]A nie wypowiadają żadnej zauważalnej wrażliwości na badane anality, dlatego też odpowiednie krzywe nie zostały przedstawione w niniejszym artykule. Nawet przy użyciu dwóch folii - C[4]Re i C[8]A - można rozróżnić etanol i izopropanol oraz określić ich stężenie.

W pracy [69] autorzy wykazali zastosowanie metody SPR do wykrywania oparów metanolu o niskim stężeniu w powietrzu. Metanol jest substancją trującą, wpływa na układ nerwowy i naczyniowy człowieka. Do oceny poziomu zawartości substancji toksycznych przyjęto wskaźnik wskazujący maksymalne dopuszczalne stężenie (MPC), które odpowiada maksymalnej ilości substancji trującej na jednostkę objętości lub masy, które przy codziennym narażeniu przez nieograniczony czas nie powoduje żadnych zmian w organizmie człowieka [92]. Na Ukrainie maksymalne dopuszczalne stężenie metanolu wynosi 5 mg/m3 [93], co odpowiada w przybliżeniu 0,4% v/v dla temperatury pokojowej (20-22 °C). Nawet niewielka ilość metanolu (do 5 ml) może doprowadzić do poważnego zatrucia, a w niektórych przypadkach wystarczy uzyskać 5-10 ml w organizmie człowieka, co doprowadzi do ślepoty. Autorzy ustalili, że przy stałej szybkości przepływu próbek powietrza z oparami metanolu przez komórkę pomiarową refraktometru SPR kąt minimalnego SPR zmienia się w zależności od stężenia metanolu.

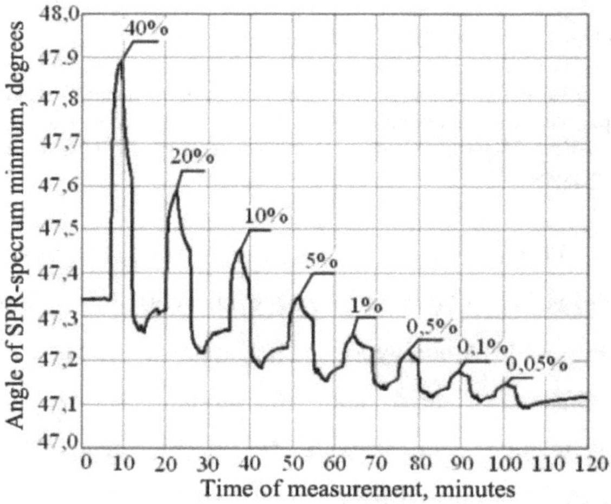

Rys. 5.10. Zależność sygnału PPR od stężenia pary metanolu w powietrzu przy kolejnym podawaniu badanych próbek i oczyszczaniu komórki czystym powietrzem [69].

Objętość metanolu w ilości 30 ml prowadzi do wyniku śmiertelnego. Opary metanolu, dostające się do płuc, są wchłaniane do krwioobiegu i tym samym dostają się do krwioobiegu [94].Opary metanolu są również niebezpieczne dla ludzi i powodują silne podrażnienie błony śluzowej w ilości zaledwie 1000 ppm (0,1% obj.) [95]. Badania eksperymentalne potwierdziły możliwość wykorzystania zjawiska rezonansu plazmowego powierzchniowego do wykrywania oparów metanolu zgodnie z wymaganiami MPC (5 $^{mg/m3}$, co odpowiada około 0,37% obj.) Praktycznie liniowa zależność ustalana jest dla dwóch sekcji: a) przy stężeniu metanolu w powietrzu od 0,05 do 1% obj. Stwierdzono analityczny opis tej zależności: $\Delta\theta$=0,1068C+0,0568, gdzie $\Delta\theta$ - różnica w minimalnym kącie SPR, C - stężenie metanolu, podczas gdy wiarygodność aproksymacji wynosi R2=0,992. b) Przy stężeniu metanolu w powietrzu od 1 do 40% v/v. wykres zależności od stężenia jest przybliżony praktycznie liniową zależnością $\Delta\theta$=0,0128C+0,121 z wiarygodnością aproksymacji R2=0,998.

5.2.2 Wykrywanie nanodyspersyjnych zanieczyszczeń i metali ciężkich w wodzie pitnej

Woda jest najważniejszym zasobem naturalnym. Źródła czystej wody mają ogromne znaczenie dla zdrowia ludzkiego, przemysłu i rolnictwa. Do oceny właściwości wody wykorzystuje się cztery główne grupy czynników: fizyczny, hydrobiologiczny, bakteriologiczny i chemiczny. Do kontroli wykorzystywane są takie parametry wody jak mętność i zawiesina ciał stałych. Mętność jest czynnikiem charakteryzującym naturalną właściwość wody, którą określa dostępność zawieszonych w niej cząstek organicznych i nieorganicznych.

Główne negatywne konsekwencje wysokiej mętności wody związane są z faktem, że czynnik ten chroni mikroorganizmy w procesie odkażania światłem ultrafioletowym i stymuluje rozwój bakterii. Dlatego też, we wszystkich przypadkach, gdy woda jest odkażana, mętność powinna być minimalna, aby zapewnić wysoką skuteczność tej procedury. Mętność wody określa się za pomocą techniki fotometrycznej w celu porównania próbek badanej wody z zawiesinami standardowymi. Wyniki pomiarów wyraża się zazwyczaj w mg/dm3 (µg/cm3), przy zastosowaniu głównej standardowej zawiesiny kaolinu lub zawiesiny formazyny (jednostka nefelometryczna formazyny - FNU). W ostatnim czasie ta ostatnia technika jest stosowana na całym świecie jako główna technika fotometryczna, co znajduje odzwierciedlenie w normie ISO 7027 [96]. Norma ISO 7027-1:2016 określa dwie metody ilościowe wykorzystujące turbidymetry optyczne lub nefelometry do określania mętności wody. Nefelometria ma zastosowanie do wody o niskiej mętności (np. wody pitnej), a turbidymetria ma często zastosowanie do wód o wysokiej mętności (np. ścieków lub innych wód pochmurnych). Mętność mierzona techniką nefelometryczną jest zwykle wyrażana w jednostkach mętności nefelometrycznej (NTU). Wyniki zazwyczaj mieszczą się w zakresie wartości <0,05 NTU i 400 NTU, które w zależności od zakresu stężenia zawiesiny kaolinowej od 50 ng/mL do 400 µg/mL oraz zawiesiny ditlenku krzemu od 6,5 ng/mL do 52 µg/mL. Istnieje równoważność numeryczna jednostek NTU i FNU. Amerykańska Agencja Ochrony Środowiska (US EPA) oraz Światowa Organizacja Zdrowia (WHO) stosują NTU jako jednostkę pomiaru zmętnienia. Do oznaczania zawiesin w wodzie surowej stosuje się normę ISO 11923:1997 [97]. Norma opisuje metodę oznaczania zawiesin w wodach surowych i ściekach poprzez filtrację przez filtry z włókna szklanego. Najniższa granica oznaczalności wynosi około 2 µg/ml.

Zgodnie z danymi US EPA dopuszczalna zawartość zanieczyszczeń stałych w wodzie pitnej wynosi 500 µg/ml [98]. WHO reguluje wartość mętności wody pitnej poniżej 0,2 NTU (tj. 0,2 µg/ml), a wartość całkowitej ilości rozpuszczonych ciał stałych poniżej 600 µg/ml [99]. Zgodnie z normą Ukaińska [100] dotyczącą mętności i zawiesiny ciał stałych, zawartość mechanicznych cząstek stałych w wodzie powinna mieścić się w zakresie 200-500 μg/ml, natomiast stężenie koloidów określających mętność wody - od 1-20 μg/ml.

Dostępne metody kontroli stężenia zawiesiny umożliwiają określenie wymiarów nanocząsteczek oraz ich rozkładu według wielkości [101, 102]. Najszerzej stosowane w praktyce są metody umożliwiające kontrolę stężeń i dyspersyjności, oparte na pomiarach rozpraszania wiązki światła oraz na ważeniu zawieszonych cząstek stałych, a mianowicie: mikroskopia optyczna i elektronowa, spektrometria ultradźwiękowa i elektroakustyczna, odwodnienie itp. Większość tych metod wymaga znacznych nakładów czasowych i przygotowania badanych próbek do analizy [103]. W związku z tym aktualne wydaje się zbadanie możliwości kontrolowania niskich stężeń stałych nanocząsteczek w zawiesinach wodnych.

Aby rozwiązać to zadanie, wybraliśmy alternatywną, wysoce czułą metodę optyczną opartą na zjawisku rezonansu plazmy powierzchniowej (SPR). Urządzenia diagnostyczne SPR posiadają bardzo wysoką czułość na niskie stężenia cząstek (0,01...2 ng/mL) [104, 105] oraz wysoką dokładność wyników pomiarów [106]. Przy użyciu metody SPR można określić stężenie cząstek w zawiesinie z uwzględnieniem znanych wartości ich stałych optycznych oraz amplitudy odpowiedzi czujnika SPR. W pracy [107] autorzy badali rozwiązanie problemu, a mianowicie: wyznaczenie odpowiedzi czujnika SPR za pomocą ustalonych wartości stężenia zawiesiny z uwzględnieniem stałych optycznych właściwych dla jej składników w celu znalezienia minimalnego stężenia, które można wykryć metodą SPR. Autorzy zaproponowali model efektywnego medium do sporządzania zawiesiny wodnej. Zawiesina wodna z cząsteczkami stałymi o rozmiarach nanometrycznych może być uważana za modelową heterostrukturę składającą się z ciekłej matrycy i wypełniacza rozproszonego w fazie stałej.

Znając wartości względnej dopuszczalności dielektrycznej dla tej matrycy i wypełniacza, można określić procent heterostruktury. Najbardziej rozpowszechnionym podejściem do opisania tego systemu są podejścia Maxwella-Garnetta i Bruggemana, które obowiązują dla mediów z chaotycznym rozmieszczeniem wypełniacza w matrycy. Modelowi temu towarzyszy zwykle koncepcja efektywnego medium z pewną efektywną przenikalnością dielektryczną, której wartość mieści się w wartościach przenikalności dielektrycznej właściwej dla tej matrycy i wypełniacza [108]. Ważnym warunkiem zastosowania podejścia Maxwella-Garnetta jest niewielki rozmiar ***a*** nanocząsteczek w porównaniu z odległością między nimi ***b*** i, w konsekwencji, ich małe stężenie objętościowe ***f*** w głównej masie substancji (rys. 5.11).

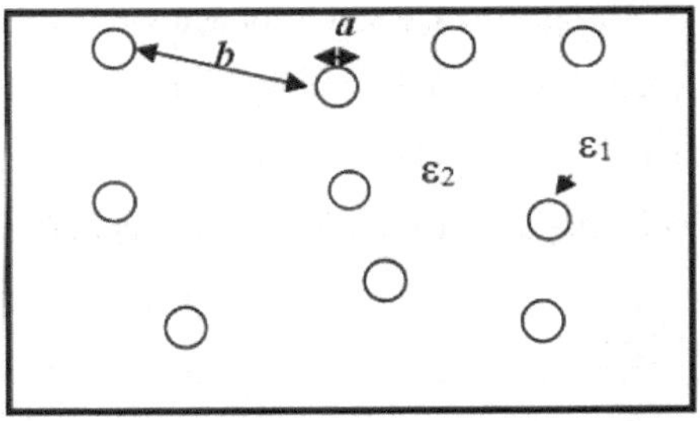

Rys. 5.11. Model dwuskładnikowego medium dla podejść Maxwella-Garnetta i Bruggemana [108].

Model oparty na podejściu Bruggemana ma zastosowanie w przypadku, gdy frakcje objętościowe składników ***f1*** i ***f2*** odpowiadają stosunkom od 1/3 do 2/3, tj. dla wysokich stężeń. Ponieważ w zgodzie z wyznaczonym zadaniem konieczne jest kontrolowanie niskich stężeń nanocząsteczek w zawiesinie wodnej metodą SPR, autorzy wybrali do modelowania podejście Maxwella-Garnetta. Jako matrycę, w pracy autorzy uwzględnili wodę destylowaną i nanocząsteczki diamentowe służące jako wypełniacz. Poza tym, w roli wypełniacza użyliśmy nanocząsteczek dwutlenku krzemu SiO2, żelaza Fe i jego tlenku Fe2O3, ponieważ są one najczęściej dostępne w wodzie pitnej. Oszacowanie odpowiedzi czujnika SPR (tj. kątowego przesunięcia minimum nieodłącznie związanego z charakterystyką odbicia $R(\theta)$) przeprowadzono poprzez wykreślenie teoretycznej zależności $R(\theta)$ dla następującego systemu wielowarstwowego: "szkło pryzmatyczne" - warstwa metalu - dielektryk (analit) - medium zewnętrzne", a dla *spolaryzowanego* światła padającego monochromatycznie w przypadku analitów: woda destylowana i woda w zawiesinie - diament. W tym systemie pryzmat zapewnia niezbędne warunki do obserwacji SPR - całkowite odbicie wewnętrzne na granicy metalu - analit. Charakterystykę odbicia $R(\theta)$ obliczono jako funkcje kąta padania przy użyciu wzorów Fresnela i formalizmu matematycznego matryc rozpraszających Jonesa [108] oraz metody [109]. Ponadto autorzy przeprowadzili eksperymentalne badania zawiesiny wodnej z nanocząsteczkami diamentu przy użyciu refraktometru SPR "Plasmon-71" opracowanego w Instytucie Fizyki Półprzewodników im. Reakcja czujnika SPR została zmierzona dla 7 próbek zawiesin woda - nanocząsteczki diamentowe o różnym stężeniu, a mianowicie: 0,25, 0,5, 1,0, 2,0 i 3,0 mg/ml (ppm). Średnia wielkość cząstek była mniejsza niż jeden mikrometr. Stopniowe zastępowanie wody destylowanej zawiesinami w komorze pomiarowej urządzenia zapewniła pompa perystaltyczna, a anality były pompowane z prędkością 50±1 μL/min. Objętość komórki wraz z rurami wejściowymi wynosiła 50 μL, co umożliwiło ekspresową analizę próbek (mniej niż 2 minuty). Refraktometr, pompa perystaltyczna i zbiorniki z badanymi próbkami umieszczono wewnątrz termostatu pracującego w temperaturze 20±0,1°C.

Różnica pomiędzy wynikami doświadczalnymi i teoretycznymi (Tab 5.1) może być związana z procesem konglomeracji w tych zawiesinach w większych odległościach od elementu wrażliwego niż odległość rozpadu powierzchniowego pola plazmowego (λ/2.7 = 314 nm).

Tabela 5.1. Wyniki pomiarów i obliczeń [107].

Nie, nie.	Przygotowane stężenie, mg/ml	Reakcja czujnika, ang. sec.	Obliczone stężenie, mg/ml
1	0.25±0.01	11±3	0.13±0.01
2	0.50±0.01	21±3	0.25±0.01
3	1.00±0.01	40±3	0.48±0.01
4	2.00±0.01	73±3	0.87±0.01
5	3.00±0.01	112±3	1.33±0.01

Może to spowodować zmniejszenie stężenia nanocząsteczek w strefie czułości, czego główną konsekwencją powinno być pewne zmniejszenie wartości przesunięcia kątowego charakterystyki odbicia, co odpowiada niższej wartości stężenia zawiesiny. Najpowszechniej dostępne komercyjne urządzenia SPR umożliwiają kontrolę stężenia nanocząsteczek w zakresie od 0,12 do 3,85 μg/ml. W tym zakresie najmniejszą granicę wykrywalności uzyskano dla nanocząsteczek diamentowych, a największą - dla dwutlenku krzemu, co jest oczywiście spowodowane wartością gęstości właściwej dla substancji nanocząsteczek ρ, której iloczyn objętościowej frakcji nanocząsteczek w zawiesinie dla diamentu ma swoją najniższą wartość, a dla dwutlenku krzemu - najwyższą.

Również ci autorzy w swojej pracy [110] badali zawiesinę wodną syntetycznych proszków diamentowych o rozmiarach cząstek mniejszych niż jeden mikrometr, która jest wykorzystywana w przetwarzaniu materiałów części optycznych i urządzeń elektronicznych. Wyniki badań wykazały wysoką czułość metody SPR (840 kątowych min·μg-1·ml) na niskie stężenia proszku od 2 do 50 μg/ml. Zastosowanie diamentów jako nanocząsteczek w układach koloidalnych mających na celu polerowanie jest spowodowane ich wysoką twardością, trwałością chemiczną i wysoką przewodnością cieplną [111]. Aby zapewnić precyzyjną obróbkę powierzchni, konieczne jest stosowanie stabilnych zawiesin wodnych o minimalnych rozmiarach kruszyw i maksymalnej powierzchni właściwej [112]. Ze względu na dużą liczbę funkcjonalnych grup powierzchni, nanosizowane diamenty skłaniają się do tworzenia agregatów pierwotnego i wtórnego rodzaju, co obniża stabilność zawiesin [113]. Wraz ze wzrostem liczby cząstek w zawiesinach zwiększa się również ilość kontaktów między nimi, co może powodować powstawanie wiązań między agregatami pierwotnymi, a wiązania te mogą powodować pogorszenie stabilności sedymentacji. Niestabilna zawiesina nie ma zastosowania w obróbce mechanicznej [114]. Dlatego celowe jest stosowanie zawiesin o minimalnym stężeniu nanocząsteczek w jednostce objętości. Dostępne metody kontroli stężenia i dyspersji zawiesin pozwalają na określenie wielkości nanocząsteczek i ich wielkości dyspersji. Najbardziej praktyczne zastosowanie mają metody kontroli dyspersji oparte na pomiarach rozpraszania światła, mikroskopii optycznej i elektronowej, spektrometrii ultradźwiękowej i elektroakustycznej, magnetycznego rezonansu jądrowego i innych. Większość z nich ma charakter laboratoryjny i wymaga znacznych nakładów czasowych oraz przygotowania próbek do analizy. W celu określenia stężenia nano-diamentowego proszku w zawiesinie wodnej stosuje się model heterostruktury. Ta heterostruktura składa się z ciekłej matrycy i drobno rozproszonego wypełniacza fazy stałej. Gdy znane są wartości względnej dopuszczalności dla matrycy i wypełniacza, model pozwala określić procentowy skład tej heterostruktury. Jako matrycę wzięliśmy pod uwagę wodę destylowaną, a jako wypełniacz - nanowymiarowy proszek diamentowy. Autorzy dokonali pomiarów przesunięcia kątowego związanego z charakterystyką odbicia 7 próbek zawiesin woda - proszek diamentowy o różnych stężeniach nanocząsteczek diamentowych, a mianowicie: 2,5, 5, 10, 20, 30, 40 i 50 μg/ml (ppm). Średnia wielkość cząstek była mniejsza niż jeden mikrometr. Dodatkowo przeprowadziliśmy pomiary z wykorzystaniem metody konduktometrycznej do określenia przewodności właściwej dla każdej zawiesiny.

Refraktometr SPR, pompa i zbiorniki z próbkami zawiesiny zostały umieszczone w termostacie i utrzymywane w temperaturze 20°C. Podczas pomiaru przewodności, konduktometr i zbiorniki z próbkami zostały również umieszczone w termostacie w tej samej temperaturze. Stopniowe zastępowanie wody zawiesinami w komorze pomiarowej urządzenia wykonano przy użyciu pompy perystaltycznej. Analitycy byli pompowani przez komórkę pomiarową z prędkością 50±1 μl/min. Objętość tej komory z rurami wejściowymi wynosiła 50 μl, co umożliwia przeprowadzenie analizy ekspresowej (nie dłużej niż 2 minuty). Wykres zależności związany z zmierzonym przesunięciem kątowym charakterystycznego minimum odbicia od stężenia nanowymiarowego proszku diamentowego w zawiesinie (rys. 5.12) ma charakter liniowy i może być przybliżony przez funkcję y(x) = 0,281x - 0,808 o współczynniku dopasowania R2 = 0,999.

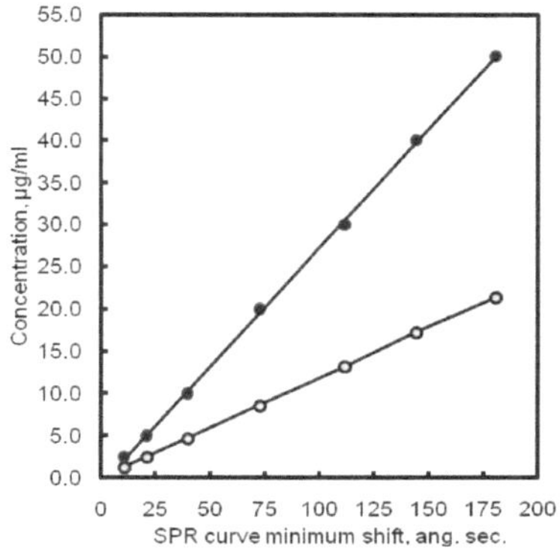

Rys. 5.12. Liniowe korelacje pomiędzy stężeniem proszku diamentowego w zawiesinie a kątowym przesunięciem charakterystycznego minimum odbicia w warunkach SPR dla danych doświadczalnych (wypełnione okręgi) i tych obliczonych przy użyciu modelu (okręgi otwarte) [15].

Obserwowana różnica pomiędzy wynikami doświadczalnymi i teoretycznymi może być związana z procesem tworzenia konglomeratów w zawiesinie w większych odległościach od elementu wrażliwego niż w przypadku rozpadu powierzchniowego pola plazminowego ($\lambda/2{,}7$ = 240 nm). Może to prowadzić do zmniejszenia stężenia nanocząsteczek w strefie wrażliwej, a w konsekwencji do zmniejszonej wartości przesunięcia kątowego. W celu oszacowania różnicy pomiędzy wynikami doświadczalnymi i teoretycznymi autorzy wprowadzają do uing współczynnik konglomeracyjny Kcon zdefiniowany jako stosunek stężeń obliczony według wzoru Maxwella-Garnetta do tych ustalonych doświadczalnie.

Autorzy analizy wykazali, że Kcon zależy od stężenia, a wykres tej zależności jest dobrze przybliżony przez funkcję logarytmiczną $y = 0{,}139 \cdot \ln(x) + 1{,}909$ o współczynniku dopasowania R2 = 0,984 (rys. 5.13).

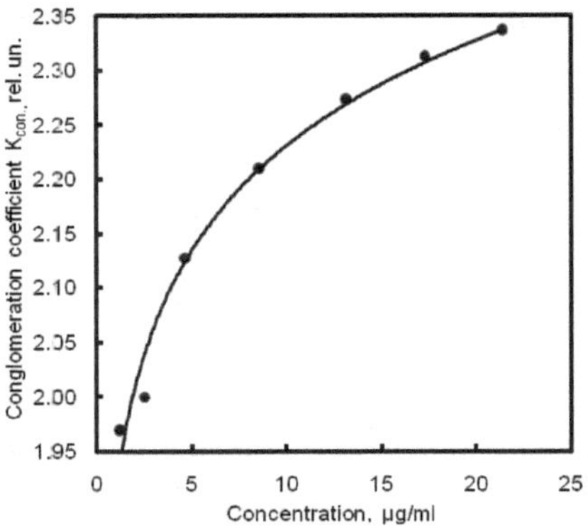

Rys. 5.13. Zależność współczynnika konglomeracyjnego Kcon od stężenia proszku diamentowego w zawiesinie wodnej.

Autorzy wykazali zdolność do kontrolowania niskich stężeń proszków diamentowych w wodzie destylowanej za pomocą metody rezonansu plazmy powierzchniowej o wysokiej czułości i dokładności. Czułość czujnika SPR w zakresie stężeń nanocząsteczek diamentowych w zawiesinie od 2 do 50 µg/ml osiąga wartości od 840 do 1007 kątów min·µg-1·ml (rys. 5.14).

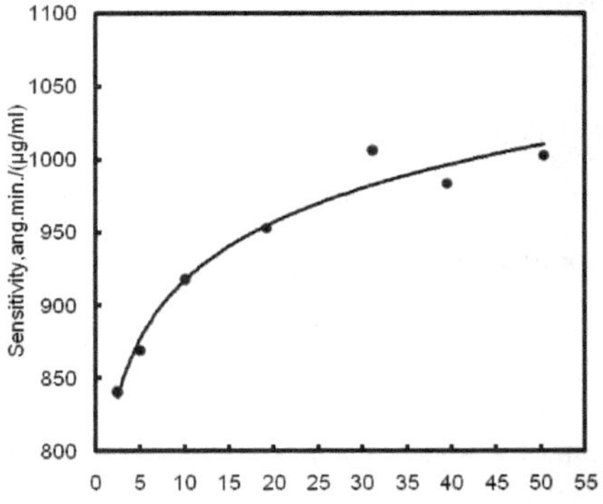

Rys. 5.14. Zależność czułości czujnika SPR od stężenia zawiesiny diamentowo-wodnej.

Wzrost czułości związany jest ze zwiększeniem efektywnej przenikalności dielektrycznej w obszarze powierzchniowego pola rozkładu plazmy, gdy stężenie nanocząsteczek jest zwiększone. Metoda konduktometryczna nie ma charakteru informacyjnego, ponieważ w zakresie stężeń nanocząsteczek pomiędzy 2 a 50 μg/ml mierzona przewodność zawiesiny była taka sama: 5±1 μSm/cm. W związku z tym nie można go stosować do oznaczania niskich stężeń nierozpuszczalnych zanieczyszczeń w cieczach.

Substancje szkodliwe mogą być odprowadzane do różnych środowisk, w tym do powietrza, gleby i wody, przez które mogą one zakłócać pracę organizmów ludzkich i dzikich zwierząt jako substancje zaburzające gospodarkę hormonalną, substancje rakotwórcze lub toksyczne. W celu ochrony zdrowia publicznego i lokalnych ekosystemów przed szkodliwym wpływem tych związków, pilnie potrzebne są skuteczne narzędzia do ich szybkiego wykrywania.

Metale ciężkie należą do grupy szkodliwych zanieczyszczeń nieorganicznych. Uwalniane są one do środowiska z fabryk i spalarni węgla i nie ulegają naturalnemu rozkładowi w środowisku [115]. Wykrywanie metali ciężkich zostało zademonstrowane przez Wu i wsp., którzy użyli instrumentu Biacore X (Biacore AB, Szwecja) z króliczą metalotyną sprzężoną z matrycą dekstranu na chipie czujnika [48]. Modelowe doświadczenia z wykorzystaniem metaloteiny jako receptora wykazały potencjał tego czujnika do bezpośredniego wykrywania Cd, Zn i Ni w buforze w stężeniach do 0,1 μgmL-1. Inna metoda bezpośredniego wykrywania jonów Cu2+ (ryc. 5.15) została opisana przez Ocka i wsp.

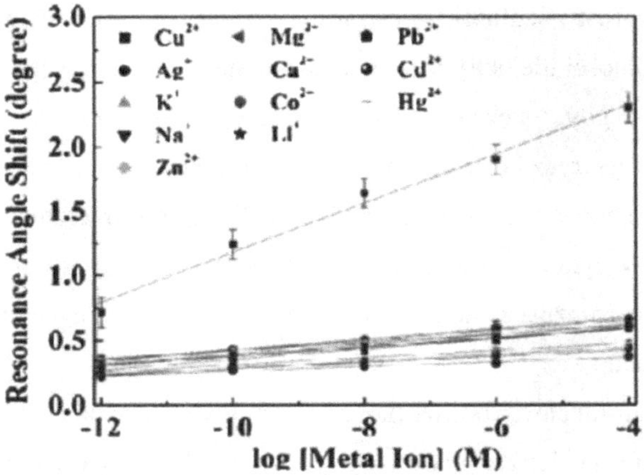

Rys. 5.15 Krzywa kalibracyjna bezpośredniego czujnika Cu2+ SPR z barwnikiem SQ obciążonym warstwą polimerową osadzoną na powierzchni [116].

Jako element rozpoznawczy wykorzystano czujnik oparty na tłumionym całkowitym odbiciu i kątowej modulacji SPR z barwnikiem squarylium (SQ) obciążonym cienką warstwą polimerową. Ten barwnik zmienia swoje wchłanianie, gdy w teraktach z jonami Cu2+. Dzięki anomalnej dyspersji towarzyszącej tej absorpcji, można zaobserwować zwiększone zmiany współczynnika załamania światła, gdy barwnik SQ jest wystawiony na działanie jonów Cu2+. Dostrajając długość fali roboczej czujnika SPR do długości fali absorpcyjnej barwnika, selektywne wykrywanie Cu2+ w zakresie stężeń 1×10-12-1×10-4 M (0,063 pg mL-1 to 6,3 µgmL-1).

Inne szkodliwe związki, takie jak patogeny bakteryjne i toksyny, można również znaleźć w środowisku. Na przykład patogeny bakteryjne, w tym Legionella pneumophila, Salmonella typhimurium, Yersenia enterocolitica i Escherichia coli O157:H7 są znane jako zdolne do wybuchu epidemii poprzez systemy wody pitnej, wieże chłodnicze lub systemy wymiany ciepła. Bakterie te stanowią poważne zagrożenie dla populacji, ponieważ mogą powodować różne choroby, takie jak choroba legionistów (Legionella pneumophila), zapalenie żołądka i jelit (Salmonella typhimurium) oraz biegunka (Yersinia enterocolitica, Escherichia coli O157:H7). Ponadto różne toksyny mogą być uwalniane do środowiska z naturalnych źródeł, takich jak algi. Wśród nich kwas domoikowy (DA, toksyna o niskiej masie cząsteczkowej wytwarzana przez okrzemki morskie Pseudonitzshia pungens) jest identyfikowany jako stwarzający zagrożenie dla populacji ludzkich, ponieważ może gromadzić się w jadalnych skorupiakach i wykazuje działanie neurotoksyczne. W ostatnim czasie Oh et al. opracowali immunosensor SPR zdolny do jednoczesnego wykrywania Legionella pneumophila, Salmonella typhimurium, Yersinia enterocolitica i Escherichia coli O157:H7 [117]. Przeciwciała monoklonalne przeciwko tym bakteriom zostały unieruchomione w poszczególnych kanałach detekcji chipu czujnika czujnika Multiscope SPR (Optrel, Niemcy) poprzez białko G. Dla bakterii w buforze osiągnięto granicę wykrywalności ^{105} cfu mL-1 i dobrą swoistość. Nie wykonano żadnego specjalnego leczenia bakterii. Lotierzo i wsp. opracowali fotograftowany, molekularnie wytłoczony, polimerowy czujnik SPR do wykrywania kwasu domoikowego [118]. Wykorzystali oni czujnik Biacore 3000 (Biacore AB, Szwecja) oraz test konkurencji. Do analizowanej próbki dodano koniugat peroksydazy chrzanowej i DA oraz zmierzono współzawodnictwo wiązania DA i koniugatu z chipem czujnika. Uzyskano granicę wykrywalności wynoszącą zaledwie 5 ng mL-1. Ostatnio Yu et al. wykrył DA za pomocą dwukanałowego czujnika opartego na tłumionym całkowitym odbiciu i modulacji długości fali SPR [119]. DA został unieruchomiony na chipie czujnika przez chemię tiolową i zastosowano test hamujący z udziałem przeciwciał monoklonalnych. Wykrycie DA przy stężeniach tak niskich jak 0,1 ng mL-1 zostało osiągnięte. Czujnik był regenerowany do 20 cykli detekcji przy użyciu roztworu wodorotlenku 50mM i wykazał zdolność do utrzymania aktywności nawet po dwóch miesiącach przechowywania.

W rolnictwie w ciągu ostatnich kilkudziesięciu lat na całym świecie stosowano kilkaset różnych pestycydów. Ze względu na ich szerokie zastosowanie i trwałość w środowisku naturalnym, pestycydy gromadzą się w mediach takich jak gleba i woda gruntowa. Wiele pestycydów wykazuje działanie zaburzające gospodarkę hormonalną, co stanowi zagrożenie dla zdrowia publicznego i lokalnych ekosystemów, a zatem jest regulowane. W Unii Europejskiej maksymalne dopuszczalne stężenia poszczególnych pestycydów i pestycydów w wodzie pitnej wynoszą łącznie odpowiednio 0,1 ng mL-1 i 0,5 ng mL-1. W Stanach Zjednoczonych, w odniesieniu do wody pitnej, Amerykańska Agencja Ochrony Środowiska (EPA) ustala maksymalne dopuszczalne stężenia najbardziej powszechnych pestycydów, takich jak atrazyna i symazyna, odpowiednio na 3 ng mL-1 i 4 ng mL-1. Ponieważ pestycydy są raczej małymi cząsteczkami (np. masa cząsteczkowa atrazyny wynosi 216 Da), ich wykrywanie jest zazwyczaj wykonywane przy użyciu testu hamującego. W tym typie czujnika, analizowana próbka jest wstępnie inkubowana przeciwciałem dla docelowego analitu. Następnie mieszanina jest wstrzykiwana do czujnika SPR z unieruchomioną na powierzchni czujnika pochodną analitu i mierzone jest wiązanie nieprzereagowanego przeciwciała z pochodną analitu. Obecność docelowego analitu w próbce wykrywana jest jako zmniejszenie wiązania przeciwciał z pochodną analitu. Rysunek 5.16 przedstawia typowy sensorgram i krzywą kalibracyjną dla opartego na teście hamowania biosensora SPR do wykrywania pestycydów, opracowany w Instytucie Inżynierii Radiowej i Elektroniki w Pradze [120].

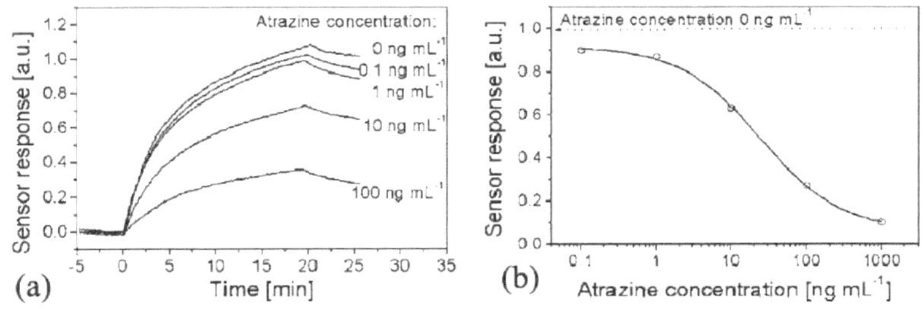

Rys. 5.16 Test zahamowań do wykrywania atrazyny: (a) - wykres SPR otrzymany podczas przepływu przez powierzchnię czujnika próbek wodnych z atrazyną w stężeniach 0, 0,1, 1, 10 i 100 ngmL-1 inkubowanych z przeciwciałem; (b) - krzywa kalibracyjna czujnika [120].

Pierwszy immunosensor SPR do wykrywania pestycydów został opracowany przez Minunni i wsp. Wykorzystali czujnik SPR opracowany przez Biacore AB, Szwecja, z pochodną atrazyny związaną z matrycą dekstranu na chipie czujnika. Wykrycie atrazyny wykonano przy użyciu testu hamującego i przeciwciał monoklonalnych. Reakcja czujnika była następnie wzmacniana przez przeciwciało wtórne, które było związane z przeciwciałem wychwyconym przez pochodną atrazyny. Wykazano, że ten biosensor służy do pomiaru atrazyny w wodzie destylowanej i wodociągowej w zakresie 0,05-1 ng mL-1 w ciągu 15 min i wykazywał stosunkowo niską reaktywność krzyżową z symazyną i atrazyną tetrabutylu (20%). Powierzchnia czujnika była regenerowana 100mM wodorotlenkiem sodu w 20% acetonitrylu. Chegel i wsp. przedstawili biosensor SPR oparty na wypieraniu plastokwionu z białka D1 oddziałującego z fotosyntezowymi pestycydami [122]. Użyli systemu biosensorów SPR z kątową modulacją białek SPR i D1 dołączonych do chipa czujnika poprzez fizjoorpcję na monowarstwie tiolowym zmontowanym samodzielnie. Czujnik ten umożliwił wykrywanie atrazyny w zakresie stężeń 50-5000 ng mL-1. Wykrycie atrazyny na podstawie specyficznie wyrażonego mRNA w bakterii Saccharomyces cerevisiae narażonych na atrazynę zostało opisane przez Lim et al. Komórki weszły w kontakt z analizowaną próbką, zostały uszkodzone, a ilość wyrażonego P450 mRNA zmierzono przy użyciu biosensora SPR Biacore 2000 (Biacore AB, Szwecja) z komplementarnymi sondami oligonukleotydowymi. Sondy te były oznakowane biotyną i unieruchomione na powierzchni czujnika przy użyciu chemii streptavidin-biotyny. Odnotowano wykrywanie atrazyny w zakresie od 1 pg mL-1 do 1 μgmL-1. Analizę, w tym inkubację, zaburzenie i wykrywanie mRNA, zakończono w ciągu 15 min.

Dioksyny uwalniane są do środowiska w emisjach ze spalania odpadów komunalnych i niektórych odpadów chemicznych oraz w spalinach z samochodów napędzanych benzyną ołowiową. Dioksyny są bardzo trwałe i gromadzą się w środowisku. Są wysoce toksyczne i wykazują działanie zaburzające gospodarkę hormonalną. Dlatego też są one regulowane przez władze, np. w Stanach Zjednoczonych dla najbardziej toksycznych 2,3,7,8-TCDD, maksymalne dopuszczalne stężenie w wodzie pitnej wynosi 10-4 ng mL-1. Shimomura i wsp. opracowali biosensor SPR do wykrywania 2,3,7,8-TCDD [124]. Użyli oni instrumentu Biacore 2000 (Biacore AB, Szwecja) oraz testu konkurencji z przeciwciałami monoklonalnymi przeciwko 2,3,7,8-TCDD. Przeciwciało zostało unieruchomione w matrycy dekstranu na chipie czujnika przez chemię sprzężenia aminowego. Próbkę wymieszano z koniugatem 2,3,7,8-TCDD - peroksydazą chrzanową (HRP) i wstrzyknięto do czujnika. Badanie zostało zakończone w 15 minut. Uzyskano granicę wykrywalności 0,1 ng mL-1 i wykazano, że czujnik może być regenerowany przy użyciu kwasu chlorowodorowego 0,1M.

5.2.3. Diagnostyka jakości oleju silnikowego

Środki smarne są szeroko stosowane w nowoczesnej technologii do obniżania tarcia w ruchomych mechanizmach silników, łożysk, przekładni itp. Jest to również ważne przy obróbce materiałów konstrukcyjnych i innych materiałów w obrabiarkach (tokarka, frezarka, szlifierka itp.). Z punktu widzenia produkcji i zastosowania, główną frakcję smarów stanowią oleje mineralne. Jak zwykle olej spełnia nie jedną, ale kilka funkcji jednocześnie. Na przykład, oleje silnikowe chłodzą i czyszczą części silnika. W każdym przypadku olej powinien posiadać szereg właściwości, których zestaw jest najbardziej odpowiedni do konkretnych celów jego zastosowania. Oleje przemysłowe znajdują zastosowanie w wielu gałęziach przemysłu, takich jak hutnictwo, obróbka metali i budowa maszyn, działalność górnicza, a także w różnych gałęziach przemysłu (chemicznego, rafinacji ropy naftowej, petrochemicznego). Biorąc pod uwagę szeroki zakres zastosowań środków smarnych, pojawia się problem z emaminowaniem ich jakości w trakcie produkcji i eksploatacji. Ponadto określenie jakości środka smarnego przed i po aplikacji pozwala określić stopień zużycia mechanizmów, w których środki smarne były stosowane. Jednym z pierwszorzędnych konsumentów stosujących oleje silnikowe jest przemysł motoryzacyjny [125]. Rozwój nowoczesnej inżynierii i tworzenie nowych rozwiązań technologicznych w przemyśle samochodowym oraz zaostrzenie norm i standardów ekologicznych pociąga za sobą zwiększenie wymagań stawianych olejom silnikowym. Podniesienie standardów ekologicznych powoduje zwiększenie udziału olejów o właściwościach energooszczędnych i biodegradacji, co obniża żywotność eksploatacyjną tych olejów silnikowych. Poza tym, wzrost mocy silnika prowadzi do wzrostu specyficznych obciążeń oleju i powoduje przyspieszenie utleniania oleju. Wymagania serwisowe dotyczące zwiększenia terminów konserwacji samochodów poprzez wydłużenie okresu eksploatacji części i materiałów nakładają dodatkowe wymagania dotyczące właściwości eksploatacyjnych olejów silnikowych (stabilność lepkości, odporność na utlenianie, właściwości antykorozyjne, detergencja itp.) W nowoczesnych samochodach osobowych okres wymiany oleju reguluje karta wsparcia mqanningu z częstotliwością określoną w przebiegu lub miesiącach pracy. W przypadku większości samochodów pierwsza wymiana oleju powinna nastąpić po 2...3 tys. km lub po 6 miesiącach eksploatacji. Jednak przy zmianie oleju silnikowego, właściciele samochodów i pracownicy centrum serwisowego nie znają wirtualnego stanu zmienionego oleju. Przy diagnozowaniu oleju silnikowego po docieraniu dla następnej zmiany, można uzyskać obiektywną informację o zmianach głównych cech jakości oleju, stopnia zużycia części silnika i pracy jego układów. W pracy [126] przeprowadzili oni badania prędkości gromadzenia się i zmian stężenia zanieczyszczeń eksploatacyjnych w oleju silnikowym silnika w celu określenia w czasie początku intensywnego zużycia części silnika i usterek w jego układach z uwzględnieniem cech konstrukcyjnych tego samochodu. Autorzy niniejszej pracy przeprowadzili analizę cech jakościowych olejów 4 gatunków pobranych z samochodów niektórych marek po przejechaniu do 2500 km i po długotrwałym użytkowaniu od 10 do 12 tys. km. Kolejność wartości mierzonych dla odpadów eksploatacyjnych (cząstek żelaza) w oleju mieściła się w zakresie od 15 g/tonę (~17 μg/ml) do 300 g/tonę (~340 μg/ml). Zastosowana metoda, oparta na ważeniu, nie pozwoliła na zmierzenie niższych stężeń zanieczyszczeń eksploatacyjnych i wymaga dodatkowych nakładów czasowych na ich gromadzenie (tj. wykonanie docierania), co jest szczególnie istotne na etapie projektowania mechanizmów samochodowych, gdy ma na celu optymalizację ich odporności na zużycie. Znane są również metody optyczne diagnostyki olejów silnikowych, które oparte są na analizie widm absorpcji w zakresie IR. W [127] autorzy badali widma absorpcji olejów silnikowych w zależności od czasu ich pracy w silniku, temperatury utleniania (170 °C) i zawartości wilgoci (wody). Na podstawie charakterystyki spektralnej różnych olejów i środków smarnych opracowano zminiaturyzowany układ czujników z przezroczystym ogniwem krzemowym IR do ogólnej analizy optycznej płynów technicznych, a w szczególności olejów smarowych lub hydraulicznych. Schemat systemu czujników pokazano na rys. 5.17. Komercyjne źródło podczerwieni o maksymalnej dopuszczalnej mocy grzałki 980mW, szerokim spektrum emisji promieniowania podczerwonego podobnym do ciała czarnego oraz stałej czasowej widmowej 30 ms (ogrzewanie) i 5 ms (chłodzenie) jest wzbudzane sygnałem fali kwadratowej o częstotliwości 0,2 Hz. Niewielka częstotliwość wzbudzania jest wykorzystywana do zapewnienia maksymalnej intensywności sygnału, tzn. pozwala źródłu podczerwieni osiągnąć maksymalną temperaturę, a także detektorom termopile na osiągnięcie stanu ustalonego oraz na rejestrowanie amplitudy i przesunięcia sygnału przy dobrym stosunku sygnał/sygnał. Moc elektryczna wykorzystywana do zasilania źródła podczerwieni w fazie włączenia wynosi około 715 mW, co zwiększa żywotność (10 razy) źródła podczerwieni w porównaniu z pracą przy maksymalnej mocy.

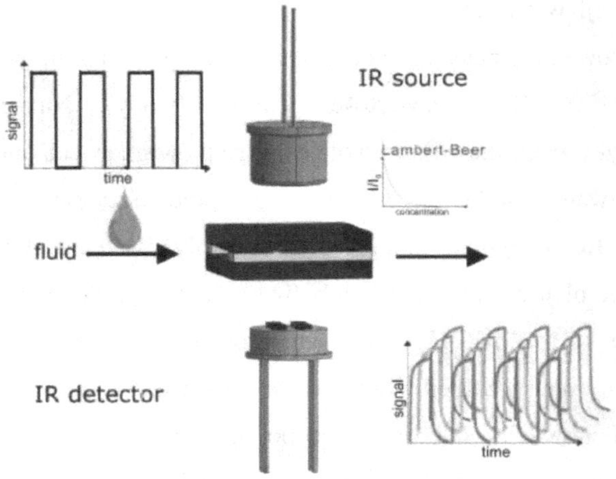

Rys. 5.17. Schemat systemu czujników [127].

Promieniowanie źródła podczerwieni przechodzi przez komórkę krzemową, w której kanał płynny o wysokości 200 μm jest definiowany za pomocą przekładki dystansowej LTCC [128]. Szerokopasmowe widmo źródła podczerwieni jest tłumione przy określonych długościach fal w zależności od specyficznej ekstynkcji widmowej ε(λ) i stężenia c gatunków molekularnych w płynie, jak również grubości warstwy *d* zgodnie z prawem Lamberta-Beera. W celu wykrycia transmitowanego promieniowania zastosowano zmodyfikowany, czterokrotny detektor termopylny (Micro-Hybrid Electronic GmbH, 2013) o stałej czasowej ok. 100 ms. Każda czujka posiada specjalny filtr pasmowo-przepustowy, w którym środkowe długości fal trzech filtrów są dopasowane do charakterystycznych właściwości absorpcyjnych płynu, podczas gdy czwarty jest wykorzystywany jako kanał referencyjny. Dla celów porównawczych wybiera się region spektralny bez charakterystycznej absorpcji przez olej, aby wyeliminować wpływ tłumienia szerokopasmowego, np. zanieczyszczenia sadzą oleju lub degradacji źródła podczerwieni lub optyki. Surowe sygnały detektora, które zazwyczaj znajdują się w zakresie poniżej 5mV, są wzmacniane i filtrowane elektronicznie z aktywnym filtrem dolnoprzepustowym (72 Hz, 20 dB dekada-1). Elektroniczny stopień wzmocnienia ma całkowity zysk 341. Wzmocnione sygnały są rejestrowane z częstotliwością próbkowania 500 Hz przy użyciu 16-bitowego przetwornika analogowo-cyfrowego z systemem akwizycji danych w czasie rzeczywistym (CompactRIO System 9074, National Instruments) z graficznym interfejsem użytkownika LabVIEW (GUI). Surowe sygnały wszystkich czterech detektorów termopylnych są rejestrowane w ciągu 12 kolejnych impulsów źródła podczerwieni, tj. przez łączny okres 60 s, a następnie oceniane w procesie postprocesowym w MATLAB z wykorzystaniem algorytmu DFT. Pierwsza składowa harmoniczna DFT sygnałów detektora, oznaczona poniżej jako amplituda DFT, jest oceniana w celu poprawy stosunku sygnału do szumu. W celu oceny systemu czujników z różnymi próbkami oleju zrealizowano prostą konfigurację testową opartą na pompie membranowej (KNF NF1.11). Każda próbka była pompowana przez układ czujników przy stałym natężeniu przepływu pomiędzy 50 a 100 mlmin-1. Po analizie każdej próbki system czujników został oczyszczony za pomocą n-heptanu i suchego powietrza, aby zapobiec przenoszeniu z różnych próbek oleju. System umożliwił również przeprowadzanie prób w różnych reżimach ciśnieniowych i przy różnych temperaturach. W celu przygotowania różnych próbek oleju z dobrze zdefiniowaną i powtarzalną degradacją utleniającą zrealizowano konfigurację reaktora, jak pokazano na rys. 5.18. Próbkę oleju (1500 ml) umieszczono w aluminiowym zbiorniku reaktora, który podgrzewano do 170°C dla olejów węglowodorowych i do 130°C dla płynów hydraulicznych na bazie estrów za pomocą gorącej płyty w celu symulacji przedłużonej pracy oleju w kontakcie z otaczającym powietrzem. Temperatura w reaktorze była kontrolowana za pomocą czujnika temperatury umieszczonego bezpośrednio w oleju w celu kontrolowania mocy płyty grzejnej. Regulator przepływu masowego (MFC) zapewniał stały przepływ suchego powietrza o objętości 50 ml przez olej w reaktorze. MFC podłączono do bańki z filtrem szklanym, który zanurzono w oleju, wytwarzając drobno rozproszone pęcherzyki. Olej był stale mieszany za pomocą mieszadła magnetycznego.

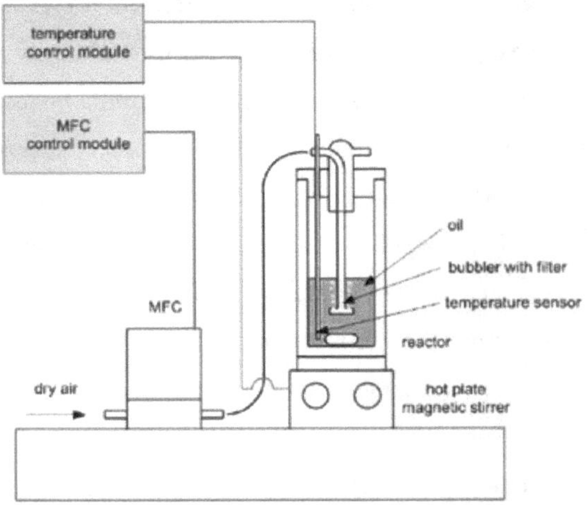

Rys. 5.18. Eksperymentalne przygotowanie do zdefiniowanej degradacji oleju przez utlenianie [127].

Do analizy degradacji na różnych etapach pobierano próbki po 100 ml każda po wcześniej określonych odstępach czasu; zazwyczaj pobierano cztery próbki w ciągu kilku dni. Wybrano objętość 100 ml na próbkę, aby zminimalizować wpływ pobierania próbek na proces degradacji z jednej strony i uzyskać wystarczającą ilość materiału do analizy i badania z drugiej strony.

Widmo syntetycznego oleju silnikowego wykazuje wiele charakterystycznych efektów wskazujących na degradację oleju w normalnych warunkach pracy, jak pokazano na rys. 5.19. Olej w wieku powyżej 1840 godzin pracy wykazuje nieznaczny wzrost absorpcji szerokopasmowej spowodowany wzrostem zawartości cząstek sadzy w oleju. Zwiększone wchłanianie obserwuje się w zakresie widmowym od 3100 do 3500 cm-1. Grupy OH, które znajdują się np. w alkoholach, wodzie i aminach, mogą prowadzić do zwiększonej absorpcji w tym regionie spektralnym.

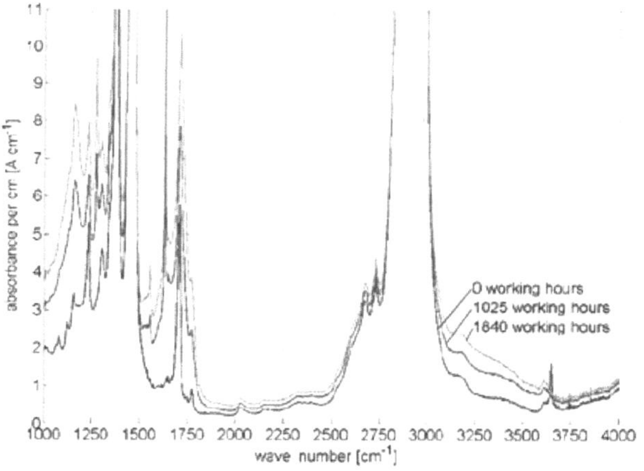

Rys. 5.19. Widma w podczerwieni syntetycznego oleju silnikowego z silnika gazowego (agregat grzewczo-energetyczny) na różnych etapach starzenia się w normalnych warunkach pracy [127].

Badania oparto na jednym procesie starzenia, tj. starzeniu oksydacyjnym w podwyższonych temperaturach i jednym zanieczyszczeniu, tj. wodą. Inne procesy degradacji i zanieczyszczenia muszą być badane w celu zapewnienia, że podejście to umożliwi uzyskanie wiarygodnych wyników w różnych warunkach pracy. Przyszłe eksperymenty będą, na przykład, dotyczyć wzrostu zawartości składników kwasu azotowego spowodowanego efektem "blow-by" w silnikach spalinowych. Dla tych związków zastosowany zostanie specjalny filtr podczerwieni, a kontrolowane starzenie będzie realizowane poprzez eksperymentalne ustawienie pęcherzyków NO w N2 przez olej w podwyższonych temperaturach, podobne do analizy starzenia utleniającego opisanej tutaj. W celu uzyskania degradacji podobnej do tej obserwowanej w normalnych warunkach pracy należy również przeprowadzić kombinację różnych dobrze kontrolowanych procesów.

Znana jest również metoda rezonansowa [129], której istotą jest określenie częstotliwości rezonansowej właściwej dla obwodu oscylacyjnego składającego się z indukcyjności i kondensatora, pomiędzy płytami, z których umieszczona jest badana substancja. W trakcie pracy, dopuszczalność dielektryczna oleju silnikowego zmienia jego wartość, co powoduje odpowiednie zmiany w częstotliwości rezonansowej obwodu drgań. Określenie zawartości paliwa silnikowego w oleju pozwala na metodę rezonansową, wykonywaną zgodnie z obwodem obwodu oscylacyjnego z niskiego napięcia. Praca obwodu oscylacyjnego umieszczonego w skraplaczu próbki oleju roboczego może być zapisana w postaci sekwencji zależności i wzorów. Po przyłożeniu napięcia, częstotliwość rezonansowa obwodu drgań określana jest zgodnie ze wzorem Thomsona (5.1).

$$f_i = 1/\left(2\pi\sqrt{LC_i}\right), \quad (5.1)$$

Gdzie, L - indukcyjność cewki;

Ci - pojemność kondensatora komórki pomiarowej stanu i-tego.

Jeżeli olej testowy o stanie i-ty jest umieszczony w ogniwie pomiarowym, który znajduje się w obwodzie elektrycznym obwodu oscylacyjnego, pojemność kondensatora zostanie określona według wzoru (5.2).

$$C_i = \frac{\varepsilon_0 \varepsilon^* S}{d}, \quad (5.2)$$

Gdzie, $\varepsilon 0$ - stała dielektryczna;

ε^* - stała dielektryczna oleju i-tego stanu;

S - obszar elektrod;

d - odległość między elektrodami komory pomiarowej.

Efektywna stała dielektryczna mieszanki olejowej zanieczyszczonej paliwem silnikowym jest określona przez zależność empiryczną Odelewskiego [130] (5.3).

$$\varepsilon^* = A + \sqrt{A^2 + \frac{\varepsilon_1 \varepsilon_2}{2}};$$
$$A = \frac{1}{4}\left[(3v_1 - 1)\varepsilon_1 + (3v_2 - 1)\varepsilon_2\right], \quad (5.3)$$

Gdzie, v1 i v2 - objętościowe stężenia świeżego oleju i paliwa silnikowego;

$\varepsilon 1$ i $\varepsilon 2$ - stała dielektryczna świeżego oleju i paliwa silnikowego.

Paliwo silnikowe dostaje się do oleju i rozpuszcza się w nim, zmieniając efektywną dopuszczalność medium olejowego (3), które zmienia pojemność kondensatora (2) i częstotliwość obwodu drgań (1) w polu elektrycznym proporcjonalnie do stężenia składnika zanieczyszczającego. Główny wynik techniczny jest osiągany w następujący sposób. Jeśli nowy olej jest stosowany do powierzchni czujnika pojemnościowego w obwodzie oscylacyjnym, częstotliwość obwodu oscylacyjnego przyjmie wartość f1. Jeśli zastosowany olej roboczy jest stosowany do powierzchni czujnika pojemnościowego oczyszczonego z próbki świeżego oleju, częstotliwość obwodu oscylacyjnego przyjmie wartość f2. Wtedy można ocenić stan oleju roboczego w porównaniu z częstotliwościami dla świeżego i działającego oleju. Porównaj częstotliwość pozwala na warunkową częstotliwość impulsów, którą określa wzór (5.4).

$$N = \frac{f_1 - f_2}{f_1}. \tag{5.4}$$

Rozważana metoda pozwala na przyjęcie warunkowego wskaźnika impulsów jako kryterium diagnostycznego, jeżeli takie kryterium jest oznaczone jako wskaźnik jakości oleju PCM, pod warunkiem, że N = PCM. Wskaźnik jakości oleju PCM jest parametrem diagnostycznym, za pomocą którego można ustalić obecność paliwa silnikowego w oleju roboczym w odniesieniu do świeżego oleju. Ocena praktycznego wpływu paliwa silnikowego na właściwości elektrofizyczne czystego oleju pozwala na opracowanie metody oceny i eksperymentu.

W wyniku eksperymentu przeprowadzonego przez autorów na oleju M-6Z/10V, kiedy został on zanieczyszczony benzyną AI-92 i olejem napędowym L (DFL), opracowano modele matematyczne opisujące wpływ paliwa silnikowego (MT) na wartość parametru diagnostycznego PCM = f (MT), które są przybliżone równaniami regresji pierwszego stopnia. Przy stężeniach paliwa silnikowego od 0 do 8% ustalono wyniki badań eksperymentalnych na oleju M-6S/10B z wartościami teoretycznymi.

Współczynniki kątowe w modelach matematycznych zależności charakteryzują zmiany właściwości ośrodka olejowego jako funkcję wzrostu stężeń paliwa silnikowego w oleju. Względny błąd wartości doświadczalnej z teoretycznej wskazuje na niewielką rozbieżność między wartościami próbek oleju M-6Z/10B z benzyną AI-92 (δ = -2,37%) i większą w próbkach oleju napędowego (δ = -16,57 %). W przypadku benzyny AI-92 i DTL potwierdza to wysoką wzajemną korelację funkcji PCM i = f (PCMtheory) pomiędzy wartościami teoretycznymi i doświadczalnymi, która identyfikuje obecność paliwa silnikowego w oleju zgodnie z jego zależnościami doświadczalnymi. Wielokrotne pomiary wartości PCM o różnych stężeniach oleju napędowego w oleju napędowym, prowadzone w odstępach 15 s, nie wykazały wpływu pola elektrycznego na właściwości oleju napędowego. Wprowadzony przez urządzenie błąd pomiarowy oszacowano na podstawie średniej wartości błędu systematycznego, która wyniosła 5%, co świadczy o możliwości zastosowania metody rezonansowej obwodu drgającego do identyfikacji lekkich frakcji paliwa silnikowego w oleju roboczym. W pracy wykazano, że jeśli paliwo silnikowe dostaje się do oleju smarowego, jest to znak diagnostyczny, na którym można oszacować stan techniczny urządzeń paliwowych. Oszacowanie obecności paliwa silnikowego w oleju za pomocą metody temperatury oleju flash możliwe było tylko we wcześniejszych laboratoriach. W artykule proponuje się identyfikację paliwa silnikowego w oleju smarowym metodą rezonansową o oscylacyjnym konturze. W pracy podano teoretyczne uzasadnienie metody zbudowanej na elektrycznych i fizycznych zależnościach oddziaływania oleju smarowego i paliwa silnikowego z polem elektrycznym. Eksperymentalną ocenę zanieczyszczeń oleju smarowego przeprowadzono na olejach silnikowych według kryterium diagnostycznego, które określa się mianem wskaźnika jakości oleju. Jest eksperymentalnie ustalony, spadek wskaźnika jakości oleju tzw. metody identyfikuje obecność paliwa silnikowego w oleju smarowym.

W [131] zastosowano metodę SPR do wyznaczenia współczynników załamania czystego i zastosowanego (przebieg 3 tys. km) syntetycznego oleju silnikowego Mobil Super 3000 fe sw-30. Wykazano, że istnieją istotne różnice pomiędzy tymi dwiema próbkami oleju zarówno pod względem indeksów załamania światła, jak i charakteru ich zmian w czasie. Współczynnik załamania czystego oleju zwiększał się wraz z upływem czasu, natomiast współczynnika załamania światła oleju używanego, co tłumaczyło się wpływem czynnika temperaturowego i sedymentacji produktów utleniania na wrażliwy element urządzenia pomiarowego. W tym przypadku autorzy nie badali tych olejów na wcześniejszych etapach eksploatacji (poniżej tysiąca kilometrów przebiegu) i nie przeprowadzali analizy ewentualnego wpływu stężenia produktów utleniania i zużycia. Autorzy przygotowali trzy próbki tego oleju do pomiarów: i) olej świeży; ii) olej używany oraz iii) olej świeży po obróbce termicznej. Trzecia próbka służyła do określenia jedynego wpływu temperatury na degradację oleju, z wyłączeniem wpływu resztek eksploatacyjnych. Obróbkę cieplną wykonano w temperaturze 100°C przez 34 godziny wewnątrz pieca muflowego SNOL TermoPro 601. Pomiary współczynnika załamania światła wykonano przy użyciu refraktometru SPR "PLASMON-6" w geometrii Kretschmana, która została zaprojektowana w Instytucie Fizyki Półprzewodników im. Refraktometr SPR oraz kuwety z badanymi próbkami oleju umieszczono w termostacie zdolnym do utrzymania stałej temperatury 25±0,5°C. W ten sposób można zminimalizować błąd temperaturowy w wynikach eksperymentów oraz dodatkowo obniżyć obciążenie temperaturowe urządzeń pomiarowych, co pozwala wydłużyć ich żywotność. Jednym ze sposobów pomiaru współczynnika załamania światła był następujący sposób. W pracy wykorzystano dwukanałową kuwetę pomiarową, z których jeden kanał wypełniono zużytym olejem silnikowym, a drugi świeżym olejem silnikowym. W ten sposób pomiary obu próbek przeprowadzono w tych samych warunkach, co obniżyło błąd metodyczny w uzyskanych wynikach. Objętość każdego kanału w kuwecie wynosiła 70 μl. Zależność współczynnika odbicia w granicznym oleju silnikowym - złoto od kąta padania wiązki laserowej pokazano na rysunku 5.20. Wyraźnie widać różnicę pomiędzy kątami rezonansu i kształtami krzywych SPR dla dwóch próbek oleju silnikowego.

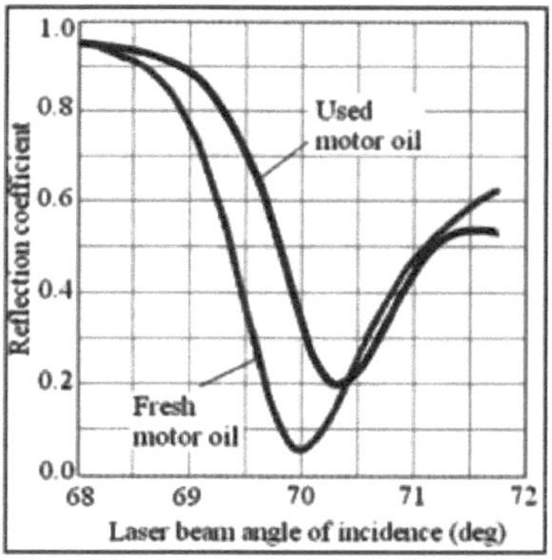

Rys. 5.20. Krzywe rezonansu dla dwóch badanych próbek oleju silnikowego Super 3000 se
5w-30 [131].

Podczas pomiaru czasu kinetyki (25 min) autorzy zaobserwowali odchylenie kąta rezonansu właściwego dla oleju wyjściowego względem położenia początkowego krzywej minimum 69,996 stopni, co jest związane z bezwładnością procesów wymiany ciepła i stopniowym podgrzewaniem oleju z zewnętrznych źródeł promieniowania cieplnego (rys. 5.21). Jednym z głównych źródeł jest sam spektrometr. W przypadku oleju przepracowanego zaobserwowano stałe przesunięcie pozycji minimalnej z

70,335 do 70,422 stopni na czas pomiaru. Odpowiada to przyrostowi współczynnika załamania światła o wartość 1,05-10-3, co jest związane z osadzaniem drobno rozproszonych cząstek ścieralnych na powierzchni elementu wrażliwego.

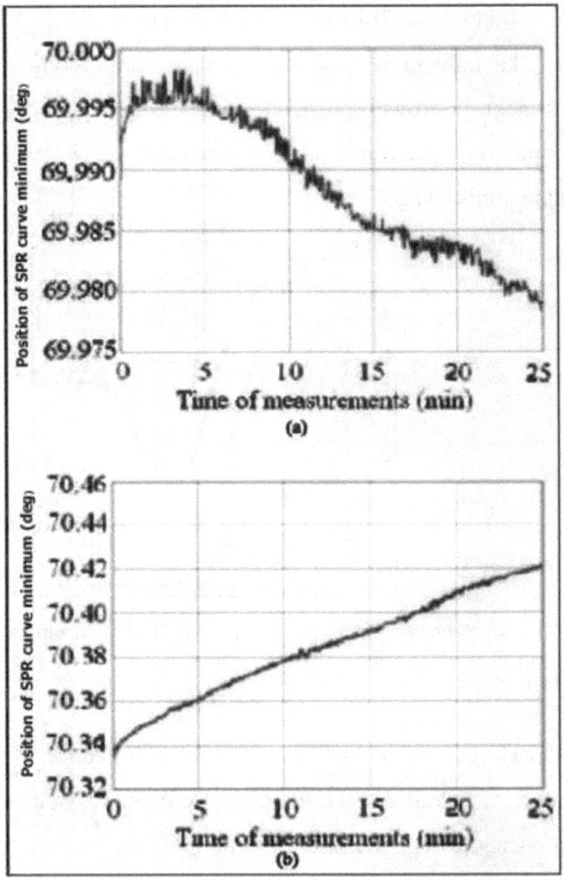

Rys. 5.21. Kinetyka przesunięcia właściwa dla minima krzywych rezonansu charakteryzująca dwie badane próbki oleju silnikowego Super 3000 se 5w-30 [131].

Autorzy [131] uzyskali następujące wyniki: podczas pomiarów kinetyki współczynnik załamania światła oleju wyjściowego zmniejszył się z wartości 1,46912 RIU do wartości 1,46891 RIU, co było spowodowane ogrzaniem próbki. Wyjaśnia to ujemna wartość współczynnika cieplnego dla rozszerzalności objętościowej oleju silnikowego 0,0006 K-1. W przypadku oleju przepracowanego, w tym samym czasie współczynnik załamania światła wzrósł niemal liniowo od wartości 1,47318 RIU do 1,47423 RIU. Kinetyka współczynnika załamania światła dla próbki zużytego oleju silnikowego pokazuje prędkość liniowego wzrostu 4×10-5 min-1, natomiast próbka oleju wyjściowego pokazuje jedynie dryft temperaturowy współczynnika załamania światła z prędkością -8×10-6 min-1 (tj. obniżenie współczynnika załamania światła). W ten sposób metoda SPR może być stosowana do badania jakości olejów silnikowych i smarów w połączeniu z innymi metodami oceny ich jakości i stopnia zużycia części i mechanizmów.

W pracy [132] wykazano możliwość diagnozowania jakości oleju silnikowego metodą rezonansu plazmowego powierzchniowego (SPR) Badanymi w tej pracy były próbki oleju silnikowego Genuine 5w-30 dexos 2. Przy pomiarze kinetyki indeksów załamania dla badanych próbek zużytego oleju autorzy zaobserwowali charakterystyczny "bark" spowodowany sedymentacją cząstek utleniania i zużycia na powierzchni elementu wrażliwego urządzenia SPR, natomiast w przypadku oleju świeżego miał miejsce jedynie dryft temperaturowy wskaźnika załamania. Instalacja eksperymentalna składała się z termostatu, w którym umieszczono refraktometr SPR "Plasmon-71" (opracowany w Instytucie Fizyki Półprzewodników NAS Ukrainy im. Autorzy przeprowadzili pomiary współczynników załamania światła dla czterech próbek syntetycznego oleju silnikowego Genuine 5w-30 dexos 2, a mianowicie: przed użyciem w silniku samochodu (świeżym) oraz po jego eksploatacji dla przebiegów 180, 430 i

712 km (używany). Ponadto autorzy zmierzyli te same próbki za pomocą refraktometru optycznego RL3 z błędami instrumentalnymi δn = ±0,0002 RIU. Dla każdej próbki oleju silnikowego refraktometr SPR został użyty do wykonania serii 10 pomiarów sekwencyjnych, co pozwoliło określić granice błędów metodycznych przy pomiarze współczynnika załamania światła. Granice te wynosiły ±0,00002.

Zależność mierzonego przez autorów wskaźnika załamania oleju silnikowego od przebiegu samochodu (rys. 5.22) ma charakter liniowy i może być przybliżona za pomocą funkcji liniowej o wysokim współczynniku dopasowania (*R2* = 0,9973), co umożliwia, przy użyciu tej funkcji, obliczenie minimalnego przebiegu samochodu niezbędnego do kontrolowania jakości oleju silnikowego i określenia koncentracji masowej produktów zużycia.

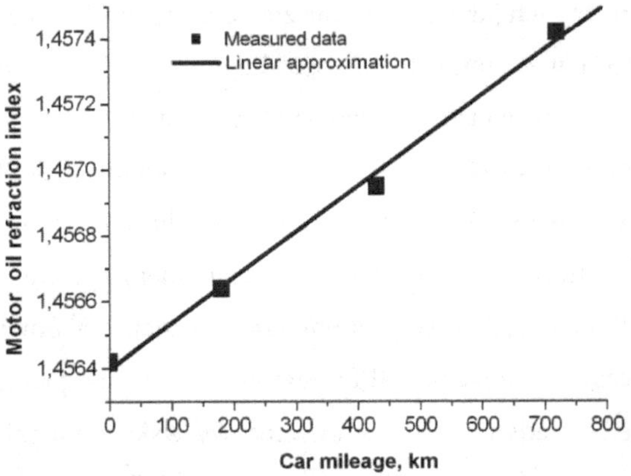

Rys.5.22. Zależność współczynnika załamania światła dla próbek syntetycznego oleju silnikowego Genuine 5w-30 dexos 2 od czasu jego pracy w silniku samochodu i wynik liniowego przybliżenia tej zależności z funkcją y(x)=A+B·x, gdzie A = 1,456, B = 1,382-10-6, współczynnik dopasowania R2 = 0,9973 [132].

Autorzy obliczyli wartości względnej dopuszczalności dielektrycznej ε dla badanych próbek oraz wyniki obliczeń stężenia objętościowego *f* nanocząsteczek związanych z produktami zużycia zgodnie z modelem Maxwella-Garnetta. Olej silnikowy z produktami utleniania i zużycia może być reprezentowany przez model zawieszenia zawierający wypełniacz dyspersyjny. Znając wartości współczynników załamania światła dla olejów czystych i zużytych, można określić procent zanieczyszczeń. Autorzy uważają czysty olej silnikowy za matrycę, a produkty utleniania i zużycia za wypełniacz. W modelu Maxwella-Garnetta wprowadzamy koncepcję "efektywnego medium" z pewnym efektywnym indeksem załamania światła, którego wartość leży pomiędzy wartością matrycy i wypełniacza. Pierwsi autorzy obliczyli względną dopuszczalność dielektryczną dla żelaza εFe = 2,7180, wykorzystując wartości stałych optycznych dla żelaza *nFe* = 3,0476 i *kFe* = 3,7819 dla długości fali lasera 850 nm, co jest niezbędne do modelowania. Błędy obliczeń ε i *f* wynoszą odpowiednio ±0,00005 i ±0,0005.

Różnica między wartościami współczynnika załamania światła właściwymi dla próbek zużytego oleju silnikowego, wyznaczona za pomocą refraktometru optycznego, odpowiada błędom pomiaru przy użyciu tego urządzenia, które zapewnia rozdzielczość według stężenia produktów zużycia Δfmin = 0,17 % obj. Podczas gdy rozdzielczość refraktometru SPR jest równa Δfmin = 0,0107 vol.%, co poprawia o więcej niż jeden rząd (16 razy) granicę wykrywalności, tj. znacznie zwiększa czułość pomiaru stężenia produktów zużycia w oleju silnikowym.

KONCLUSOINS

W artykule zamieszczono dane statystyczne, zgodnie z którymi liczba publikacji w czasopismach naukowych poświęconych tematowi czujników SPR jest stale zwiększana przez prawo wykładnicze i do końca 2015 r. osiągnęła około 6 000. Wskazuje to na aktualność dalszych badań mających na celu opracowanie i stworzenie nowych urządzeń analitycznych opartych na zasadzie SPR. W artykule omówiono główne kierunki rozwoju technologii i konstrukcji dostępnych czujników SPR w celu zwiększenia ich czułości i dokładności pomiarów. Wykazano, że obniżenie chropowatości warstwy nośnej plazmy i zastosowanie dodatkowej warstwy dielektrycznej z rozwiniętą powierzchnią umożliwia ponad dwukrotne zwiększenie czułości z powodu zwiększonej powierzchni oddziaływania pomiędzy elementem wrażliwym a badaną substancją. Rozważane tutaj dodatkowe metody zwiększania dokładności pomiaru to numeryczne metody przetwarzania danych oparte na obliczeniach dokładnego położenia charakterystycznego minimum odbicia dla skończonej wartości kroku skanowania, gdy rzeczywista wartość minimalna znajduje się pomiędzy sąsiednimi krokami. Nasze porównanie najczęściej stosowanych metod wykazało, że najdokładniejszą metodą jest metoda oferowana przez autora (metoda średniej linii). Pozwala to zmniejszyć błąd pomiarowy ponad 60 razy (z 2,4 -10-4 do 4 -10-6) w porównaniu z pomiarami bez przetwarzania liczbowego danych doświadczalnych. Obiecującym technologicznym sposobem zwiększenia dokładności i czułości pomiarów jest zawężenie charakterystyki odbicia $R(\theta)$, co można osiągnąć poprzez zmniejszenie chropowatości warstwy metalu SE dzięki zmianie geometrii wzajemnego ułożenia podłoża i parownika. Stwierdzono doświadczalnie, że gdy podłoże jest umieszczone pod kątem 45° pomiędzy jego normalnym i kierunkiem do parownika, a warstwa metalu SE jest nakładana wielokrotnie, chropowatość powierzchni tej warstwy jest zmniejszona o 2,5 razy: od 2 do 0,8 nm. Zaproponowano geometrię złotej folii napylania o optymalnej grubości, która zapewnia 1,5-krotnie większą reakcję na zmiany współczynnika załamania światła płynnego medium powyżej czujnika SPR oraz 2-krotnie większą reakcję na zmianę współczynnika załamania światła gazowego medium w porównaniu ze standardowymi złotymi wiórkami. Najbardziej rozpowszechnionym sposobem zwiększenia czułości powierzchni i selektywności jest zastosowanie porowatej warstwy dielektrycznej pokrywającej warstwę nośną plazmy: kalixarenów, polimetakrylanu etylu, alkantiole, tlenków złożonych itp. Plazmony powierzchniowe to specjalne tryby pola elektromagnetycznego w falownikach metalowo-dielektrycznych. Charakteryzują się one rozkładem pola i złożoną stałą propagacji, którą można wyznaczyć na podstawie odpowiedniego równania wartości własnej. Stała propagacji plazmonów powierzchniowych jest bardzo wrażliwa na zmiany rozkładu współczynnika załamania światła, co można wykazać za pomocą teorii perturbacji. Plazmony powierzchniowe mogą być wzbudzane przez fale świetlne za pomocą (i) sprzężenia pryzmatycznego i tłumionego całkowitego odbicia, (ii) dyfrakcji na metalowej siatce dyfrakcyjnej oraz (iii) sprzężenia pomiędzy równoległymi światłowodami. Głównym technicznym sposobem obniżenia chropowatości powierzchni jest wyżarzanie termiczne, a najlepszy wynik można osiągnąć w temperaturze wyżarzania 120°C. Jako dodatkową warstwę dielektryczną często stosuje się tlenki metali Al2O3, TiO2, SiOx i ZnO, a także azotki, na przykład InN. Poprawi to precyzję pomiaru i zwiększy wykorzystanie rezonansu plazmy powierzchniowej w przemyśle i ekologii do diagnozowania i monitorowania struktur i elementów towarów, procesów produkcyjnych oraz do monitorowania bezpieczeństwa produkcji. Obecność tej dodatkowej warstwy dielektrycznej umożliwia obniżenie granicy wykrywalności przy pomiarze zmian współczynnika załamania światła badanej substancji do poziomu $1^{,10^{-9}}$, co odpowiada wiązaniu komplementarnego antygen-przeciwciała pary ze stężeniem antygenu 1 fg/ml.

Dalszy rozwój nowych rozwiązań technicznych w zakresie projektowania i technologii przyrządów SPR, a także zastosowanie nowych materiałów czujników zwiększy możliwości i zakres tego trendu.

WYROKI ZAPYTAŃ

Autorzy są wdzięczni badaczowi naszego Instytutu Natalii Kachur za pomoc w przygotowaniu publikacji monografii.

REFERENCJAS

Odniesienie do rozdziału 1

1. Pockrand I. (1978) Surf, Surf. Sci. 32: 577-580.
2. Raether H. (1986) Plazmony powierzchniowe na gładkich i szorstkich powierzchniach oraz na kratkach, Springer Tracts in Modern Physics, Springer-Verlag (Berlin) 111 str.
3. De Bruijin H.E., Altenburg B. S. F., Kooyman R. P. H., Greve J. (1991) Określenie grubości folii i stałej dielektrycznej cienkich przezroczystych warstw dielektrycznych z wykorzystaniem rezonansu plazmowego powierzchniowego, Opt. Komunikacja. 82: 425–430.
4. Matsubara K., Kawata S., Minami S. (1988) Optyczny czujnik chemiczny oparty na pomiarze powierzchni plazmy, optyka stosowana 27: 1160-1163.
5. Liedberg B., Nylander C., Lundström I., (1991) Surface Plmon Resonance for gas detection and biosensing, Sens. Siłowniki B 4: 299-304.
6. Schilling A., Yavas O., Bischof J., Boneborg J., Leiderer P. (1996) Pomiar ciśnienia bezwzględnego w skali nanosekund z wykorzystaniem plazmonów powierzchniowych, Appl. Phys. Lett. 69: 4159–4161.
7. Pfeifer P., Aldinger U., Schwotzer G., Diekman S., Steinrücke P. (1999) Wyczuwanie w czasie rzeczywistym specyficznego wiązania molekularnego za pomocą spektroskopii rezonansu plazmy powierzchniowej, Sens. Siłowniki B 54: 166-175.
8. Herminghaus S., Leiderer P. (1991) Nanosecond time resolved study of pulsed laser ablation in the monolayer regime, Appl. Phys. Lett. 58: 352–354.
9. Homola J., Yee S. S., Gauglitz G. (1999) Powierzchniowe czujniki rezonansu plazmowego: Review, Sens. Siłowniki B 54: 3-15.

10. Wojtowicz Y. D., Korsunskyj S. H. (2011) Sensory na osnove plazmonnogo rezonansa: principy, tehnologii, primenenija, Stal (Kijów) 534 s. (w języku rosyjskim)
11. Khansili N. , Rattu G. , Krishna P. M. (2018), Bezznakowe biosensory optyczne do zastosowań w czujnikach spożywczych i biologicznych, Czujniki i siłowniki B: Chemiczne. 265: 35-49.
12. Nikitin P.I., Beloglazov A.A., Valeiko M.V., Creighton J.A., Wright J.D. (1997), powierzchniowy rezonans plazmowy na bazie krzemu w połączeniu z powierzchniowo-wzmacniającym rozpraszaniem ramanowym dla potrzeb detekcji chemicznej, Rev. Sci. Instrumenty. 68: 2254-2257.
13. Shalabney A., Abdulhalim I. (2010) Rozmieszczenie pola elektromagnetycznego w wielowarstwowych strukturach cienkowarstwowych oraz pochodzenie zwiększenia czułości czujników rezonansu plazmy powierzchniowej, czujników i siłowników A 159: 24-32.
14th Kretschmann E. (1971) The determination of optical constants of metals by excitation of surface plasma oscillations, Z Phys 241: 313-324.
15. Shalabney A., Abdulhalim I. (2011) Sensitivity-enhancement methods for surface plasmon sensors, Laser Photonics Rev 5(4): 571-606.
16. Kretschmann E., Reather H. (1968) Promieniotwórczy rozpad nieradiatywnego plazmy powierzchniowej pobudzonej światłem, Z. Naturf. A 23: 2135-2136.
17. Otto A. (1968) Pobudzenie nieradioaktywnych powierzchniowych fal plazmowych w srebrze metodą sfrustrowanego całkowitego odbicia, Z. Phys. 216: 398.

18. Urodzony M., Wolf E. (1999) Zasady optyki: elektromagnetyczna teoria propagacji, zakłóceń i dyfrakcji światła. Cambridge University Press (Cambridge) 370-458.

19. Homola J. (2006) Surface Plasmon Resonance Based Sensors, Springer Series on Chemical Sensors and Biosensors, Series Editor: O. S. Wolfbeis, Springer-Verlag, (Berlin Heidelberg) 251 str.

20. Deck R.T., Sarid D., Olson G.A., Elson J.M. (1983) Coupling between finite electromagnetic beam and long-range surface-plasmon mode, Appl Opt 22: 3397.

21. Burke J.J., Stegeman G.I., Tamir T. (1986) Surface-polariton-like waves guided by thin, lossy metal films, Phys Rev B 33: 5186.

22. Palik E.D., Ghosh G. (1998) Podręcznik stałych optycznych ciał stałych. Akademicki (San Diego) 259 str.

23. Stegeman G.I., Burke J.J., Hall D.G. (1983) Surface-polariton like waves guided by thin, lossy metal films, Optics Lett 8: 383.

24. Grigorenko A.N., Nikitin P.I., Kabashin A.V. (1999) Phase jump and interferomric surface resonance imaging, Appl Phys Lett 75: 3917.

25. Hutley M.C. (1982) Ruszty dyfrakcyjne. Academic (Londyn) 364 s.

26. Moharam M.G., Gaylord T.K. (1986) Rygorystyczna analiza fal sprzężonych metalowych krat nadmiarowych, J Opt Soc Am A 3: 1780.

27. Li L.F. (1993) Wielowarstwowa metoda modalna krat dyfrakcyjnych o dowolnym profilu, głębokości i dopuszczalności, J Opt Soc Am A 10: 2581.

28. Goray L.I., Seely J.F. (2002) Efektywność kratek wzorcowych, replik i kratek wielowarstwowych dla zakresu soft-x-ray-extreme-ultraviolet: modelowanie oparte na zmodyfikowanej metodzie integralnej i porównania z pomiarami, Appl Opt 41: 1434.

29. Homola J. (1997) A Surface Plasmon Resonance Based Integrated Optical Sensor, Sens Act B Chem 39: 286.
30. Kosobukin V.A. (1983) Efekt wzmocnienia zewnętrznego pola elektrycznego w pobliżu powierzchni metali i jego przejawów w spektroskopii, Powierzchnia. Fizyka, chemia, mechanika, 12: 5-21. (W języku rosyjskim)
31. Braundmeier A.J., Arakawa E.T. (1974) Effect of surface roughness on surface plasmon resonance adsorption, Journal Physics Chemistry Solids 35: 517-520.
32. Weber W.H. (1977) Modulowany rezonans powierzchniowo-plazmonowy do badań in situ powierzchni metalowych-filmów, Physical Review Letters 39: 153-156.
33. Rengevich O.V., Shirshov Y.M., Ushenin Y.V., Beketov A.G. (1999) Oddzielne określanie grubości i parametrów optycznych za pomocą rezonansu plazmy powierzchniowej: analiza dokładności, fizyka półprzewodnikowa, elektronika kwantowa i optoelektronika 2 (2): 28-35.
34. Severdenko V.P., Tochitskii E.I. (1968) Struktura cienkich folii metalowych, nauka i technika (Mińsk) 212 s.
35. Hollend L. (1963) Depozycja cienkich folii w próżni (Moskwa-Leningrad, Państwowy problem energetyczny) 608.
36. Majssel L., Gleng R. (1977) Technology of thin film, Volume 1, Soviet radio (Moscow) 662 p.
37. Maslov V. P. (2012) Fizyczno-technologiczne problemy z podłączeniem precyzyjnych części urządzeń optoelektronicznych, NTUU "KPI" (Kijów) 160 s. (w języku rosyjskim)
38. Tun R.E. (1967) Struktura cienkich warstw. Fizyka cienkich filmów, tom 1, Świat (Moskwa) 224-274 str. (W języku rosyjskim)

39. Tochitskii E.I. (1976) Krystalizacja i procesja cienkich filmów, Nauka i technika (Mińsk) 376 s. (w języku rosyjskim)

40. Kostuk V.P., Shkliarevskii I.N. (1970) Wpływ warunków przygotowania warstw srebra i miedzi na ich właściwości optyczne, optyka i spektroskopia, 29(1): 195-197.

41. Vishniakov Ia.D. (1970) Uszkodzenia w strukturze krystalicznej, Nauka (Moskwa) 278 s. (w języku rosyjskim)

42. Snopok B.A., Kostiukewicz E.V., Łysenko S.I., Lytvyn P.M., Lytvyn O.S., Mamykin S.V., Zynio S.A., Kostiukewicz S.A., Shepeliavii P.E., Shirshov Yu.M..., Venger E.F (2001) Biosensory optyczne oparte na zjawisku rezonansu plazmowego powierzchniowego: optymalizacja parametrów warstwy metalicznej, fizyka półprzewodnikowa, elektronika kwantowa i optoelektronika, 4(1): 56-69.

43. Dan'ko V. A., Dorozinsky G. V., Indutnyi I. Z., Myn'ko V. I., Ushenin Yu. V., Shepeliavyi P. E., Lukaniuk M. V., Korchovyi A. A., Khrystosenko R. V. (2015) Nanopatterning of Au chips for SPR refractometer using interference lithography and chalcogenide photoresist, Semiconductor Physics, Quantum Electronics and Optoelectronics, 18(4): 438-442.

44. Indutnyi I., Ushenin Y., Hegemann D., Vandenbossche M., Myn'ko V., Lukaniuk M., Shepeliavyi P., Korchovyi A., Khrystosenko R. (2016) Enhancing Surface Plasmon Resonance Detection Using Nanostructured Au Chips, Nanoscale Research Letters, 11: 535.

45. Alleyne C.J. , Kirk A.G. , McPhedran R.C. , Nicorovici N-A.P. , Maystre D. (2007) Enhanced SPR sensitivity using periodic metallic structures, Opt Express 15: 8163-8169.

46. De Bruijn H.E., Kooyman R.P.H., Greve J. (1992) Wybór metalu i długości fali dla powierzchniowo-plasmonowych czujników rezonansowych: niektóre względy, Applied Optics 31(4): 440-442.
47. Davies J. (1994) Surface Plasmon Resonance - technika i jej zastosowania w procesach biomateriałowych, Nanobiology 3: 5-16.
48. Salamon Z., Macieod H.A., Tollin G. (1997) Surface Plmon Resonance spectroscopy jako narzędzie do badania biochemicznych i biofizycznych właściwości układów białkowych membran. II: Zastosowania w systemach biologicznych, Biochimica et biofizyka acta, 1331: 131-158.
49. Homola J. (2003) Present and future of surface plasmon resonance biosensors, Anal. Bioanal. Chem. 377: 528-539.
50. Lau K.-H.A., Tan L.-S., Tamada K., Sander M.S., Knoll W. (2004) Wysoce czułe wykrywanie procesów zachodzących w wewnętrznych nanoporowatych anodowych wzorcach tlenku glinu: badanie optyczne falowodu, J. Phys. Chem. B, 108(30): 10812-10818.
51. Koutsioubas A.G., Spiliopoulos N., Anastas-Sopoulos D., Vradis A.A., Priftis G.D. (2008) Nanoporous alumorous powierzchniowe czujniki rezonansu plazmy, J. Appl. Phys. 103(9): 094521-094527.
52. Kaganovich E.B., Manoilov E.G., Baziliuk I.R., Svechnikov S.V. (2003) Photoluminescence spectra of silicon nanocrystals, FTP, 37(3): 353-357.
53. Kaganovich E.B., Korbutyak D.V., Kryuchenko Yu.V., Kupchak I.M., Manoilov E.G., Sachenko A.V. (2007) Exciton states and photoluminescence in Ge quantum dots, Nanotechnology, 18: 295401-295405.
54. Ushenin Yu.V., Khristosenko R.V., Samoilov A.V., Gromovoi Yu.S., Kaganovich E.B., Manoilov E.G., Kravchenko S.O., Snopok B.A. (2012) Cienka folia z porowatego tlenku glinu otrzymana w procesie

osadzania laserowego, dla powierzchniowych struktur polarytonowo-czuciowych, fizyki i chemii ciała stałego, 13(1): 259-264.

55. Ushenin Yu.V., Khristosenko R.V., Samoilov A.V. i inne (2012 r.) Czujniki optoelektroniczne oparte na porowatych błonach z tlenku glinu otrzymywanych w technologii impulsowego osadzania laserowego, optoelektroniki i półprzewodników, 47: 40-45. (W języku rosyjskim)
56. Vakaruk T.E., Gromovoi Yu.S., Danko V.A. i inne (2013) Zastosowanie porowatych folii SiOx w czujnikach opartych na rezonansie plazmowym powierzchniowym, optoelektronice i technice półprzewodnikowej, 48: 89-95. (W języku rosyjskim)
57. Kladko V.P., Gudymenko O.Y., Kriviy S.B., Litvin P.M., Kaganovich E.B., Krishchenko I.M., Manoilov E.G. (2014) Badanie reflektometryczne nanocząsteczek złota, Ukraiński Dziennik Fizyki, 59(9): 915-921.
58. Chiu Nan-Fu, Tu Yi-Chen, Huang Teng-Yi. (2014) Zwiększona czułość antysymetrycznie zbudowanych plazmowych czujników rezonansu powierzchniowego z pośrednimi warstwami tlenku cynku, czujniki, 14: 170-187.
59. Tanaka D., Shinohara S., Usukura E., Wang P., Okamoto K., Tamada K. (2014) Wysoce czułe czujniki rezonansu plazmowego wykorzystujące wysokowydajne, indeksowane nanocząsteczki srebra, Japanese Journal of Applied Physics, 53: 01AF01-01AF07.
60. Navarrete M.C., Díaz-Herrera N., González-Cano A., Esteban O. (2014) Surface Plasmon Resonance in the Visual Region in sensors based on tapered optical fibers, Sensors and Actuators, B Chemie, 190: 881-885.
61. Esteban O., Naranjo F.B., Díaz-Herrera N., Valdueza-Felip S., Navarrete M.C., González-Cano A. (2011) Wysokowrażliwe czujniki SPR z

azotkiem indu jako dielektryczną powłoką włókien optycznych, czujników i siłowników, B Chemie, 158: 372-376.

62. Yeom S.H., Kim O.G., Kang B.H., Kim K.J.; Yuan H., Kwon D.H.; Kim H.R.; Kang S.W. (2011) Wysoce czuły nanoporowaty biosensor siatkowy oparty na zlokalizowanym rezonansie i interferencji plazmy, Opt.Express, 19: 22882-22891.

Odniesienie do rozdziału 2

1. Homola J. (2006) Surface Plasmon Resonance Based Sensors, Springer Series on Chemical Sensors and Biosensors, Series Editor: O. S. Wolfbeis, Springer-Verlag, (Berlin Heidelberg) 251 str.
2. Shalabney A., Abdulhalim I. (2011) Sensitivity-enhancement methods for surface plasmon sensors, Laser Photonics Rev 5(4): 571-606.
3. Ho C., Robinson A., Miller D., Davis M. (2005) Czujniki 5:4;
4. Tumolo T., Angnes L., Baptista M.S. (2004) Anal Biochem 333: 273.
5. De Feijter J.A., Benjamins J., Veer F.A. (1978) Biopolimery 17:1759.
6. Vakaruk T.E., Gromovoi Yu.S., Danko V.A. i inne (2013) Zastosowanie porowatych folii SiOx w czujnikach opartych na rezonansie plazmowym powierzchniowym, optoelektronice i technologii półprzewodnikowej, 48: 89-95. (W języku rosyjskim)
6. Palagushkin A.N., Prokopenko S.A., Sergeev A.P. (2009) Plasmonic Holographic Nanostructures, Optical Memory and Neural Networks (Information Optics) 18(3): 156-163.
7. Shirshov Yu. M., Samoylov A.V., Zinyo S.A., Surovceva E.R., Mirskiy V. (2002) Bimetallic Layers Increase Sensors of Affinity Sensors based on Surface Plasmon Resonance, Sensors 2: 62-70.

8. Plakhotnik V.Yu., Polyakov G.A., Dolinsky G.A. (2009) Czujniki oparte na rezonansie plazmy powierzchniowej i kontroli właściwości dielektrycznych mediów biologicznych, Visnyk SevNTU, Vol. 99: Fizyka i matematyka, SevNTU (SevNTU) (w języku rosyjskim)
9. Dorozinsky G.V., Liptuga A.I., Gordienko V.I., Maslov V.P, Pidgornyi V.V. (2015) Diagnostyka jakości oleju silnikowego przy użyciu urządzenia opartego na zjawisku rezonansu plazmy powierzchniowej, Scholars Journal of Engineering and Technology 3: 372-374.
10. Kovař D., Makhneva E., Dorozinsky G., Manakhov A., Zajičková L., Skladal P. (2015) Study of carboxy-rich plasma polymer for biosensors. Obrady VII Międzynarodowej konferencji poświęconej innowacjom w dziedzinie obróbki i charakteryzacji cienkowarstwowej.
11. Tugov N., Glebov B., Charyikov N. (1990) Urządzenia półprzewodnikowe, Energoatomizdat (Moskow) 576 s. (w języku rosyjskim)
12. Vikulin I.M., Stafeev V.I. (1980) Fizyka urządzeń półprzewodnikowych, Radio Sowieckie (Moskow) 296 p. (w języku rosyjskim)
13. Kulagin V.V. (1982) Podstawy projektowania urządzeń optoelektronicznych. Podręcznik edukacyjny dla uniwersytetów produkujących instrumenty, Mashinostroenie (Leningrad) 312 s. (w języku rosyjskim)
14. Shirshov Yu. M., Samoylov A. V., Khristosenko R.V., Ushenin Yu.V., Mirskyi V. M. (2004) Analiza i symulacja numeryczna spektrometrów SPR za pomocą mechanicznego skanowania kątowego: algorytm określania pozycji kątowej minimum, Reyestraciya, zberihannya i obrobka danykh 6(3): 3-18.
15. Maslov V.P., Ushenin Yu.V., Dorozinsky G.V., Dorozinska H.V., Kudryavtsev A.A. (2017) Nowa metoda określania położenia kątowego

światła o minimalnym natężeniu odbicia obserwowanym w rezonansie plazmy powierzchniowej, Journal of Multidisciplinary Engineering Science Studies 3(3): 1514-1518.

16. Dorozinsky G.V. (2015) Analiza głównych błędów pomiaru współczynnika załamania światła analitu za pomocą urządzenia "Plasmon-6", East European Scientific Journal 4: 65-73.

17. Moreira C. S. *et al.* (2008) Zależna od temperatury czułość czujników rezonansu plazmy powierzchniowej na styku woda-złoto, czujników i siłowników B 134: 854-862.

18. Chiang H. P. *et al.* (2004) Surface Plasmon Resonance Monitoring of Temperatura poprzez pomiar fazy, Optics Communications 241: 409-418.

19. Özdemir S. K., Turhan-Sayan G. (2003) Temperatura wpływa na rezonans plazmy powierzchniowej: Warunki projektowania optycznego czujnika temperatury, Journal of light wave technology 21(3): 805-815.

20. Lin K. *et al.* (2007) Temperature Effects on Prism-Based Surface Plasmon Re-sonance Sensor, Chin.Phys.Lett. 24(11): 3081-3084.

21. Lin K. *et al.* (2009) Numeryczne i eksperymentalne badanie wpływu temperatury na czujnik rezonansu plazmy powierzchniowej, Chińskie listy optyczne 7(5): 428-431.

22. Talanchuk P.M., Golubkov S.P., Maslov V.P. *et al.* (1992) Lazery v kontrolno-vymiryuvalnij tekhnici, Tekhnika (Kyiv) 367 p. (w języku rosyjskim)

23. Bajborodin Ju.V. (1988) Fundamenty techniki laserowej, Vyshha shkola. (Kijów) 383 s. (w języku rosyjskim)

24. Özdemir S. K. (1995) Teoria rezonansu plazmowego powierzchniowego i zastosowania w detekcji optycznej, praca magisterska (Middle East Technical University, Ankara).

25. Weber W. H., McCarthy S. L. (1975) Surface Plasmon Resonance as a sensitive optical probe of metal properties, Phys. Rev. B 12: 5643.
26. Hayashi S., Yamada T., Kanamori H. (1981) Light scattering study of surface plasmon resonances in very thin silver films, Opt. Komunikacja. 36: 195–199.
27. Robertson W. M., Fullerton E. (1989) Reexamination of the surface plasma wave technique for determining the dielectric constant and thickness of metal films, J. Opt. Soc. Amer. B 6: 1584–1589.
28. Chiang H. P., Leung P. T., Tse W. S. (2000) Uwagi dotyczące zależności temperatury podłoża od powierzchniowo wzmocnionego rozpraszania ramy, J. Phys.Chem. B 104: 2348–2350.
29. McKay J. A., Rayne J. A. (1976) Zależność temperatury od chłonności metali szlachetnych w podczerwieni, Phys. Rev. B 13: 673-684.
30. Beach R. T., Christy R. W. (1977) Electron-electron scattering in the intraband optical conductivity of Cu, Ag, and Au, Phys. Rev. B 16: 5277-5284.
31. Chiang H. P., Leung P. T., Tse W. S. (1997) Optical properties of composite materials at high temperatures, Solid State Commun. 101: 45–50.
32. Lide D.R. (1999) CRC Handbook of Chemistry and Physics, (CRC Press, Cleveland).
33. Palik E.D., Ghosh G. (1998) Podręcznik stałych optycznych ciał stałych. Akademicki (San Diego) 259 str.
34. Ward L. (1994) The Optical Constants of Bulk Materials and Thin Films, (IOP Pub, Bristol).
35. Herminghaus S., Leiderer P. (1990) Surface Plamic enhanced transient thermo reflectance, Appl. Physl. A 51: 350-353.

36. Dorozinsky G., Dunaevsky V., Maslov V. (2013) Thermal-vision method of investigations and control of device based on surface plasmon resonance, Universal Journal of Control and Automation 2: 34-39.
37. Khristosenko R.V., Kostjukevich E.V., Ushenin Yu.V., Samoylov A.V. (2015) Poprawa właściwości użytkowych konwertera w oparciu o rezonans plazminowy dzięki optycznej części urządzeń sensorycznych typu "PLAZMON", Optoelektronika i technika półprzewodnikowa, 50: 117-124. (W języku rosyjskim)
38. Dorozinsky G., Maslov V., Samoylov A., Ushenin Yu. (2013) Reducing measurement uncertainty of instruments based on the phenomenon of surface plasmon resonance, American Journal of Optics and Photonics 1(3): 17-22.
39. Ushenin Yu.V., Maslov V.P., Turu T.A., Kachur N.V. (2016) Zastosowanie czujników temperatury do poprawy urządzenia w oparciu o zjawisko plazmy powierzchniowej, czujników elektronicznych i technologii mikrosystemowych, 1: 33-40.
40. Wojtowicz Y. D., Korsunskyj S. H. (2011) Czujniki oparte na rezonansie plazmowym: zasady, technologie, zastosowania, Stal (Kijów) 534 s. (w języku rosyjskim)
41. Ushenin Yu.V., Khristosenko R.V., Samoylov A.V., Gromovoi Yu.S., Kaganovich E.B., Manoilov E.G., Kravchenko S.O.., Snopok B.A. (2012) Cienka warstwa porowatego tlenku glinu otrzymana przy użyciu depozycji laserowej impulsowej dla powierzchniowych struktur czujników plazmowo-politarytonowych, Fizika i khimiya tverdogo tila 6: 259-264 (w języku ukraińskim).
42. Chiu N.F., Tu N.F., Huang T.Y. (2014) Enhanced Sensitivity of Anti-Symmetrically Structured Surface Plasmon Resonance Sensors with Zinc Oxide Intermediate Layers, Sensors 14(1): 170-187.

43. Akrajas A. U., Iwantono I., Abdullah A., Salleh M., Oyama M. (2012) Złota folia do nanotechnologii na powierzchni ITO wykazująca jednowymiarowe właściwości optyczne, Nanoscale Research Letters 7: 252-260.

44. Chen L.C., Chen J.C., Chen C.C., Wu C.G. (2015) Wytwarzanie i właściwości wysokowydajnych organicznych komórek słonecznych Perovskite/PCBM, Nanoscale Research Letters 8: 312- 317.

45. Grynko D. A., Fedoryak A. N., Smertenko P. S., Dimitriev O. P., Ogurtsov N. A., Pud A.A. (2016) Hybrydowe ogniwo słoneczne na włóknie węglowym, Nanoscale Research Letters: 265-273.

46. Maslov V.P., Kachur N.V., Dorozinsky G.V. (2016) Investigation of Sensors Based on ITO Nanofilms in SPR-Devices, American Journal of Optics and Photonics 4(3): 20-24.

47. Jha R., Sharma A. K. (2009) Chalcogenide glass prism based SPR sensor with Ag-Au bimetallic nanoparticle alloy in infrared wave area, J. Opt. A, Pure Appl. Opt. 11.

48. Kretschmann E., Reather H. (1968) Promieniotwórczy rozpad nieradiatywnego plazmy powierzchniowej pobudzonej przez światło, Z. Naturf. A23: 2135-2136.

49. De Bruijn H.E., Kooyman R.P.H., Greve J. (1992) Wybór metalu i długości fali dla powierzchniowo-plasmonowych czujników rezonansowych: niektóre względy, Applied Optics 31(4): 440-442.

50. Samoylov A.V., Ushenin Yu.V., Hristosenko R.V. (2011) Czujnik do analizy mediów biochemicznych, patent nr 58775, publikacja 26.04.2011. Vol. 8.

51. Ushenin Yu.V., Samoylov A.V., Khristosenko R.V. (2011) Poprawa czułości czujników do zmiany współczynnika załamania światła ośrodka

na podstawie rezonansu plazmy powierzchniowej, Technologia i konstrukcja w sprzęcie elektronicznym 1: 12-14. (w języku ukraińskim)
52. Dorozhinskiy G.V. (2015) Szacowanie głównych błędów pomiaru współczynnika załamania światła analizowanego przez urządzenie na podstawie zjawiska rezonansu plazmy powierzchniowej, Biuletyn naukowy Instytutu Politechnicznego Charkowa 16: 39-46. (w języku ukraińskim)

Odniesienie do rozdziału 3

1. Xiaoguang L., Teng Q., Weibing L., Zhenhua N. (2013) Plasmons in graphene: Recent progress and applications, Materials Science and Engineering 74 (11): 351-376.
2. Srivastava S.K., Verma R., Gupta B.D. (2011) Powierzchniowy czujnik światłowodowy oparty na rezonansie plazmowym do wykrywania niskiej zawartości wody w etanolu, Sens. Siłowniki B 153: 194–198.
3. Jorgenson R.C., Yee S.S. (1993) Światłowodowy czujnik chemiczny oparty na powierzchniowym rezonansie plazmowym, Sens. Siłowniki B 12: 213-220.
4. Wu L., Chu H.S., Koh W.S., Li E.P. (2010) Wysoce czułe biosensory grafenowe oparte na rezonansie plazmy powierzchniowej, Opt. Ekspres 18: 14395-14400.
5. Geim A.K., Novoselov K.S. (2007) The rise of graphene, Nature Materials 6: 183-191.
6. Charlier J.C., Eklund P.C., Zhu J., Ferrari A.C. Electron i właściwości fononowe grafenu: ich związek z nanorurkami węglowymi, w: A. Jorio, G. Dresselhaus, M.S. Dresselhaus (Eds.), Carbon Nanotubes:

Advanced Topics in the Synthesis, Structure, Properties and Applications, Springer-Verlag, Berlin/Heidelberg, 2008.

7. Ni Z.H., Wang H.M., Kasim J., Fan H.M., Yu T., Yu Y.H., Feng Y.P., Shen Z.X. (2007) Graphene thickness determination using reflection and contrast spectroscopy, Nano Lett. 7: 2758–2763.
8. Horsell D.W., Hale P.J., Savchenko A.K. (2011) Mechaniczna manipulacja i pomiar grafenu za pomocą mikroskopii sił atomowych, Analiza mikroskopowa 25: 9-11.
9. Song B., Li D., Qi W.P., Elstner M., Fan C.H., Fang H.P. (2010) Graphene on Au(111): wysoce przewodzący materiał o doskonałych właściwościach absorpcyjnych do wykrywania i identyfikacji bio/nano wysokiej rozdzielczości, Chem. Phy. Chem. 11: 585–589.
10. Boukhvalov D.W., Katsnelson M.I. (2008) Dziennik Amerykańskiego Towarzystwa Chemicznego 130: 10697-10701
11. Cai L.P., Zhan R.Y., Pu K.Y., Qi X.Y., Zhang H., Huang W., Liu B. (2011) Chemia analityczna 83: 7849-7855.
12. On Q.Y., Sudibya H.G., Yin Z.Y., Wu S.X., Li H., Boey F., Huang W., Chen P., Zhang H. (2010) Centymetrowe i wielkoskalowe mikropatterny o zredukowanych warstwach tlenku grafenu: Zastosowania produkcyjne i detekcyjne, ACS Nano 4: 3201-3208.
13. Chang Y.R., Li H.Y., Chen K., Chang C.C., Tsai D.S., Fu C.C., Tzeng Y.K., Fang C.Y., Han C.C., Chang H.C., Fan W. (2008) Masowa produkcja i dynamiczne obrazowanie fluorescencyjnych nanodiamonds, Nature Nanotechnology 3: 248-288.
14. Satishkumar B.C., Brown L.O., Gao Y., Wang C.C., Wang H.L., Doorn S.K. (2007) Odwracalne hartowanie fluorescencyjne w nanorurkach węglowych do czujników biomolekularnych, Nature Nanotechnology 2: 560-564.

15. Loh K.P., Bao Q.L., Eda G., Chhowalla M. (2010) Graphene oxide as a chem tunable platform for optical applications, Nature Chemistry 2: 1014-1015.
16. Dong H.F., Gao W.C., Yan F., Ji H.X., Ju H.X. (2010) Fluorescencyjny transfer energii rezonansu między kropkami kwantowymi i tlenkiem grafenu do wykrywania biomolekuł, Chemia analityczna 82: 5511-5517.
17. Wen Y.Q., Xing F.F., He S.J., Song S.P., Wang L.H., Long Y.T., Li D., Fan C.H. (2010) Nanoprobe fluorescencyjny na bazie grafenu do wykrywania jonów srebra(I) przy użyciu tlenku grafenu i specyficznego dla srebra oligonukleotydu, Chemical Communications 46: 2596-2598.
18. He S.J., Song B., Li D., Zhu C.F., Qi W.P., Wen Y.Q., Wang L.H., Song S.P., Fang H.P., Fan C.H. (2010) A graphene nanoprobe for rapid, sensitive, and multicolor fluorescent DNA analysis, Advanced Functional Materials 20: 453-459.
19. Singh V.V., Gupta G., Batra A., Nigam A.K., Boopathi M., Gutch P.K., Tripathi B.K., Srivastava A., Samuel M., Agarwal G.S., Singh B. (2012) Greener Electrochemical Synthesis of High Quality Graphene Nanosheets Directly from Pencil and its SPR Sensing Application, Advanced Functional Materials 22: 2352-2362.
20. Ren W., Fang Y.X., Wang E.K. (2011) A Binary Functional Substrate for Enrichment and Ultrasensitive SERS Spectroscopic Detection of Folic Acid Using Graphene Oxide/Ag Nanoparticle Hybrids, ACS Nano 5: 6425-6433.
21. Wang T., Zhang S.Y., Mao C.J., Song J.M., Niu H.L., Jin B.K., Tian Y.P. (2012) Enhanced electrochemiluminescence of CdSe quantum

dots composited with graphene oxide and chitosan for sensitive sensor, Biosensors and Bioelectronics 31: 369-375.

22. Jung J.H., Cheon D.S., Liu F., Lee K.B., Seo T.S. (2010) A graphene oxide based immuno-biosensor for pathogen detection, Angewandte Chemie International Edition 49: 5708-5711.

23. Daniel M.C., Astruc D. (2004) Złote nanocząsteczki: montaż, chemia nadcząsteczkowa, właściwości związane z wielkością kwantową oraz zastosowania w dziedzinie biologii, katalizy i nanotechnologii, Chem. Rev. 104: 293-346.

24. Roli V., Gupta B. D., Rajan J. (2011) Sensitivity enhancement of a surface plasmon resonance based biomolecules sensor using graphene and silicon layers, Sensors and Actuators B, Chemical 160(1): 623-631.

25. Bhatia P., Gupta B.D. (2011) Surface plazmonance based fiber resonance based fiber refractive index sensor: sensitivity enhancement, Appl. Opt. 50: 2032-2036.

26. Lahav A., Auslender M., Abdulhalim I. (2008) Zwiększenie czułości czujników rezonansu powierzchni fali kierowanej, Optics Lett. 33: 2539–2541.

27. Weber J.W., Caladoand V.E., M.C.M. van de Sanden. (2010) Stałe optyczne grafemów mierzone metodą elipsometrii spektroskopowej, Appl. Phys. Lett. 97, 091904.

28. Palik E.D. (1985) Handbook of Optical Constant of Solids, Academic Press, Inc.

29. Bruna M., Borini S. (2009) Stałe optyczne warstw grafenowych w zakresie widzialnym, Appl. Phys. Lett. 94, 031901.

30.Kowalczyk S.W., Tuijtel M.W., Donkers S.P., Dekker C. (2010) Unrevealing single stranded DNA in solid state nanopore, Nano Lett. 10: 1414–1420.

31.Gupta B.D., Sharma A.K. (2005) Sensitivity evaluation of a multi-layered surface resonance-based fiber optic sensor: a theoretical study, Sens. Siłowniki B 107: 40-46.

32.Maharana P. K., Jha R. (2012) Pryzmat chalkogenidowy i wielowarstwowy wielowarstwowy plazmowy czujnik powinowactwa do rezonansu powierzchniowego o wysokiej wydajności, czujniki i siłowniki B: Chemical 169: 161-166.

33.Person J. L., Colas F., Compere C., Lehaitre M., Anne M., Boussard-Pledel C., Bureau B., Adam J., Deputier S., Guilloux-Viry M. (2008) Surface plasmon resonance in chalcogenide glass-based optical system, Sens.Actuators B 130: 771.

34.Zhang J., Sun Y., Xu B., Zhang H., Gao Y., Zhang H., Song D. (2013) Nowy powierzchniowy biosensor rezonansu plazmowego oparty na tlenku grafenu ozdobiony koniugatami nano- i przeciwciał do oznaczania transferryny, bioczujników i bioelektroniki 45: 230-236.

35.Parab H.J., Jung C., Lee J.H., Park H.G. (2010) Złoty nanorodowy optyczny biosensor DNA do diagnostyki patogenów, biosensorów i bioelektroniki 26: 667-673.

36.Gilje S., Han S., Wang M., Wang K.L., Kaner R.B. (2007) A chemical route to graphene for device applications, NanoLetters 7: 3394-3398.

37.Jana N.R., Gearheart L., Murphy C.J. (2001) Seed-Mediated Growth Approach for Shape-Controlled Synthesis of Spheroidal and Rod-like Gold Nanoparticles Using a Surfactant Template, Advanced Materials 13(18): 1389-1393.

38. Nikoobakht B., El-Sayed M.A. (2003) Preparation and Growth Mechanism of Gold Nanorods (NRs) Using Seed-Mediated Growth Method, Chemistry of Materials 15(10): 1957-1962.
39. Wang J., Wang L.Y., Sun Y., Zhu X.N., Cao Y.B., Wang X.H., Zhang H.Q., Song D.Q. (2010) Biosensor rezonansu plazmy powierzchniowej oparty na nanocząsteczkach Au w błonie zol-żel, koloidach i powierzchniach B 75: 520-525.
40. Homola J. (1997) O czułości powierzchniowych czujników rezonansu plazmowego z przesłuchaniem spektralnym, czujników i elementów wykonawczych B 41: 207-211.
41. Homola J., Koudela I., Yee S.S. (1999) Czujniki rezonansu plazmowego powierzchniowego oparte na siatkach dyfrakcyjnych i sprzęgłach pryzmatycznych: porównanie czułości, czujniki i siłowniki B 54: 16-24.
42. Jun W., Changhe Zhou, Junjie Yu, Hongchao Cao, Shubin Li, Wei Jia, (2014) Projektowanie czujników rezonansu plazmowego w podczerwieni w oparciu o matryce taśm grafenowych, Optics & Laser Technology 59: 99-103.
43. Moharam M.G., Grann E. B., Pommet D. A., Gaylord T .K. (1995) Formulacja dla stabilnego i efektywnego wdrożenia rygorystycznej analizy falowej krat binarnych, JOptSocAmA 12(5):1068-76.
44. Lalanne P., Morris G. M. (1996) Wysoce ulepszona zbieżność metody fal sprzężonych dla polaryzacji TM, JOptSocAm A 13(4): 779-84.
45. Grigorenko A.N., Polini M., Novoselov K.S. (2012) Graphene plasmonics, Nat Photonics 6: 749-58.
46. Ju L., Geng B., Horng J., Girit C., Martin M., Hao Z. et al. (2011) Graphene plasmonics for tunable terahertz metamaterials. Nat Nanotechnol 6: 630-4.

47.Chu H.S., Gan C.H. (2013) Activeplasmonic switching at mid-infrared wavelengths with graphene ribbon arrays, ApplPhysLett 102(23): 231107.
48.Rahman M. S., Anower M. S., Bashar L. B., Rikta K. A. (2017) Analiza wrażliwości biosensorów rezonansu plazmy powlekanej grafenem do zastosowań w biosensingu, badaniach czułości i bio-sensingu 16: 41-45.
49.Maurya J.B., Prajapati Y.K., Singh V., Saini J.P., Tripathi R. (2015) Performance of graphene-MoS2 based surface resonance sensor using Silicon layer, Opt. Ilość. Elektron. 47: 3599–3611.
50.Besenicar M., Macek P., Lakey J.H., Anderluh G. (2006) Surface plasmon resonance in protein-membrane interactions, Chem. Fizycznie. Lipidy 141 (1-2): 169-178.
51.Loan P.T.K., Zhang W., Lin C.T., Wei K.H., Li L.J., Chen C.H. (2014) Graphene/Mos2heterostructures for ultrasitive detection of DNA hybridization, Adv. Mater. 26: 4838–4844.
52.Rahman M.S., Anower M.S., Hasan M.R., Rikta K.A. (2017) Projektowanie i analiza biosensora rezonansu plazmy z powłoką grafenową, Sens. Lett. 15: 1–7.
53.Dostalek J., Ctyroky J., Himola J., Brynda E., Skalsky M., Nekvindova P., Spirkova J., Skvor J., Schrofel J. (2001) Foton - krystaliczny rezonans powierzchniowy plazmy - biosensor, Czujniki - siłowniki B76: 8.
54.Choi S.H., Kim Y.L., Byun K.M. (2011) Graphene-on-silver substrates for sensitive surface resonance resonance biosensors, Opt. Ekspres 19 (2): 458-466.
55.Zainudin A. A., Fen Y. W., Yusof N. A., Al-Rekabi S. H., Mahdi M. A., Omar N. A. S. (2018) Włączenie powierzchniowego rezonansu

plazmowego z nową warstwą tlenku chitozanu z domieszką walinomycyny do wykrywania jonów potasu, Spectrochimica Acta część A 191: 111-115.

56. Liu L., Shao Y., Peng J., Huang C., Liu H., Zhang L. (2014) Sonda fluorescencyjna na bazie wirnika molekularnego do selektywnego rozpoznawania hybrydowego G-quadrupleksu oraz jako czujnik K+, Anal. Chem. 86: 1622–1631.
57. Chen Z., Tan L., Hu L., Luan Y. (2015) Superior fluorescent probe for detection of potassium ion, Talanta 144: 247-251.
58. Wang Z., Xu Y., Wang H., Liu F., Ren Z., Wang Z. (2016) Controllable molecule transport and release by a restorable surface-tethered DNA nanodevice, Sci Rep 6: 28292.
59. Chen Z., Huang Y., Li X., Zhou T., Ma H., Qiang H., Liu Y. (2013) Colorimetric detection of potassium ions using aptamer-functionalized gold nanoparticles, Anal. Chim. Acta 787: 189–192.
60. Szmacinski H., Lakowicz J.R. (1999) Pomiary potasu i sodu w stężeniach klinicznych z wykorzystaniem fluorometrii fazowo-modulacyjnej, Czujniki, siłowniki B Chem. 60: 8–18.
61. Fen Y.W., Yunus W.M.M. (2013) Surface Plasmon Resonance spectroscopy jako alternatywa dla wykrywania jonów metali ciężkich: przegląd, Sens. Rev. 33: 305-314.
62. Casnati A., Pochini A., Ungaro R., Bocchi C., Ugozzoli F., Egberink R.J.M., Struijk H., Lugtenberg R., De Jong F., Reinhoudt D.N. (1996) 1,3-Alternate calix[4]arenecrown-5 conformers: nowe syntetyczne jonofory o lepszej selektywności K+/Na+ niż walinomycyna, Chem. Eur. J. 2: 436–445.

63.Fen Y.W., Yunus W.M.M., Yusof N.A. (2011) Wykrywanie rtęci i jonów miedzi przy użyciu optycznego czujnika rezonansu plazmy powierzchniowej, Sens. Złomek. 23: 325–334.

64.Yablonovitch E. J. (1993) Photonic bandgap structures, Opt. Soc. Am. B 10: 283-295.

65.Kossel D. J. (1966) Analogie między cienkowarstwową optyką a teorią ciał stałych pasma elektronów, Opt. Poprawka 56: 1434-1434.

66.Yeh P., Yariv A., Hong C.S. J. (1977) Rozmnażanie elektromagnetyczne w okresowych mediach warstwowych. I. Ogólna teoria, Opt. Soc. Am. 67: 423-438.

67.Yeh P., Yariv A., Cho A. Y. (1978) Optyczne fale powierzchniowe w okresowych mediach warstwowych, Appl. Phys. Lett. 32: 104-105.

68.Robertson W. M., May M. S. (1999) Surface electromagnetic wave excitation on one-dimensional photonic band-gap arrays, Appl. Phys. Lett. 74: 1800-1802.

69.Villa F., Regalado L., Ramos-Mendieta F., Gaspar-Armenta J., Lopez-Rios T. (2002) Fotoniczny czujnik kryształu oparty na falach powierzchniowych do charakteryzacji cienkowarstwowej, Opt. Lett. 27: 646-648.

70.Konopsky V. N., Alieva E. V. (2007) Photonic Crystal Surface Waves for Optical Biosensors, Anal. Chem. 79: 4729-4735.

71.Guo Y., Divin C., Myc A., Fred L. Terry Jr., James R. Baker Jr., Norris T. B., Ye I. Y. (2008) Sensitive molecular binding assay using a photonic crystal structure in total internal reflection, Opt Express. 16(16): 11741–11749.

72.Horvath R., Skivesen N., Pedersen H.C. (2004) Pomiar natężenia światłowodowego: Alternatywna zasada wykrywania falowodu. Aplikacja. Fizyka. Lett. 84: 4044–4046.

73. Vollmer F., Braun D., Libchaber A., Khoshsima M., Teraoka I., Arnold S. (2002) Protein Detection by Optical shift of a Resonant Microcavity. Aplikacja. Fizyka. Lett. 80: 4057–4059.
74. White I.M., Oveys H., Fan X., Smith T.L., Zhang J. (2006) Zintegrowane zwielokrotnione biosensory oparte na ciekłym rdzeniu rezonatorów pierścieniowych i antyrezonansowych falowodach optycznych. Aplikacja. Fizyka. Lett. 89: 191106.
75. Armani A.M., Kulkarni R.P., Fraser S.E., Flagan R.C., Vahala K.J. (2007) Label-Free, Single-Molecule Detection with Optical Microcavities. Nauka 317:783-787.
76. Ilchenko V.S., Gorodetskii M.L. (1992) Termiczne efekty nieliniowe w mikrorezonatorach galerii optycznej. Laser Phys 2:1004-1009.
77. Mulloni V., Pavesi L. (2000) Porowate mikrokawurowce krzemowe jako optyczne czujniki chemiczne. Appl. Physl. Lett 76:2523-2525.
78. Ouyang H., Striemer C.C., Fauchet P.M. (2006) Analiza ilościowa czułości porowatych czujników optycznych z krzemu. Appl. Physl. Lett 88:163108.
79. Inouye H., Arakawa M., Ye J.Y., Hattori T., Nakatsuka H., Hirao K. (2002) Właściwości optyczne jednowymiarowego kryształu fotonicznego typu całkowitego odbicia. IEEE J. Quant. Elektryczny. 38:867–871.
80. Knittl Z. (1976) Optics of Thin films, An Optical Multilayer Theory (Londyn).
81. Hermanson G.T. (1996) Biocojugate Techniques. Academic Press (Nowy Jork).
82. Amelles G., Cebollada A., Garcia-Martin A., Gonzalez M.U. (2013) Magnetoplazma: połączenie funkcji magnetycznych i plazmowych, Adv. Opt. Złomek 1: 10-35.

83.Sepulveda B., Calle A., Lechuga L.M., Armelles G. (2006) Wysoce czułe wykrywanie biomolekuł za pomocą magnetooptycznego rezonansora plazmonansowego, Opt. Lett. 31: 1085–1087.
84.Wang T., Lee K., Chen T. (2014) Sensitivity enhancement of magneto-optic surface plasmon resonance sensors with noble/ferromagnetic metalheterostructure, Laser Phys. 24: 036001.
85.Regaty D., Sepulveda B., Farina D., Carrascosa L. G., Lechuga L.M. (2011) Odpowiednia kombinacja wielowarstwowych metali szlachetnych/ferromagnetycznych, Opt. Express 19: 8336-8346.
86.Ferreiro-Vila E., Gonzalez-Diaz J.B., Ferment R., Gonzalez M.U., M.U. Garcia-Martin M.U., Garcia-Martin J.M., Cebollada A., Armelles G. (2009) Intertwinedmagneto-optyczne i plazmatyczne efekty w strukturach warstwowych Ag/Co/Ag, Phys. Rev. B 80.
87.Regaty D., Farina D., Calle A., Cebollada A., Sepulveda B., Armelles G., Lechuga L.M. (2010) Au/Fe/Au wielowarstwowe przetworniki do magnetooptycznego rezonansu powierzchniowego, J. Appl. Phys. 108: 054502.
88.Gomi M., Furuyama H., Abe M. (1991) Silne wzmocnienie magnetooptyczne w wysoce zastępczych foliach z granatu żelaznego przygotowanych przez napylanie, J. Appl. Phys.70: 7065.
89.Qin J., Deng L., Xie J., Tang T., Bi L. (2015) Wysoce czułe czujniki oparte na magnetooptycznym rezonansie powierzchni plazmy w heterostrukturach Ag/CeYIG, AIPAdv. 5: 017118.
90.Li J., Tang T., Zhang Y., Luo L., Sun P. (2018) Czujnik magneto-plazmoniczny z jednowymiarowym kryształem fotonicznym do wykrywania metanu, Optik 155: 74–80.
91.Hansen P., Krumme J.P. (1984) Właściwości magnetyczne i magnetooptyczne folii granatowych, cienkie folie stałe 114: 69-107.

92. Rizzo R., Alvaro M., Danz N., Napione L., Descrovi E. et al. (2018) Platforma do wykrywania biomarkera VEGF w matrycach biologicznych, czujnikach i siłownikach B 255(2): 2143-2150.
93. Kassa-Baghdouche L., Cassan E. (2018) Wykrywanie współczynnika załamania światła podczerwonego przy użyciu zoptymalizowanych światłowodów fotonicznych, fotoniki i nanostruktur - podstawy i zastosowania 28: 32-36.
94. Scullion M., Krauss T., Di Falco A. (2011) High efficiency interface for coupling in to slotted photonic crystal waveguides, IEEE Photonics Journal 3 (2): 203-208.
95. Taflove A., Hagness S. C. (2005) Computational electrodynamics, Artech house.
96. Oskooi A. F., Roundy D., Ibanescu M., Bermel P., Joannopoulos J. D., Johnson S. G., Meep (2010) Elastyczny pakiet wolnego oprogramowania do symulacji elektromagnetycznych metodą fdtd, Computer Physics Communications 181 (3): 687-702.
97. Mozaffari M. H., Ebnali-Heidari M., Abaeiani G., Moravvej-Farshi M. K. (2018) Projektowanie zminiaturyzowanego fotonicznego kryształu opartego na optofluidicbiolaserze do zastosowań biosensingowych typu lab-on-a-chip, Organic Electronics 54: 184-191.
98. Breslauer D. N., Maamari R. N., Switz N. A., Lam W. A., Fletcher D. A. (2009) Mobile Phone Based Clinical Microscopy for Global Health Applications, PloS ONE 4, e6320.
99. Tseng D., Mudanyali O., Oztoprak C., Isikman S. O., Sencan I., Yaglidere O., Ozcan A. (2010) Bezlensfree microscopy na telefonie komórkowym, Lab na chipie 10: 1787-1792.

100. Yu H., Tan Y., Cunningham B. T. (2014) Spektroskopia fluorescencyjna w smartfonach, Chemia analityczna 86: 8805-8813.

101. Smith Z. J., Chu K., Espenson A. R., Rahimzadeh M., Gryshuk A., Molinaro M., Dwyre D. M., Lane S., Matthews D. (2011) Cell-phone-based platform for biomedical device development and education applications, Wachsmann-Hogiu S., PLoS ONE 6: e17150.

102. Hossain M. A., Canning J., Ast S., Cook K., Rutledge P. J., Jamalipour A. (2015) Połączone spektrometry absorpcji "podwójnej" i fluorescencji w smartfonach, litery optyczne 40: 1737-1740.

103. Grasse E. K., Torcasio M. H., Smith A. W. (2015) Teaching UV-Vis Spectroscopy with a 3D-Printable Smartphone Spectrophotometer, Journal of Chemical Education 93 (1): 146-151.

104. Wei Q., Nagi R., Sadeghi K., Feng S., Yan E., Ki S. J., Caire R., Tseng D., Ozcan A. (2014) Detection and Spatial Mapping of Mercury Contamination in Water Samples Using a Smart-Phone, ACS Nano 8: 1121-1129.

105. Lee S., Oncescu V., Mancuso M., Mehta S., Erickson D. (2014) Smartfonowa platforma do kwantyfikacji poziomu witaminy D, Lab on a Chip 14: 1437-1442.

106. Oncescu V., Mancuso M., Erickson D. (2014) Testowanie cholesterolu na smartfonie, Lab na chipie 14: 759-763.

107. Zangheri M., Cevenini L., Anfossi L., Baggiani C., Simoni P., Di Nardo F., Roda A. (2015) Proste i kompaktowe akcesorium smartfonowe do ilościowego, opartego na chemiluminescencji, bocznego testu immunologicznego do wykrywania kortyzolu, czujników biologicznych i bioelektroniki 64: 63-68.

108. Hussain I., Nath P. (2015) Smartphone-based platform optical setup measuring π/256 optical phase difference in an interference process, Applied optics 54: 5739-5742.

109. Lebiga E., Fernandez R. E., Beskok A. (2015) Confined chemiluminescence detection of nanomolar levels of H2O2 in a paper-plastic disposable microfluidic device using a smartphone, Analyst 140: 5006-5011.

110. Fronczek C. F., Park T. S., Harshman D. K., Nicolini A. M., Yoon J.-Y. (2014) Ekstrakcja mikroprzepływowa w papierze i bezpośrednia identyfikacja patogenicznych kwasów nukleinowych na podstawie smarfonu z próbki terenowej i klinicznej, RSC Advances 4: 11103-11110.

111. Park T.S., Baynes C., Cho S.-I., Yoon J.-Y. (2014) Paper microfluidics for red wine tasting, RSC Advances 4: 24356-24362.

112. Preechaburana P., Gonzalez M. C., Suska A., Filippini D. (2012) Surface Plasmon Resonance chemical Sensing on cell phones, Angewandte Chemie 124: 11753-11756.

113. Hunt H.K., Armani A. M. (2010) Label-Free Biological and Chemical Sensors, Nanoscale 2: 1544-1559.

114. Gallegos D., Long K. D., Yu H., Clark P. P., Lin Y., George S., Nath P., Cunningham B. T. (2013) Bezznakowe wykrywanie biologiczne przy użyciu smartfonu, Lab on a Chip 13: 2124-2132.

115. Haes A. J., Van Duyne R. P. (2004) A Unified View of Propagating and Localized Surface. Plasmon Resonance Biosensors, Analytical and Bioanalytical Chemistry 379: 920-930.

116. Willets K. A., Van Duyne R. P. (2007) Localized surface resonance spectroscopy and sensing, Annu. Rev. Phys. Phys. Chem. 58: 267-297.

117. Yonzon C. R., Jeoung E., Zou S., Schatz G. C., Mrksich M., Van Duyne R. P.(2004) Analiza porównawcza zlokalizowanych i propagujących się powierzchniowych czujników rezonansu plazmowego: Wiązanie konkanavaliny A z monosacharydową monowarydową monowarstwą funkcjonalizowaną, Journal of the American Chemical Society 126: 12669-12676.

118. Svedendahl M., Chen S., Dmitriev A., Kall M. (2009) Refraktometryczne detekcja z wykorzystaniem plazmonów powierzchniowych: bezpośrednie porównanie, litery Nano 9: 4428-4433.

119. Chen Y., Ming H. (2012) Review of surface plasmon resonance and localized surface plasmon resonance sensor, Photonic Sensors 2: 37-49.

120. Mayer K. M., Hafner J. H. (2011) Localized Surface Plasmon Resonance Sensors, Przeglądy chemiczne 111: 3828-3857.

121. Homola J., Yee S. S., Gauglitz G. (1999) Surface Plasmon Resonance Sensors Review, Sensors and Actuators B: Chemical 54: 3-15.

122. Liu Y., Liu Q., Chen S., Cheng F., Wang H., Peng W. (2015) Powierzchniowe rezonans plazmowy biosensor oparty na platformach inteligentnych telefonów, Raporty naukowe 5.

123. Bremer K., Roth B. (2015) System czujników rezonansu powierzchniowego włókien światłowodowych przeznaczony dla smartfonów, Optics Express 23: 17179-17184.

124. Preechaburana P., Gonzalez M. C., Suska A., Filippini D. (2012) Surface Plasmon Resonance Chemical Sensing on Cell Phones, Angew. Chem. Int. Ed. 51: 11585 –11588.

125. Gallegos D., Long K., Yu H., Clark P., Lin Y., George S., Nath P., Cunningham B. T. (2013) Label-Free Biodetection using a Smartphone. Lab Chip 13: 2124-2132.

126. Choi C. J., Cunningham B. T. (2007) 96-dołkowe mikropłytki zawierające replikowaną sieć mikroprzepływów zintegrowaną z fotonicznymi kryształowymi biosensorami do analizy kinetycznych oddziaływań biomolekularnych o dużej przepustowości. Chip 7 laboratorium: 550-556.

127. Choi C. J., Cunningham B. T. (2006) Jednostopniowa produkcja i charakterystyka fotonicznych kryształowych biosensorów z polimerowymi kanałami mikrofluidalnymi, Lab Chip 6: 1373-1380.

128. Chan L. L. L., Li P. Y., Puff D., Cunningham B. T. (2007) Samopisująca się metoda oznaczania fotonicznych kryształowych biosensorów: Zastosowanie do małych analiz molekularnych, Sens. Siłowniki B 120: 392-398.

Odniesienie do rozdziału 4

1. Dorozinsky G.; Maslov V., Ushenin Yu. (2016) Urządzenia czujnikowe oparte na powierzchniowym rezonansie plazmowym. Wydawnictwo "Politeknika" (Kijów) 264 s. ISBN 978-966-622-752-5 (w języku ukraińskim).
2. Hlubina P., Duliakova M., Kadulova M., Ciprian D. (2015) Spektralny interferometralny czujnik rezonansu powierzchni plazmy, Optics Communications 354: 240-245.

3. Quoc-Hung Phan, Pei-Ming Yang, Yu-Lung Lo. (2015 r.) Surface Plasmon Resonance Prism Coupler for gas Sensing based on Stokes Polarimetry, Sensors and Actuators B: Chemical 216: 247-254.
4. B. Kalas, J. Nador, E. Agocs, A. Saftics, S. Kurunczi, M. Fried, P. Petrik, (2017) Adsorpcja białek monitorowana przez elipsometrię półcylindryczną osoczową Kretschmann, Applied Surface Science 421, część B: 585-592.
5. Maslov V.P., UsheninYu.V., Dorozinsky G.V. (2017) Rozdział 5: Trendy w zwiększaniu dokładności urządzeń SPR, czujników i zastosowań w systemach pomiarowych i automatyki sterowania, postępy w dziedzinie czujników: Recenzja 4: 101-119.
6. Kostyukevych S.O., Kostyukevych K.V., Khristosenko R.V., Koptyux A.A., Moskalenko N.L., Lysyuk V.O., Pohoda V.I. (2016) Czujnik rezonansu plazmy z czujnikiem optoelektronika i poluprovodnikovaya texnika 51: 28-33.
7. Hastings J. T., Guo J., Keathley P. D., Kumaresh P. B., Wei Y., Law S. i Bachas L. G.(2007) Optics Express 15 (26): 17661-17672.
8. Maharana P. K., Srivastava T. i Jha R. (2014) Niskoindeksowy dielektryczny czujnik rezonansu powierzchni plazmy oparty na grafenie do pomiarów w bliskiej podczerwieni, Journal of Physics D: Fizyka stosowana 47: 385102-385113.
9. Mitsushio M., Nagaura A., Yoshidome T., Higo M. (2015) Rozwój selektywności molekularnej czujnika pręta szklanego z rezonansem plazmowym powlekanego złotem AF1600, Progress in Organic Coatings 79: 62-67.
10. Vaisocherov H., Mrkvova K., Piliarik M., Jinoch P., Steinbachov M., Homola J. (2007) Biosensor rezonansu plazmy powierzchniowej do

bezpośredniego wykrywania przeciwciał przeciwko wirusowi Epstein-Barr, Biosens. Bioelekton., 22: 1020-1026.

11. Senaratne W., Andruzzi L., Ober Ch. (2005) Self-Assembled Monolayers and Polymer Brushes in Biotechnology:Obecne zastosowania i perspektywy na przyszłość, biomakromolekuły 6: 2427-2448.

12. Makhneva E., Obrusník A., Farka Z., Skládal P., Vandenbossche M., Hegemann D., Zajíčková L. (2017) Powierzchnie polimerów osocza bogatych w karboksyl w rezonans powierzchniowy plazmy, Japoński Dziennik Fizyki Stosowanej 57(1S):01AG06

13. Kovař D., Makhneva E., Dorozinsky G., Manakhov A., Zajičková L., Skladal P. (2015) Study of carboxy-rich plasma polymer for biosensors. Obrady VII Międzynarodowej konferencji poświęconej innowacjom w dziedzinie obróbki i charakteryzacji cienkowarstwowej.

14. Dorozinsky G., Manakhov A., Makhneva E., Zajičková L., Shynkarenko O., Beketov G. (2015) SPR study of IgG binding properties of nanolayers deposited by plasma co-polymerization of maleic anhydride and acetylene, International Conference "Chemie, Physics and Surface Technology" p.122.

15. Canovi M., Lucchetti J., Stravalaci M., Re F., Moscatelli D., Bigini P., Salmona M., Gobbi M. (2012) Zastosowania rezonansu plazmy powierzchniowej (SPR) do charakterystyki nanocząsteczek opracowanych do celów biomedycznych, Czujniki 12: 16420-16432.

16. Shyrshov Yu.M., Samojlov A.V., Khristosenko R.V., Ushenin Yu.V., Myrskyj V.M. (2004) Analiza i symulacja numeryczna spektrometrów SPR z mechanicznym skanowaniem kątowym:

algorytm określania położenia kątowego minimum, Reyestraciya, zberihannya i obrobka danyx 6(3): 3-18.

17. Kretschmann E., Reather H. (1968) Promieniotwórczy rozpad nieradiatywnego plazmy powierzchniowej pobudzonej przez światło, Z. Naturf. 23A: 2135-2136.

18. Ushenin Yu.V., Maslov V.P., Dorozinsky G.V., Turu T.A., Kachur N.V. (2016) Zastosowanie czujników temperatury do poprawy urządzenia w oparciu o zjawisko rezonansu plazmy powierzchniowej, Sensor Electronics i Mikrosystem Technologies 13(1): 33-40.

19. Maslov V.P., Ushenin Yu.V., Dorozinsky G.V., Dorozinska H.V., Kudryavtsev A.A. (2017) Nowa metoda określania położenia kątowego światła o minimalnym natężeniu odbicia obserwowanym w rezonansie plazmy powierzchniowej, Journal of Multidisciplinary Engineering Science Studies 3(3): 1514-1518.

20. G.V. Dorozinsky. (2016) Analiza głównych błędów w pomiarach współczynnika załamania analitu za pomocą urządzenia "Plasmon-6", East European Scientific Journal 5: 54-61.

21. Dorozinsky G.V., Maslov V.P. (2014) Advanced design and technology for production of sensor elements in devices based on surface plasmon resonance, "Machines.Technologies.Materials" Journal 11: 3-6.

22. Dorozinsky G., Doroshenko T., Maslov V. (2015) Wpływ czynników technologicznych na czułość urządzeń analitycznych opartych na rezonansie plazmy powierzchniowej, Journal of Sensor Technology 5: 54-61.

23. Kim N.-H., Choi M., Leem J.W., Yu J.S., Kim T.W., Kim T.-S., Byun K.M. (2015) Improved biomolecular detection based on a

plasmonicnanoporous gold film fabricated by oblique angle deposition, Optics Express 23(14): 18777-18785.

24. Kostyukevych K.V., Khristosenko R.V., Shirshov Yu.M. *et al.* (2011) Wieloelementowy czujnik gazu oparty na powierzchniowym rezonansie plazmowym: rozpoznawanie alkoholi przy użyciu filmów kaliksarowych, Fizyki Półprzewodników, Elektroniki Kwantowej i Optoelektroniki 14(3): 313-320.

25. Slepicka P., Michaljanicová I., Ivorcík V. (2013) Controlled biopolymer roughness induced by plasma and excimer laser treatment, Express polymer letters 7(11): 950-958.

26. Fouad S., SabriNaseer, Jamal Z.A.Z., Poopalan P. (2016) Enhanced Sensor of Surface Plasmon Resonance Sensor based on Bilayers of Silver-Barium Titanate, Journal of nano- and electronic physics 8(4): 04085-04090.

27. Snopok B.A., Kostiukewicz E.V., Łysenko S.I., *et al.* (2001) Biosensory optyczne oparte na zjawisku rezonansu plazmowego powierzchniowego: optymalizacja parametrów warstwy metalicznej, fizyka półprzewodnikowa, elektronika kwantowa i optoelektronika 4(1): 56-69.

Odniesienie do rozdziału 5

1. Matsubara K, Kawata S, Minami S (1988) Optical Chemical Sensor based on Surface Plasmon Measurement, Applied Optics 27: 1160-1163.

2. Gridina N., Dorozinsky G., Khristosenko R., Maslov V., Samoylov A., Ushenin Yu., Shirshov Yu. (2013) Biosensor rezonansu plazmy powierzchniowej // Czujniki i przetworniki Dziennik 149(2): 60-68.

3. Xu H., Kall M. (2003) Modelowanie odpowiedzi optycznej opartych na nanocząsteczkach czujników rezonansu plazmowego powierzchniowego, czujników i elementów czynnych 87 (2): 244-249.
4. Rella R., Siciliano P., Quaranta F., Primo T., Valli L., et al. (2000) Gas Sensing Measurements and Analysis of the Optical Properties of Poly [3-(butylthio)thiophene] Langmuir-Blodgett films, Sensors and Actuators B 68: 203-209.
5. Canovi M., Lucchetti J., Stravalaci M., Re F., Moscatelli D., Bigini P., Salmona M., Gobbi M. (2012) Zastosowania rezonansu plazmy powierzchniowej (SPR) do charakterystyki nanocząsteczek opracowanych do celów biomedycznych, Czujniki 12: 16420-16432.
6. Kang Y.B., Mallikarjuna P.R., Fabian D.A., Gorojana A., Lim C.L., Tan E.L. (2013) Bioaktywne cząsteczki: bieżące trendy w odkrywaniu, syntezie, dostarczaniu i testowaniu, lejSME 7: 32-46.
7. Falsone A., Wabitsch V., Geretti E., Potzinger H., Gerlza T., Robinson J., Adage T., Teixeira M.M., Kungl A.J. (2013) Projektowanie białek wabików na bazie CXCL8 o silnej aktywności przeciwzapalnej in vivo, Bioscience Reports 33: 743-754.
8. Chang Yi-Pin, Chu Yen-Ho (2014) Kombinatoryjne biblioteki mieszane z małych indywidualnych bibliotek peptydowych: A Case Study on α1-Antitrypsin Deficiency, Molekuły 19: 6330-6348.
9. Roach P., McGarvey D. J., Lees M. R., Hoskins C. (2013) Remotely Triggered Scaffolds for Controlled Release of Pharmaceuticals, International Journal of Molecular Sciences 14: 8585-8602.
10. Ktari T., Baccar H., Mejri M. B., i Abdelghani A. (2012) Calibration of Surface Plasmon Resonance Imager for Biochemical Detection, International Journal of Electrochemistry 2012: 1-5.

11.Kylväjä R., Kankainen M., Holm L., Westerlund-Wikström B. (2011) Adhesive polypeptides of Staphylococcus aureus identified using a novel secretion library technique in Escherichia coli, BMC Microbiology 11: 117-130.

12.Mocan L., Ilie I., Matea C., Tabaran F., Kalman E., Iancu C., Mocan T. (2014) Fotaktywacja nanocząsteczek złota wywołana rezonansem powierzchniowym jako środek bakteriobójczy przeciwko metycylinoopornemu Staphylococcus aureus, International Journal of Nanomedicine 9: 1453-1461.

13.Shibui T., Bando K., Misawa S. (2013) Wysokiej klasy ekspresja sekretarska, oczyszczanie i charakterystyka przeciwciała przeciwludzkiego Her II monoklonalnego, trastuzumab, w metylotroficznych drożdżach Pichia pastoris, Advances in Bioscience and Biotechnology 4: 640-646.

14.Rodriguez P., Rojas H., Medina M., Arrivillaga J., Francisco Y., Dager F., Piscitelli V., Caetano M., Ferdinandez A., Castillo J. (2013) Study of Functionalized Gold Nanoparticles with Anti-gp63 IgG Antibody for the Detection of Glycoprotein gp63 in Membrane Surface of Leishmania Genus Parasites, American Journal of Analytical Chemistry 4: 100-108-108.

15.Hsu S.-H., Lin Y.-Y., Lu S.-H., Tsai I-F., Lu Y.-T., H.-T. Ho. (2014) Mycobacterium tuberculosis DNA Detection Using Surface Plasmon Resonance Modulated by Telecommunication Wavelength, Sensors 14: 458-467.

16. Nesterova N.V., Nosach L.M., Povnycya O.Yu., Zahorodnya S.D., Baranova H.V., Holovan A.V., Ushenin Yu.V., Khrystosenko R.V. System testów immunosensorycznych na obecność vyalavlennya w

surowicy krwi przeciwciał przeciwko adenowirusom, Patent Ukrainy nr 46973, 27.07.2009, Publ. 11.01.2010, Tom.

17. Khristosenko R.V., Nesterova N.V., Kostyukevich E.V., Zagorodnyaya S.D., Baranova G.V., Golovan A.V., Ushenin Yu.V., Samoylov A.V..., Kostyukevich S.A. (2011) Immunosensor oparty na rezonansie plazmowym powierzchniowym do wykrywania przeciwciał wirusa Epstein-Barr, Optoelektronika i poluprovodnikovaya tehnika 46: 92-99.
18. Bai H., Wang R., Hargis B., Lu H., Li Y. (2012) A SPR Aptasensor do wykrywania wirusa ptasiej grypy H5N1, czujniki 12: 12506-12518.
19. Hu D., Fry S.R., Huang J.X., *et.al.* (2013) Comparison of Surface Plasmon Resonance, Resonant Waveguide Grating Biosensing and Enzyme Linked Immunosorbent Assay (ELISA) in the Evaluation of a Dengue Virus Immunoassay, Biosensors 3: 297-311.
20. Heo N.S., Zheng S., Yang M.H., *et.al.* (2012) Label-Free Electrochemical Diagnosis of Viral Antigens with Genetically Engineered Fusion Protein, Sensors 12: 10197-10108.
21. Christopeit T., Overbo K., Danielson U.H., Nilsen I. W. (2013) Efficient Screening of Marine Extracts for Protease Inhibitors by Combining FRET Based Activity Assays and Surface Plasmon Resonance Binding Assays, Marine Drugs 11: 4279-4293.
22. Li G., Li X., Yang M., Chen M.-M., Chen L.-C., Xiong X.-L. (2013) A Gold Nanoparticles Enhanced Surface Plasmon Resonance Immunosensor for Highly Sensitive Detection of Ischemia-Modified Albumin, Sensors 13: 12794-12803.

23.Chen C.-Y., Chang C.-C., Yu C., Lin C.-W. (2012) Clinical Application of Surface Plasmon Resonance-Biosensors based for Fetal Fibronectin Detection, Sensors 12: 3879-3890.

24.Real-Fernandez F., Passalacqua I., Peroni E. *et.al.* (2012) Glycopeptide-Based Antibody Detection in Multiple Sclerosis by Surface Plasmon Resonance, Sensors 12: 5596-5607.

25.Yao F., Zhang R., Tian H., Li X. (2012) Badania nad wzajemnym oddziaływaniem jonów miedzi i cynku z β-amyloidalnymi peptydami za pomocą powierzchniowego rezonansu plazmowego Biosensora, International Journal of Molecular Sciences 13: 11832-11843.

26.Salvati E., Re F., Sesana S. *et.al.* (2013) Liposomy funkcjonowały w celu pokonania bariery krew-mózg i docelowego peptydu amyloid-β: projekt chemiczny wpływa na przepuszczalność w modelu in vitro, International Journal of Nanomedicine 8: 1749-1758.

27.Sheng X., Zhu X., Zhang Y., Cui G. *et.al.* (2012) Rhein Protects against Obesity and Related Metabolic Disorders through Liver X Receptor-Mediated Uncoupling Protein 1 Upregulation in Brown Adipose Tissue, International Journal of Biological Sciences 8: 1375-1384.

28.Gorodkiewicz E., Breczko J., Sankiewicz A. (2012) Surface Plasmon Resonance Imaging biosensor do oznaczania cystatyny w oparciu o zastosowanie bromeliny, ficyny i chymopapiny, Folia Histochemica et Cytobiologica 50(1): 130-136.

29.Li H., Zhang L., Chen X., Sun J., Cui D. (2014) Obrazowanie SPR połączone z cykliczną woltamperometrią w celu wykrycia aktywności neuronowej, AIP Advances 4: 031342-031346.

30.Claussen J. C. (2013) Nanoparticle biosensor for noninvasive glucose sensing, SPIE Newsroom, 10.1117/2.1201308.005030, s. 1-2.

31. Houngkamhang N., Vongsakulyanon A., Peungthum P., et.al. (2013) ABO Blood-Typing Using an Antibody Array Technique Based on Surface Plasmon Resonance Imaging, Sensors 13: 11913-11922.
32. Elliott S.F., Allen G., Timson D.J. (2012) Biochemiczna analiza interakcji domeny IQGAP1 C-terminal z CDC42, World Journal of Biological Chemistry 3(3): 53-60.
33. Bhati W., Vishwa A. (2013) Nanotechnology Method Comparison for Early Detection of Cancer, I.J. Intelligent Systems and Applications 3: 58-65.
34. Holler S., Arnold S., Dantham V. (2013) Nanoplazmoniczny czujnik wykrywa białka nowotworowe na poziomie jednomolekułowym, SPIE Newsroom, 10.1117/2.1201309.005131, 2013, s. 1-2.
35. Hrydina N.Ya., Biloshyc'kyj V.V., Morozova A.M., Rozumenko V.D., Drahuncova N.H., Velychko O.M., Veselova O.I., Maslov V.P., Ushenin V.Yu. (2014) Stosowanie werapamilu i ketaminy w eksperymencie na szczurach z zaszczepionym glejakiem 101,8, Ukr.Med.Visti 11(1-4): 8083.
36. Zhao Q., Duan R., Yuan J., Quan Y., Yang H., Xi M. (2014) Reusable surface resonance biosensor do ilościowego wykrywania antygenu raka kolczystokomórkowego u pacjentów z rakiem szyjki macicy na podstawie układu nanocząsteczek srebra, International Journal of Nanomedicine 9: 1097-1104.
37. Yanase Y., Hiragun T., Ishii K., Kawaguchi T. et.al. (2014) Surface Plasmon Resonance for Cell-Based Clinical Diagnosis, Sensors 14: 4948-4959.
38. Takami M., Takakusagi Y., Kuramochi K. et.al. (2011) A Screening of a Library of T7 Phage-Displayed Peptide Identifies E2F-4 as an Etoposide-Binding Protein, Molecules 16: 4278-4294.

39.Li C., Wang Y., Zhang X. *et.al.* Ukierunkowane na guza dostarczanie leku liposomalnego, w którym pośredniczy peptyd cyklicznie stabilizowany za pomocą nieeleno bond-stabilizowanego peptydu, International Journal of Nanomedicine 8: 1051-1062.
40.Gerlza T., Hecher B., Jeremic D. *et.al.* (2014) A Combinatorial Approach to Biophysically Characterise Chemokine-Glycan Binding Affinities for Drug Development, Molecules 19: 10618-10634.
41.Huo Q., Colon J., Coldero A., J. Bogdanovic *et.al.* (2011) A Facile Nanoparticle Immunoassay for Cancer Biomarker Discovery, Journal of Nanobiotechnology 9: 20-32.
42.Cabada T.F., de Pablo C.S.L., Serrano A.M. *et.al.* (2012) Indukcja śmierci komórki w linii glejaka poprzez terapię hipertermiczną opartą na nanorodach złota, International Journal of Nanomedicine 7: 1511-1523.
43.Han J., Li J., Jia W., Yao L. *et.al.* (2014) Fototerapia komórek nowotworowych z wykorzystaniem nowatorskich nanokwitnących złota, International Journal of Nanomedicine 9: 517-526.
44.Gridina N.Ya., Boltina I.V., Ushenin Yu.V., Lapina A.V., Kolichenko A.P., Velichko O.N. (2008) Aspekty wiekowe badania zależności pomiędzy agregacją komórek krwi i aberracjami chromosomalnymi limfocytów krwi obwodowej u pacjentów z glejakiem mózgu, Problemyi stareniya i dolgoletiya 17(3): 328-337.
45.Fardilha M., Figueiredo J., Espona-Fiedler M. *et.al.* (2014) Phosphoprotein Phosphatase Isoforms Alpha and Gamma Respondrently to Prodigiosin Treatment and Presentative Kinase Targets in Melanoma Cells, Journal of Bioophysical Chemistry 5: 67-77.

46. Yuan J., Duan R., Yang H., Luo X., Xi M. (2012) Detekcja białka wydzielniczego ludzkiego najądrza 4 w surowicy u pacjentów z rakiem jajnika przy użyciu bezznakowego biosensora opartego na zlokalizowanym rezonansie powierzchni plazmy, International Journal of Nanomedicine 7: 2921-2928.
47. Dharmalingam G., Joy N.A., Grisafe B., Carpenter M.A. (2012) Plasmonics-based detection of H2 and CO: discrimination between reducing gases facilitated by material control, Beilstein Journal of Nanotechnology 3: 712-721.
48. Kostyukevych K.V., Khristosenko R.V., Shirshov Yu.M., Kostyukevych S.A., Samoylov A.V., Kalchenko V.I. (2011) Wieloelementowy czujnik gazu oparty na rezonansie plazmowym powierzchniowym: rozpoznawanie alkoholi przy użyciu filmów calixarene'a, fizyka półprzewodnikowa, elektronika kwantowa i optoelektronika 14(3): 313-320.
49. Maslyuk L.N., Samoylov A.V., Ushenin Yu.V., Khristosenko R.V. (2008) Using a plasmon resonance spectrometer to study the water structuring process, Aktualnyie problemyi transportnoy meditsinyi 4(14): 90-95.
50. Cennamo N., Alberti G., Pesavento M. (2014) A Simple Small Size and Low Cost Sensor based on Surface Plasmon Resonance for Selective Detection of Fe(III), Sensors 14: 4657-4671.
51. Sener G., Ozgur E., Yilmaz E. (2012) Preparation of Ion Imprinted SPR Sensor for Real-Time Detection of Silver(I) Ion from Aqueous Solution, Proceedings of the international conference nanomaterials: applications and properties 1(2): 1-2.
52. Mulpur P., Patnaik S., Chunduri A. *et.al.* (2013) Detection of Cd2+ Ions Using Surface Plasmon Coupled Emission on Engineered Silver-

α Nano Alumina Thin Film Hybrids, Soft Nanoscience Letters 3: 27-31.

53. Wang Y., Huang M., Guan X., Cao Z. *et.al.* (2013) Determination of trace chrom (VI) using a hollow-core metal plateding optical waveguide sensor, OSA Optics Express 21(23): 31130-31136.

54. Minunni M., Mascini M. (1993) Detekcja pestycydów w wodzie pitnej z wykorzystaniem analizy interakcji biospecyficznych w czasie rzeczywistym, Anal.Lett 26: 1441-1460.

55. Mouvet C., Harris R.D., Maciag C. *et.al.* (1997) Determination of simazine in water samples by waveguide surface plasmon resonance, Anal.Chim.Acta 338: 109-117.

56. Svitel J., Dzgoev A., Ramanathan K., Danielsson B. (2000) Surface Plmon Resonance based pesticide assay on a renewable biosensing surface using the reversible concanavalin A monosaccharide interaction, Biosensors and Bioelectronics 15: 411-415.

57. Boltovets P.M., Boyko V.R., Snopok B.A. (2013) Powierzchniowe wychwytywanie kompleksów wirion-przeciwciało: Studium kinetyczne, Mat.-wiss.u.Werkstofftech 44: 112-118.

58. Rouah-Martin E., Mehya J., van Dorst B. *et.al.* (2012) Aptamer-Based Molecular Recognition of Lysergamine, Metergoline and Small Ergot Alkaloids, International Journal of Molecular Sciences 13: 17138-17159.

59. Mondal H. Ali, Roy A., Gupta S., Das S. (2012) Exploring the Insecticidal Potentiality of Amorphophallus paeonifolius Tuber Agglutinin in Hemipteran Pest Management, American Journal of Plant Sciences 3: 780-790.

60. Pirvu C., Manole C.C. (2013) Elektrochemiczny rezonans powierzchni plazmy do badania in situ działania przeciwporostowego

ultracienkich folii hybrydowych z polipyrrolu/PSS, Electrochimica Acta 89: 63-71.

61. Halliwell J., Gwenin C. (2013) A Label Free Colorimetric Assay for the Detection of Active Botulinum Neurotoxin Type A by SNAP-25 Conjugated Colloidal Gold, Toxins 5: 1381-1391.

62. Heurich M., Altintas Z., Tothill I.E. (2013) Computational Design of Peptide Ligands for Ochratoxin A, Toxins 5: 1202-1218.

63. Turner K.B., Zabetakis D., Legler P. (2014) Isolation and Epitope Mapping of Staphylococcal Enterotoxin B Single-Domain Antibodies, Sensors 14: 10846-10863.

64. Alfonso A., Pazos M.-J., Fernandez-Araujo A. *et.al.* (2014) Surface Plasmon Resonance Biosensor Method for Palytoxin Detection Based on Na+,K+-ATPase Affinity, Toxins 6: 96-107.

65. Nanjunda R., Owens E.A., Mickelson L. *et.al.* (2013) Selective G-Quadruplex DNA Recognition by a New Class of Designed Cyanines, Molecules 18: 13588-13607.

66. Yutabe R., Onodera T., Toko K. (2013) Wykonanie powierzchni czujnika SPR o właściwościach przeciwporostowych do wysoce czułego wykrywania 2,4,6-Trinitrotoluenu przy użyciu polimeryzacji z transferem atomów inicjowanej powierzchniowo, czujniki 13: 9294-9304.

67. Dorozinsky G.V., Liptuga A.I., Gordienko V.I., Maslov V.P., Pidgornyi V.V. (2015) Diagnostyka jakości oleju silnikowego przy użyciu urządzenia opartego na zjawisku rezonansu plazmy powierzchniowej, Scholars Journal of Engineering and Technology 3: 372-374.

68. Dorozinsky H.V., Maslov V.P., Kachur N.V., Filonchuk R.L. Bahatokanalnyj detektor zadymlenosti, Patent Ukrainy nr 91922, 13.01.2014, Publ. 25.07.2014, Vol. 14.
69. Dorozinsky G. V., Lobanov M. V., Maslov V. P. (2015) Detection of methanol vapor by surface plasmon resonance, Vostochno-Evropeyskiy zhurnal peredovyih tehnologiy 4(76): 4-7.
70. Snopok B, Kostiukewycz K, Rengewycz O, Shirshov Y, Venger E *et al.* (2012) Biosensor do badania struktury i funkcji adsorbowanych białek: fibrynogenu na powierzchni złota. Techniki optoelektroniczne i półprzewodnikowe 46: 45-49 (w języku rosyjskim).
71. Khristosenko R, Nesterova N, Golovan A, Kostyukevich E, Zagorodnyaya S *et al.* (2011) Immunosensor oparty na rezonansie plazmy do oznaczania przeciwciał wirusa Epstein-Barr. Techniki optoelektroniczne i półprzewodnikowe 46: 92-99 (w języku rosyjskim).
72. Samoylenko E, Zaletok S, Gogol S, Orlovskii A, Ushenin Yu *et al.* (2012) Postępowanie V-th Int. Conf. "Sensor Electronics and Microsystem Technologies" (w języku rosyjskim).
73. Rachkov A, Holodova Yu, Ushenin Yu, Miroshnichenko D, Telegeev G *et al.* (2009) Development of Bioselective Element of SPR SPR Spectrometer for Monitoring of Oligonucleotide Interactions and Comparison with Thermodynamic Calculations. Litery z czujnikami 7: 45-52.
74. Notarangelo L., Fischer A., Geha R., Casanova J., Chapel H. *et al.* (2009) Primary immunodiciencies: 2009 update. Komitet Ekspertów Międzynarodowej Unii Towarzystw Immunologicznych (IUIS) ds. J Allergy Clin Immunol 124(6):1161-1178.

75.Bakhmachuk A., Gorbatiuk O., Rachkov A., Dons'koi B., Khristosenko R. *et al.* (2017) Surface Plasmon Resonance Investigations of Bioselective Element Based on the Recombinant Protein A for Immunoglobulin Detection, Nanoscale Research Letters 12: 112.
76.R. L. Rich, D.G. Myszka, "Badanie literatury komercyjnego biosensora optycznego roku 2007", J. Mol. Rozpoznanie. Vol.21 pp. 355–400, 2008
77. Homola J. (2008) Plasmon Resonance sensors for detection of chemical and biological species, Chem. Rev. 108: 462-493.
78.Rojo L.E., Alzate-Morales J., Saavedra I.N., Davies P., Maccioni R.B. "Selektywne współdziałanie lanzoprazolu i astemizolu z polimerami Tau: Potencjalne nowe zastosowanie kliniczne w diagnostyce choroby Alzheimera" Journal of Alzheimer's Disease vol.19, s. 573-589, 2010.
79.Perez-Pineiro R., Bjorndahl T.C., Berjanskii M.V., Hau D., Li L., Huang A., Lee R., Gibbs E., Ladner C., Dong Y.W., Abera A., Cashman N.R., Wishart D.S. (2011) Białka prionowe wiążą tiaminę, FEBS Journal 278(2): 4002-4014.
80.Schmidt A., Utepbergenov D.I., Krause G., Blasig I.F. (2004) Bezpośrednie wykazanie związku pomiędzy białkiem barierowym ZO-1 i okuldyną przy użyciu spektroskopii rezonansu plazmy powierzchniowej; Wpływ SIN-1 - Rdzeń kręgowy i bariera mózgu na zdrowie i chorobę, Rozdział I: Podstawowe aspekty: Struktura i funkcje barier mózgowo-naczyniowych, strony 11-17.
81.Ramakrishnan M., Kandimalla K.K., Wengenack T.M., Howell K.G., Poduslo J.F. (2009) Surface Plasmon Resonance Binding Kinetics of Alzheimer's Disease Amyloid β Peptide Capturing- and Plaque

Bindinging- Monoclonal Antibodies, Biochemistry 48(43): 1040-1045.
82.Hansson K.M., Vikinge T.P., Ranby M., Tengvall P., Lundstrom I., Johansen K., Lindahl T.L. (1999) Surface plasmon resonance (SPR) analysis of coagulation in wholeblood with application in prothrombin time assay, Biosens.Bioelectron. 14: 671-679.
83.Hansson K.M., Tengvall P., Lundstrom I., Ranby M., Lindahl T.L. (2002) Badania porównawcze z rezonansem plazmy powierzchniowej i swobodną reometrią oscylacji na temat hamowania płytek krwi z cytochalazyną E i przeciwciałami monoklonalnymi wobec GPIIb/IIIa, Biosens.Bioelektron. 17: 761-771.
84.Hansson K.M., Johansen K., Wettero J., Klenkar G., Benesch J., Lundstrom I., Lindahl T., Tengvall P. (2007) Wykrywanie rezonansu powierzchniowego osocza krwi i adhezji płytek krwi w warunkach ścinania żył i tętnic, Biosens.Bioelektron 23: 261-268.
85.Fidler I. J., Kim Sun-Jin, Langley R. R. (2007) The role of the organ microenvironment in the biology and therapy of cancer metastasis, J. Cell Biochem 101(4): P.927-936.
86.Gridina N., Dorozinsky G., Khristosenko R., Maslov V., Samoylov A., Ushenin Yu., Shirshov Yu. (2013) Biosensor rezonansu plazmy powierzchniowej, Czujniki i przetworniki, Dziennik 149(2): 60-68.
87.Bruggeman V.D. (1935) Obliczanie różnych stałych fizycznych substancji heterogenicznych, stałych dielektrycznych i przewodności mieszanych ciał substancji izotropowych, Annalen der Physik 416(7): 636 - 664.
88.Meinke M., Müller G., Helfmann J., Friebel M. (2007) Optical properties of platelets and blood plasma and their impact on the optical

behavior of whole blood in the visible to near infrared wavelength range, Journal of Biomedical Optics 12(1): 014024.

89.Friebel M., Meinke M. (2005) Determination of complex refractive index of highly concentrated heemoglobin solutions using transmittance and reflectance measurements, Journ. Biomed.Opt. 10(6): 064019.

90.Gridina N., Maslov V.P., Ushenin Yu.V. (2013) Tumor-associated inflammation and cerebral gliomas, Lambert Academic Publishing (Saarbrucken), 196 s. ISBN 978-3-659-36794-6.

91.Maslov V.P., Ushenin Yu.V., Dorozinsky G.V. (2017) Rozdział 1: Możliwe zastosowania urządzeń SPR w badaniach medycznych i mikrobiologicznych, rezonans plazmy powierzchniowej (SPR): Postępy w dziedzinie badań i zastosowań, 1-50 str. 978-1-53611-857-5.

92.NAJGORSZE 12.1.005-88. (2006) Ogólne wymagania sanitarne i higieniczne dla powietrza w miejscu pracy. Vved. 1989-01-01. Formularz Standartinform, 50 str.

93.Peacock A. J., Naeije R., Rubin L. J. (2011) Pulmonary Circulation: Diseases and Their Treatment, Third Edition, CRC Press, 728 p.

94.Industrial Alcohol Technology Handbook (2010) NPCS Board of Consultants & Engineers, Asia Pacific Business Press Inc., 552 p.

95.Porev V.A., Dashkovskiy O.A., Mindyuk Ya. L. (2009) Analytical environmental instruments and systems, UNIVERSUM (VInnitsya) 267 s.

96.ISO 7027-1:2016. Jakość wody - Oznaczanie mętności - Część 1: Metody ilościowe // https://www.iso.org.

97.ISO 11923:1997. Jakość wody -- Oznaczanie zawiesin poprzez filtrację przez filtry z włókna szklanego // https://www.iso.org.

98. Zanieczyszczenia wody pitnej - normy i przepisy. Wtórne normy dla wody pitnej: Guidance for Nuisance Chemicals // https://www.epa.gov/dwstandardsregulations/secondary-drinking-water-standards-guidance-nuisance-chemicals.

99. Wytyczne dotyczące jakości wody pitnej: czwarte wydanie zawierające pierwsze uzupełnienie (2017 r.) Katalog biblioteki WHO - dane publikacyjne, Światowa Organizacja Zdrowia, 542 s. ISBN 978-92-4-154995-0.

100. Państwowe normy i przepisy sanitarne "Przepisy higieniczne dotyczące wody pitnej służącej do spożycia przez ludzi" (ГСанПиН 2.2.4-171-10). Zarejestrowany w Ministerstwie Sprawiedliwości Ukrainy, 1 lipca 2010 r. Nr 452/17747.

101. Aubin J., Ferrando M., Jiricny V. (2010) Aktualne metody charakteryzowania mieszania i przepływu w mikrokanałach, Chemical Engineering Science 65(6): 2065-2093.

102. Merkus H.G. (2009) Pomiary wielkości cząstek: Podstawy, Praktyka, Jakość, Springer, 533 str.

103. Kutya V.M. (2013) Analysis of methods and ways to control dispersity of emulsions, Visnyk inzhenernoi akademii Ukrainy 3(4): 242-247 (in Ukrainian).

104. Esteban O., Naranjo F.B., Díaz-Herrera N., Valdueza-Felip S., Navarrete M.C., González-Cano A. (2011) Wysokowrażliwe czujniki SPR z azotkiem indu jako dielektryczną powłoką włókien optycznych, czujników i siłowników, B Chemie 158: 372-376.

105. Yeom S.H., Kim O.G., Kang B.H., Kim K.J., *al.* (2011) Wysoce czuły nanoporowaty biosensor sieci oparty na zlokalizowanym rezonansie i interferencji plazmy powierzchniowej, Opt.Express 19: 22882-22891.

106. Voitovich I.D. Korsunskyi S.G. (2011) Czujniki oparte na rezonansie plazmowym: zasady, technologie, zastosowania, Stal (Kijów) 534 s. (w języku rosyjskim).

107. Maslov V.P., Dorozinsky G.V., Dorozinska H.V. (2017) Modelowanie reakcji czujnika SPR na niskie stężenia nanosensorów wodnych, Journal of Multidisciplinary Engineering Science Studies 3(8): 2007-2011.

108. Azzam R. M. A., Bashara N. M. (1987) Elipsometria i światło spolaryzowane, North-Holland (Amsterdam) 583 s.

109. Chegel V.I., Shirshov Yu.M., Kostyukevich S.O., *et al.* (2001) Badania eksperymentalne i komputerowe modelowanie procesów fotochemicznych w strukturach Ag-As2S3 z wykorzystaniem spektroskopii rezonansu plazmowego powierzchniowego, fizyki półprzewodnikowej, elektroniki kwantowej i optoelektroniki 4 (4): 301-306.

110. Maslov V.P., Dorozinsky G.V., Dorozinska H.V. (2018) Obiecująca metoda oznaczania stężenia nanowymiarowych proszków diamentowych w zawiesinach wodnych, Dziennik materiałów funkcjonalnych 25(1): 158-164.

111. Sung J.C., Lin J. (2010) Nanodiamond Applications. Biologiczne zastosowania Nanodiamindu. Diamentowa nanotechnologia: Synteza i zastosowania, Pan Stanford Publishing Pte Ltd. Singapur 137-191.

112. Dolmatov V.Yu. (2008) Aktualna technologia przemysłowa do przygotowywania nanodiamondiów detonacyjnych i głównych obszarów ich zastosowania, Nanotekhnika 13: 56-79. (w języku rosyjskim).

113. Sakovich G.V., Komarov V.F., Petrov Ye.A. (2002) Synteza, właściwości, zastosowanie i produkcja nanowymiarowych syntetycznych diamentów. Część 1. Synteza i właściwości, materiał Sverkhtvyordyye 3: 3-18 (w języku rosyjskim).

114. Goncharuk Ye.V., Zarko V.I., Bogatyryov V.M., *et al.* (2014) Agregativnaja i sedimentacionnaja stabil'nost' vodnyh suspenzij nanoalmazov v prisutstvii pirogennogo kremnezema, Khimiya, fizyka ta tekhnologiya poverkhni 5(2): 210-219 (w języku ukraińskim).

115. Sharma R.K., Agrawal M. (2005) Biologiczne skutki metali ciężkich: przegląd, J Environ Biol 26: 30.

116. Wu C., Lin L. (2004) Immobilizacja metalotioniny jako czułego układu bioczujnikowego do wykrywania metali za pomocą rezonansu powierzchniowego plazmy, Biosens Bioelectron 20: 864.

117. Oh B.K., Lee W., Chun B.S., Bae Y.M., Lee W.H., Choi J.W. (2005) Wytwarzanie chipów białkowych opartych na powierzchniowym rezonansie plazmowym w celu wykrywania patogenów, Biosens Bioelectron 20: 1847.

118. Lotierzo M., Henry O., Piletsky S., Tothill I., Cullen D., Kania M., Hock B., Turner A. (2004) Surface Plmon Resonance sensor for Domoic acid based on grafted imprinted polymer, Biosens Bioelectrons 20: 145.

119. Yu Q., Chen S., Taylor A., Homola J., Hock B., Jiang S. (2005) Wykrywanie niskocząsteczkowego kwasu domoikowego przy użyciu czujnika rezonansu plazmy powierzchniowej, Sensor Actuator B Chem 107: 193.

120. Homola J. (2006) Surface Plasmon Resonance Based Sensors, Springer Series on Chemical Sensors and Biosensors, Series Editor: O. S. Wolfbeis, Springer-Verlag, (Berlin Heidelberg) 251 str.

121. Minunni M., Mascini M. (1993) Detekcja pestycydów w wodzie pitnej z wykorzystaniem analizy interakcji biospecyficznych w czasie rzeczywistym (BIA), Anal Lett 26: 1441.

122. Chegel V., Shirshov Y., Piletskaya E., Piletsky S. (1998 r.) Czujnik rezonansu plazmy powierzchniowej do wykrywania pestycydów, czujnik uruchamiający B Chem 48: 456.

123. Lim T., Oyama M., Ikebukuro K., Karube I. (2000) Wykrywanie atrazyny na podstawie oznaczenia SPR poziomów P450 mRNA w Saccharomyces cerevisiae, Anal Chem 72: 2856.

124. Shimomura M., Nomura Y., Zhang W., Sakino M., Lee K., Ikebukuro K., Karube I. (2001) Prosta i szybka metoda wykrywania przy użyciu rezonansu plazmy powierzchniowej dla dioksyn, polichlorowanego bifenylu i atrazyny, Anal Chim Acta 434: 223.

125. Peric R. Sreten. (2011) Wyniki badań eksperymentalnych nad tribologiczną charakterystyką olejów z silników i przetworników mocy pojazdów, Wojskowy kurier techniczny LIX (4): 134-157.

126. Naglyuk I.S. (2011) Estimation of motor oil quality in the course of car operation, Avtomobilnyi transport 46: 184-186. (w języku rosyjskim).

127. Bley T., Pignanelli E., Schütze A. (2014) Wielokanałowy system czujników IR do oznaczania degradacji oleju, Journal of Sensors and Sensor Systems 3: 121-132.

128. Günschmann S., Fischer M., Bley T., Käpplinger I., Brode W., Mannebach H., Müller J. (2012) Wykonanie kuwety pomiarowej przy użyciu nowej wielofunkcyjnej metody łączenia, CICMT 2012, Ceramic Interconnect & Ceramic Microsystems Technologies (Erfurt).

129. Lyapina O.V., Vlasov Yu.A., Lyapin A.N. (2015) Metoda identyfikacji benzyny w oleju smarowym kruszyw samochodowych, Fundamentalnyye issledovaniya 2(8): 1637 - 1641. (w języku rosyjskim).

130. Skanavi G.I. Fizika dielektrikov [Fizyka dielektryków (obszar silnych pól)] (1958) Wydawnictwo literatury fizycznej i matematycznej (Moskwa), 896 stron (w języku rosyjskim).

131. Dorozinsky G.V., Liptuga A.I., Gordienko V.I., Maslov V.P, Pidgornyi V.V. (2015) Diagnostyka jakości oleju silnikowego przy użyciu urządzenia opartego na zjawisku rezonansu plazmy powierzchniowej, Scholars Journal of Engineering and Technology 3: 372-374.

132. Maslov V.P., Dorozinsky G.V., Khrystosenko R.V., Samoylov A.V., Dorozinska H.V., Konchenko A.V. (2017) Surface plasmon resonance - obiecująca metoda oceny jakości oleju silnikowego, Trans & Motauto World Journal 1: 41-44.

More Books!

I want morebooks!

Buy your books fast and straightforward online - at one of world's fastest growing online book stores! Environmentally sound due to Print-on-Demand technologies.

Buy your books online at

www.morebooks.shop

Kaufen Sie Ihre Bücher schnell und unkompliziert online – auf einer der am schnellsten wachsenden Buchhandelsplattformen weltweit! Dank Print-On-Demand umwelt- und ressourcenschonend produzi ert.

Bücher schneller online kaufen

www.morebooks.shop

KS OmniScriptum Publishing
Brivibas gatve 197
LV-1039 Riga, Latvia
Telefax: +371 686 204 55

info@omniscriptum.com
www.omniscriptum.com

OMNIScriptum

FSC
www.fsc.org
MIX
Papier | Fördert gute Waldnutzung
FSC® C083411

Kolibri 360 GmbH
Ferdinand-Jühlke-Straße 7
99095 Erfurt, Deutschland
produktsicherheit@kolibri360.de

Druck:
CPI Druckdienstleistungen GmbH
im Auftrag der
Kolibri 360 GmbH
Ferdinand-Jühlke-Str. 7
99095 Erfurt